大学数学 スポットライト・シリーズ ⑤

編集幹事
伊藤浩行・大矢雅則・眞田克典・立川 篤・新妻 弘
古谷賢朗・宮岡悦良・宮島静雄・矢部 博

イデアル論入門

新妻 弘 著

近代科学社

◆ 読者の皆さまへ ◆

平素より，小社の出版物をご愛読くださいまして，まことに有り難うございます．

㈱近代科学社は 1959 年の創立以来，微力ながら出版の立場から科学・工学の発展に寄与すべく尽力してきております．それも，ひとえに皆さまの温かいご支援があってのものと存じ，ここに衷心より御礼申し上げます．

なお，小社では，全出版物に対して HCD（人間中心設計）のコンセプトに基づき，そのユーザビリティを追求しております．本書を通じまして何かお気づきの事柄がございましたら，ぜひ以下の「お問合せ先」までご一報くださいますよう，お願いいたします．

お問合せ先：reader@kindaikagaku.co.jp

なお，本書の制作には，以下が各プロセスに関与いたしました：

・企画：小山 透
・編集：小山 透，石井沙知，高山哲司
・組版 (TeX)・印刷・製本・資材管理：藤原印刷
・カバー・表紙デザイン：菊池周二
・広報宣伝・営業：冨髙琢磨，山口幸治，西村知也

・本書の複製権・翻訳権・譲渡権は株式会社近代科学社が保有します．
・ JCOPY 〈(社)出版者著作権管理機構 委託出版物〉
本書の無断複写は著作権法上での例外を除き禁じられています．複写される場合は，そのつど事前に(社)出版者著作権管理機構（電話 03-3513-6969, FAX 03-3513-6979, e-mail: info@jcopy.or.jp）の許諾を得てください．

大学数学 スポットライト・シリーズ
刊行の辞

　周知のように，数学は古代文明の発生とともに，現実の世界を数量的に明確に捉えるために生まれたと考えられますが，人類の知的好奇心は単なる実用を越えて数学を発展させて行きました．有名なユークリッドの『原論』に見られるとおり，現実的必要性をはるかに離れた幾何学や数論，あるいは無理量の理論がすでに紀元前 300 年頃には展開されていました．

　『原論』から数えても，現在までゆうに 2000 年以上の歳月を経るあいだ，数学は内発的な力に加えて物理学など外部からの刺激をも様々に取り入れて絶え間なく発展し，無数の有用な成果を生み出してきました．そして 21 世紀となった今日，数学と切り離せない数理科学と呼ばれる分野は大きく広がり，数学の活用を求める声も高まっています．しかしながら，もともと数学を学ぶ上ではものごとを明確に理解することが必要であり，本当に理解できたときの喜びも大きいのですが，活用を求めるならばさらにしっかりと数学そのものを理解し，身につけなければなりません．とは言え，発展した現代数学はその基礎もかなり膨大なものになっていて，その全体をただ論理的順序に従って粛々と学んでいくことは初学者にとって負担が大きいことです．

　そこで，このシリーズでは各巻で一つのテーマにスポットライトを当て，深いところまでしっかり扱い，読み終わった読者が確実に，ひとまとまりの結果を理解できたという満足感を得られることを目指します．本シリーズで扱われるテーマは数学系の学部レベルを基本としますが，それらは通常の講義では数回で通過せざるを得ないが重要で珠玉のような定理一つの場合もあれば，$\varepsilon\text{-}\delta$ 論法のような，広い分野の基礎となっている概念であったりします．また，応用に欠かせない数値解析や離散数学，近年の数理科学における話題も幅広く採り上げられます．

本シリーズの外形的な特徴としては，新しい製本方式の採用により本文の余白が従来よりもかなり広くなっていることが挙げられます．この余白を利用して，脚注よりも見やすい形で本文の補足を述べたり，読者が抱くと思われる疑問に答えるコラムなどを挿入して，親しみやすくかつ理解しやすものになるよういろいろと工夫をしていますが，余った部分は読者にメモ欄として利用していただくことも想定しています．

　また，本シリーズの編集幹事は東京理科大学の教員から成り，学内で活発に研究教育活動を展開しているベテランから若手までの幅広く豊富な人材から執筆者を選定し，同一大学の利点を生かして緊密な体制を取っています．

　本シリーズは数学および関連分野の学部教育全体をカバーする教科書群ではありませんが，読者が本シリーズを通じて深く理解する喜びを知り，数学の多方面への広がりに目を向けるきっかけになることを心から願っています．

編集幹事一同

まえがき

　本書は可換環のイデアルについての入門書である．代数学を学んでいくうえで，環において定義されるイデアルは整数論や環論，代数幾何学，ホモロジー代数などほとんどの代数の分野において現れる基本的な概念である．前著『群・環・体入門』（共立出版）において，環の部分においてイデアルを取り扱ったが，本の性格上十分にイデアルの面白さを説明できなかった．今回近代科学社の大学数学スポットライト・シリーズが発刊されることになり，ちょうどテーマをイデアルにしぼってその面白さを伝えるには適当な企画だと思い，本書を執筆することになった．

　イデアル論を扱った本としては，D.G.ノースコットの『イデアル論入門』と成田正雄先生の『イデアル論入門』があり，いずれもすばらしい本であると思う．しかし，これらの本は入門とは称しているが，いずれも今から見れば程度が高く，かなり広範囲にわたる部分を扱っている．また，この二つの本の他にも，題名にイデアルとは書いていなくても代数学の本であれば必ず何らかのイデアルに関する部分を含んでいる．だがそれらの本は対象としている目的がより一般的な代数全体を扱うため，イデアルについて面白い部分が詳述されていない．そこで，本書はイデアルに的をしぼり，初心者でも理解できるように懇切丁寧に解説したつもりである．

　本書を読まれるにあたっての予備知識として特別なものは必要ないが，簡単に群・環・体について知っていると読みやすいと思う．それも本書で必要な部分は第1章の一般論と第2章の整数環・多項式環において説明しているので，それで十分である．

　本書の内容についてはイデアル論の入門としたが，扱っているのは可換環のイデアルについてである．非可換環のイデアルについては扱っていない．それは定義の簡明さと読者が証明をするときの煩雑さをできるだけ避けるためである．

さて本書では，第 1 章で群・環・体について復習し，第 2 章で本書の例で用いられる整数環と多項式環を簡単に概観する．第 3 章において，イデアルを定義し，イデアルの諸演算と準同型写像によるイデアルの像と逆像などを調べる．第 4 章においてイデアルの基本的な概念である素イデアルを定義し，整数環や多項式環の素イデアルなどを考察する．第 5 章で準素イデアルを導入し，イデアルの準素分解について考える．最終章の第 6 章でイデアルの準素分解ができる環，ネーター環について考察し，ヒルベルトの基底定理を証明する．

本書の特徴として，1) 剰余環のイデアルについて特に丁寧に説明している．このことは，前著『群・環・体入門』でもそうであったが，剰余環のイデアルについての説明が十分でなかったとの思いがある．長年，代数学を学ぶ学生を見てきて，初学者がつねに困難を覚えるのが剰余環における計算，推論であることを痛感している．

2) 第 2 に，推論の簡明さを特に意識して，論理を計算にのせて $p \Rightarrow q$ という図式で証明している部分を多くした．本書を見てもらえば，随所にその図式の推論が見られると思う．このやり方は，普段著者が講義において普通に用いている方法である．

3) すると，このやり方をマスターすれば，セミナーなどにおけるプレゼンテーションをする場合において簡潔に目的や推論を表現することができるようになる．

最後に，本書を執筆するに当たって，多くの文献を参考にさせていただきました．紙面をお借りしてそれらの著者の方々にお礼を申し上げたいと思います．そして，本書を読まれた読者が少しでも代数に興味をもち，さらに進んだ数学を学んでいく上での方法，ヒントを本書からつかんでいただけたならこれ以上の喜びはありません．

2016 年 7 月
新妻　弘

記号表

$\mathbb{C}$：複素数全体

$\mathbb{R}$：実数全体

$\mathbb{Q}$：有理数全体

$\mathbb{Z}$：整数全体

$\mathbb{N}$：自然数全体（0 は含まない）

$A \subset B$：A は B の部分集合で、$A = B$ の場合も含む．

$A \not\subset B$：$A \subset B$ の否定

$A \subsetneq B$：$A \subset B$ かつ $A \neq B$

$\forall$：任意の，すべての

$\exists$：存在する

$p \implies q, p \Rightarrow q$：$p$ ならば q

$p \iff q, p \Leftrightarrow q$：$p \Rightarrow q$ かつ $p \Leftarrow q$

$\emptyset$：空集合

$|G|, |a|$：群 G の位数，元 a の位数

$\langle a \rangle$：a により生成された巡回部分群

$|G : H|$：群 G における部分群 H の指数

$xH := \{xh \mid h \in H\}$

G/H：左剰余類の集合

$U(R)$：環 R の可逆元（単元）の集合

0_R：環 R の零元

1_R：環 R の単位元

$R^\times := R \setminus \{0_R\}$, R から 0_R を除いた集合

$b \mid a$：a は b で割り切れる

$b \nmid a$：a は b で割り切れない

$d = (a, b)$：d は a と b の最大公約数

$c = [a, b]$：c は a と b の最小公倍数

$n\mathbb{Z} := \{na \mid a \in \mathbb{Z}\}$

$a \equiv b \pmod{n}$：a と b は n を法として合同

$C_a := \{x \in \mathbb{Z} \mid x \equiv a \pmod{n}\} = a + n\mathbb{Z} = \bar{a}$

$\mathbb{Z}_n := \{C_a \mid a \in \mathbb{Z}\} = \{\bar{a} \mid a \in \mathbb{Z}\}$

$R[X]$：R 係数の多項式環

$\deg f = \deg f(X)$：多項式 $f(X)$ の次数

$\varphi(n)$：オイラーの φ 関数

$U(\mathbb{Z}_n)$：n を法とする既約剰余類群

$0 = \{0\} = (0)$：零イデアル

$(1) = R$：1 により生成されたイデアルは環全体

$I + J$：イデアル I と J の和

IJ：イデアル I と J の積

$a \equiv b \pmod{I}$：a と b は I を法として合同

$\prod_{i=1}^{n} x_i := x_1 x_2 \cdots x_n$

R/I：イデアル I を法とする剰余環

$\mathbb{Z}_n = \mathbb{Z}/n\mathbb{Z}$：$n$ を法とする剰余環

$R \cong R'$：R と R' は同型

$\operatorname{Ker} f$：準同型写像 f の核

$\operatorname{Im} f$：準同型写像 f の像

$\pi : R \longrightarrow R/I$：標準全射

$(I : J)$：イデアル商

$\operatorname{Ann}(a)$：a の零化イデアル

$\operatorname{Ann}(I)$：I の零化イデアル

$I^e = f(I)R'$：I の拡大イデアル

$(I')^c = f^{-1}(I')$：I' の縮約イデアル

$\operatorname{Id}(R)$：環 R のすべてのイデアルの集合

$\operatorname{Spec}(R)$：R のすべての素イデアルの集合，R のスペクトル

$\operatorname{Max}(R)$：R のすべての極大イデアルの集合

$\iota : R \longrightarrow R', R \hookrightarrow R'$：埋め込み写像

$P_1 \cap \cdots \cap \widehat{P_i} \cap \cdots \cap P_n$：$P_i$ を除くことを意味する記号

$S(I)$：I の S 成分

$\sqrt{I}$：イデアル I の根基

$\operatorname{nil}(R)$：R のベキ零根基

$\operatorname{rad}(R)$：R のジャコブソン根基

$\mathbb{Z}_{(p)}$：(p) により局所化された局所環

$P^{(n)}$：P の記号的 n 乗

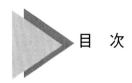

目　次

1　一般論

1.1　群 2
1.2　環・体 9
第 1 章練習問題 18

2　有理整数環・多項式環

2.1　有理整数環 $\mathbb{Z}$ 22
　　2.1.1　整数環 $\mathbb{Z}$ の性質 22
　　2.1.2　合同式 24
　　2.1.3　剰余類の集合 $\mathbb{Z}_n$ 上の演算について 27
2.2　多項式環 31
第 2 章練習問題 37

3　環とイデアル

3.1　イデアル 42
3.2　剰余環 50
3.3　環の準同型写像 60
3.4　環の直積のイデアル 71
3.5　イデアルの諸演算 80
3.6　イデアルの拡大と縮約 86
第 3 章練習問題 95

4 素イデアル

- 4.1 素イデアルと極大イデアル 98
- 4.2 素イデアルの性質 105
- 4.3 有理整数環 $\mathbb{Z}$ のイデアル 108
- 4.4 体 k 上 1 変数多項式環 $k[X]$ のイデアル 114
- 4.5 イデアルの根基とベキ零イデアル 128
- 4.6 局所環 139
- 4.7 1 意分解整域 143
- 第 4 章練習問題 146

5 準素イデアル

- 5.1 準素イデアル 150
- 5.2 準素分解をもつイデアル 161
- 第 5 章練習問題 169

6 ネーター環

- 6.1 ネーター環 172
- 6.2 ヒルベルトの基底定理 175
- 6.3 ネーター環における準素分解 178
- 6.4 素イデアルの多項式環への拡大 187
- 第 6 章練習問題 191

問題の略解　193

参考文献　207

索　引　209

1 一般論

 はじめに群・環・体の定義などを概観しておこう．ここでは群や環，体の初等的な部分は知っているものとして，本書で扱う概念の定義と命題のみとりあげ，必要に応じて証明を与えた．これらの概念および定義は初歩的な本にはどこにでも容易に見いだせるであろう．

1.1 群

定義 1.1.1 集合 G の直積集合 $G \times G$ から G への写像が一つ与えられているとする．この写像を G の **2 項演算** (binary operation) と言う．$G \times G$ の元 (a,b) のこの写像による像を a と b の積と言い，記号 $a \circ b$ または簡単のため ab で表す．また，このとき集合 G に一つの 2 項演算（あるいは単に演算）が与えられていると言い，$(G, \circ)$ と表す．

定義 1.1.2 [1] 集合 G に一つの演算が与えられていて，次の条件 (G1), (G2), (G3) をみたすとき，G はこの演算に関して **群をなす**，あるいは，**群** (group) であると言う．

(G1) **結合律**：G に属する任意の元 a, b, c に対して常に $(a \circ b) \circ c = a \circ (b \circ c)$ が成立する．論理記号で表すと，次のようである．

$$\forall a, b \in G, \ (a \circ b) \circ c = a \circ (b \circ c).$$

(G2) **単位元の存在**：G の中に特別な元 e が存在し，G のいかなる元 a に対しても $a \circ e = e \circ a = a$ が成立する．

$$\exists e \in G, \ \forall a \in G, \ a \circ e = e \circ a = a.$$

(G3) **逆元の存在**：G に属する任意の元 a に対して，$a \circ b = b \circ a = e$ をみたす元 b が G に存在する．

$$\forall a \in G, \exists b \in G, \ a \circ b = b \circ a = e.$$

命題 1.1.3 [2] (1) 群 G に属するすべての元 a に対して，$a \circ e = e \circ a = a$ をみたす G の元 e は唯一つである．
(2) 群 G に属する任意の元 a に対して，$a \circ b = b \circ a = e$ をみたす G の元 b は a により一意的に定まる． □

定義 1.1.4 群の公理 (G2) における元 e は命題 1.1.3 により唯一つ

---

[1] 理論を展開するために，日常の言葉とは区別してある概念の内容を明確に限定することを「定義」すると言う．

[2] 真偽を判定することのできる文を「命題」と言う．この場合のように命題 1.1.3 と言うときには，その後に（証明）が付いている証明された文のことを言う．

定まるが，これを群 G の**単位元** (identity) と言う．また，(G3) における b も a に対して唯一つ定まり，これを a の**逆元** (inverse) と言い，a^{-1} で表す．

この記号を使えば，定義 1.1.2 より $a \circ a^{-1} = a^{-1} \circ a = e$ となる．また，同定義より $(a^{-1})^{-1} = a$ であることも分かる．

定義 1.1.5 a, b を群 G の元とする．$a \circ b = b \circ a$ のとき，a と b は**可換** (commutative) であると言う．G に属する任意の 2 元 a, b に対して $a \circ b = b \circ a$ が成立しているとき，G を**可換群** (commutative group)，または，**アーベル群**[3] (abelian group) と言う．

(注意) G が可換群のとき，G の演算を**加法** (addition) で書くことがある．つまり，a と b の結合 $a \circ b$ を $a + b$ と書くことがあるが，このとき，$a + b$ を a と b の**和** (sum)，単位元 e を**零元** (zero element)，あるいは**ゼロ元**と言い，0 で表す．また，a の逆元は $-a$ で表す．加法で書かれた可換群を**加法群** (additive group) または**加群** (module) と言う．また，簡単のため $a + (-b)$ を $a - b$ と表す．

演算を加法で書いた場合，群の公理[4] は次のようになる．

(G1) **結合律**：G に属する任意の元 a, b, c に対して常に，$(a+b)+c = a+(b+c)$ が成立する．

$$\forall a, b \in G, \ (a+b) + c = a + (b+c).$$

(G2) **単位元の存在**：G の中に特別な元 0 が存在し，G のいかなる元 a に対しても $a + 0 = 0 + a = a$ が成立する．

$$\exists 0 \in G, \ \forall a \in G, \ a + 0 = 0 + a = a.$$

(G3) **逆元の存在**：G に属する任意の元 a に対して，$a+b = b+a = 0$ となる元 b が G に存在する．

$$\forall a \in G, \exists b \in G, \ a + b = b + a = 0.$$

[3] Niels Henrik Abel (1802-1829) ノルウェーの数学者．5 次以上の代数方程式には代数的に解けないものがあることを初めて証明した．また楕円関数の建設，代数関数に関するアーベル積分，積分方程式など 19 世紀数学の発展の先駆けとなる重要な結果を残したが，認められず若くして貧困のうちに亡くなった．アーベル群という名前の由来は，n 次方程式のガロア群が可換ならば，その方程式はベキ根によって解くことができることを彼が証明したことによる．

[4] 証明の出発点となる命題を「公理」と言う．特に「群の公理」と言うときには (G1),(G2),(G3) のことである．

命題 1.1.6（簡約律, cancellation law） 群 G においては，簡約律が成り立つ．
すなわち，群 G に属する任意の元 a, b, c について，

$$\begin{cases} a \circ c = b \circ c & \text{ならば} \quad a = b, \\ c \circ a = c \circ b & \text{ならば} \quad a = b. \end{cases}$$

（証明） $a \circ c = b \circ c$ とすると，c の逆元 c^{-1} が G に存在するから，

$$(a \circ c) \circ c^{-1} = (b \circ c) \circ c^{-1}.$$

ここで，左辺と右辺を計算してみると，

$$\begin{aligned}
\text{左辺} &= (a \circ c) \circ c^{-1} \\
&= a \circ (c \circ c^{-1}) \\
&= a \circ e = a,
\end{aligned} \qquad \begin{aligned}
\text{右辺} &= (b \circ c) \circ c^{-1} \\
&= b \circ (c \circ c^{-1}) \\
&= b \circ e = b.
\end{aligned}$$

ゆえに，$a = b$ が得られる．他も同様である． □

定義 1.1.7 群 G の部分集合 H が G の演算に関して群になっているとき，H は G の**部分群** (subgroup) であると言う．

G を群とし，e をその単位元とするとき，$\{e\}$ は G の部分群であり，G 自身も G の部分群である．G の部分群 H で $H \neq \{e\}$，$H \neq G$ であるものを G の**真部分群** (proper subgroup) と言う．

群 G の部分集合 H が与えられたとき，H が部分群であるかどうかを調べることがしばしば起こってくる．このとき，H が G の部分群になるための判定条件は次の定理で与えられる．またこの定理の判定条件は群のみならず，環においてもその加法群においてしばしば用いられる非常に役に立つ定理である．

定理 1.1.8（部分群の判定定理）[5] 群 G の空でない部分集合を H とする．H が G の部分群であるための必要十分条件は，H が次の条件 (i) と (ii) を満足していることである．

(i) $a, b \in H \implies a \circ b \in H,$
(ii) $a \in H \implies a^{-1} \in H.$

さらに (i), (ii) は，次の (iii) と同値である．

[5] 番号の付いた命題はすべて証明された命題であるが，特にその中で基本になる，または多用される命題を「定理」とした．

(iii) $a, b \in H \implies a \circ b^{-1} \in H$.

(証明) はじめに，G の単位元を e とし，G の元 a の逆元は a^{-1} で表すことに注意する．

(1) H が G の部分群ならば，(i),(ii) が成り立つことを示す．

(i) が成り立つこと： H を G の部分群とすると，H の演算が定義されており，定義によって G の演算が H の演算でもあるから，

$$a, b \in H \implies a \circ b \in H$$

となっている．このことを，H は G の演算に関して**閉じている** (closed) と言う．

次に，H の単位元と G の単位元は一致すること： H を G の部分群とすると，H は群であるから，H の単位元 f が存在する．このとき，H の単位元 f は G の単位元 e と一致することが次のようにして分かる．

$f \circ f = f$ $\cdots\cdots$ f は H の単位元であるから，
$e \circ f = f$ $\cdots\cdots$ $f \in G$ で，e は G の単位元であるから．

すると，$f \circ f = e \circ f$ で群 G の簡約律 1.1.6 より $f = e$ となる．

(ii) が成り立つこと： 逆元について調べる．a を H の元とする．このとき，a の H における逆元は a の G における逆元 a^{-1} に等しいことが次のようにして分かる．

a の H における逆元を $b \in H$ とする．このとき，

$$a \circ b = b \circ a = e,$$
$$\text{一方，} \quad a \circ a^{-1} = a^{-1} \circ a = e.$$

すると，$a \circ b = a \circ a^{-1}$ となる．再び，群における簡約律 1.1.6 によって $b = a^{-1}$．したがって $a^{-1} = b \in H$ を得る．

以上より，H が G の部分群ならば，G の演算に関して閉じており，また H に属する元 a の H における逆元は G の元としての逆元 a^{-1} と一致していることが分かった．

(2) (i), (ii) を仮定して H が G の部分群であることを示す．

(i) より H は G の演算に関して閉じているから，H に演算が定義

されている．また，H は群 G の部分集合であるから，結合律は H においても成立する．したがって，単位元の存在 (G2) と逆元の存在 (G3) を示せばよい．

(G2) 単位元の存在：$H \neq \emptyset$ であるから，ある元 $a_0 \in H$ が存在する．すると，仮定 (ii) より $a_0^{-1} \in H$ である．さらに，仮定 (i) より，
$$a_0 \in H, \, a_0^{-1} \in H \implies e = a_0 \circ a_0^{-1} \in H$$
となる．すなわち，$e \in H$ である．e は G の単位元であるから，H の任意の元 a に対しても $a \circ e = e \circ a = a$ が成り立つ．ゆえに，e は H の単位元である．

(G3) 逆元の存在：$a \in H$ とすると，仮定 (ii) より $a^{-1} \in H$ であり，これは H における a の逆元である．

以上より，(i) と (ii) を仮定すると，H は G の部分群になることが示された．

(3) (i), (ii) $\implies$ (iii)：$a, b \in H$ とすると，(ii) より $b^{-1} \in H$．したがって $a, b^{-1} \in H$ に対して，(i) を適用すると $a \circ b^{-1} \in H$ を得る．

(4) (iii) $\implies$ (i), (ii)：はじめに (ii) を示す．$H \neq \emptyset$ だから，H にある元 a が存在する．すると $a \in H$ だから (iii) を適用すると $e = a \circ a^{-1} \in H$．ゆえに $e \in H$．次に $a \in H, e \in H$ ならば，(iii) を適用して $a^{-1} = e \circ a^{-1} \in H$ を得る．以上によって「(ii) $a \in H \implies a^{-1} \in H$」が示された．

次に (i) を示す．$a, b \in H$ とすると，上で示した (ii) より $b^{-1} \in H$．そこで (iii) を適用して，$a \circ b = a \circ (b^{-1})^{-1} \in H$ を得る． □

定理 1.1.8 の証明より次のことが分かる．

系 1.1.9 [6] (1) H が G の部分群であるとき，H は単位元を G と共有する．すなわち，H の単位元は G の単位元と同じ e である．
(2) H が G の部分群のとき，H の元 a の H における逆元は a^{-1} である．すなわち，a の H における逆元は a の G における逆元と同じである． □

定義 1.1.10 群 G に属する元の個数を G の**位数** (order) と言い，

[6] 定理または命題から容易に得られる命題の中で，よく用いられるものを系としている．

記号で $|G|$ で表す．G が有限集合のとき，**有限群** (finite group) と言い，そうでないとき**無限群** (infinite group) と言う．無限群のときは $|G| = \infty$ と表す．

定義 1.1.11 e を群 G の単位元とする．群 G の元 a に対して，$a^n = e$ となるような最小の正の整数を（それがあるときは）a の**位数** (order) と言い，記号 $|a|$ で表す．

$$\text{i.e.} \quad |a| := \min\{k \in \mathbb{N} \mid a^k = e\}^{7)}.$$

[7] i.e. はラテン語の id est の省略形で，「すなわち」という意味である．便利なので，本書でもたびたび用いられる．

そのような整数がないとき，a の位数は**無限**であると言い，$|a| = \infty$ と表す．

命題 1.1.12 a のベキ a^n の全体からなる G の部分集合 $\langle a \rangle = \{a^n \mid n \in \mathbb{Z}\}$ は G の部分群になる．また，この群は a を含む G の最小の部分群である．この部分群 $\langle a \rangle$ を a により生成された G の**巡回部分群** (cyclic subgroup) と言う．特に，e を G の単位元とするとき，$\langle e \rangle = \{e\}$ である． □

定義 1.1.13 群 G のすべての元が G のある元 a のベキになっているとき，G は a で生成された**巡回群** (cyclic group) であると言い，a をその**生成元** (generator) と言う．すなわち，

$$G : \text{巡回群} \iff \exists a \in G, \ G = \langle a \rangle.$$

定理 1.1.14 巡回群の部分群は巡回群である．

（証明）e を G の単位元とする．G を巡回群とすると，生成元 $a \in G$ があって $G = \langle a \rangle$ となっている．H を G の部分群とする．$e \in H$ より $H \neq \emptyset$ である．$H = \{e\} = \langle e \rangle$ は巡回群である．そこで，$H \neq \{e\}$ と仮定してよい．H の任意の元は，すべて a のベキ a^k ($k \in \mathbb{Z}$) という形で表される．このとき，H の元 a^k の指数 k の中で最小の正の整数を n ($\in \mathbb{N}$) とする．すなわち，

$$n := \min\{k \in \mathbb{N} \mid a^k \in H\}.$$

この n については，$n \geq 1$ で $a^n \in H$ となっている．

このとき，H は a^n によって生成される巡回群になることを示す．

$a^n \in H$ で,かつ H は部分群であるから $\langle a^n \rangle \subset H$ である. したがって,$H \subset \langle a^n \rangle$ を示せばよい.

$x \in H$ とすると,$x = a^k (k \in \mathbb{Z})$ と表される. k を n で割ると,除法の定理 2.1.4 (後出) より $k = nq + r \ (0 \leq r < n)$ をみたす $q, r \in \mathbb{Z}$ が存在する. すると,

$$x = a^k = a^{nq+r} = (a^n)^q \cdot a^r,$$

$$\therefore \quad a^r = (a^n)^{-q} \cdot a^k.$$

ここで,$a^k = x \in H, (a^n)^{-q} \in H$ であるから,$a^r \in H$ となる. ところが,$n = \min\{k \in \mathbb{N} \mid a^k \in H\}$ であって,$0 \leq r < n$ であるから,$r = 0$ でなければならない. ゆえに,

$$x = a^k = a^{nq} = (a^n)^q \in \langle a^n \rangle.$$

したがって,H の任意の元 x は $\langle a^n \rangle$ に属していることが示されたので $H \subset \langle a^n \rangle$ である. □

定義 1.1.15 群 G の部分群を H とする. $a \in G$ に対して,$aH = \{ah \mid h \in H\}$ を H を法とし元 a の属する**左剰余類** (left coset) と言い,同様に $Ha = \{ha \mid h \in H\}$ を H を法とし元 a の属する**右剰余類** (right coset) と言う. 左剰余類の集合と右剰余類の集合の濃度は一致する. このとき,この濃度を群 G における部分群 H の**指数** (index) と言い,記号 $|G : H|$ で表す. すべての左剰余類の集合を G/H で表せば,$|G : H| = |G/H|$ である.

定理 1.1.16 (ラグランジュ) [8] 有限群 G の部分群を H とする. このとき,部分群 H の位数は群 G の約数である. より正確に言うと,次が成り立つ.

$$|G| = |G : H| \cdot |H|.$$

さらに,G の位数を $|G| = n$ として,e をその単位元とすると,この等式より以下のことが分かる.

(1) 群 G の部分群 H の位数は n の約数である.
(2) 群 G の任意の元の位数は n の約数である.
(3) 群 G の任意の元 a に対して,$a^n = e$ となる. □

[8] Joseph Louis Lagrange(1736-1813) イタリアの都市トリノで生まれた. プロシャのベルリンアカデミーや,1795 年にパリにおける新設されたエコール・ノルマルの教授になりエコール・ポリテクニクの教授も併任した. 業績については,代数学に関するものは少なく,力学,天体力学,解析学が多くを占めている. 代数方程式の代数的解法を研究し,根の置換群に注目したのは,アーベル,ガロアの業績への先駆をなしたものと見られる.

定義 1.1.17 群 G の部分群を H とする．G の任意の元 a に対して，$aH = Ha$ となるとき，言い換えると，$aHa^{-1} = H$ となるとき，H を G の**正規部分群** (normal subgroup) と言う．このとき，左剰余類と右剰余類の区別をしなくてもよいので，それらを単に**剰余類** (coset, residue) と言う．H を法とするすべての剰余類の集合は G/H で表される[9]．

[9] $G/H = \{aH \mid a \in G\}$

定理 1.1.18 H を群 G の正規部分群とする．G/H の元 aH と bH に対して，

$$aH \cdot bH := abH$$

として H を法とするすべての剰余類の集合 G/H 上の演算が定義され，G/H はこの演算に関して群になる．単位元は H であり，aH の逆元は $a^{-1}H$ である．この群を正規部分群 H を法とする**剰余群** (residue class group)，または**因子群** (factor gruop) と言う． □

定理 1.1.19 群 $(G, \circ)$ から群 $(G', *)$ への写像 $f : G \longrightarrow G'$ が，

$$f(a \circ b) = f(a) * f(b), \quad \forall a, b \in G$$

という性質をみたすとき，f は群 G から群 G' への**準同型写像**であると言う．f が単射であるとき f は**単射準同型写像**であると言い，f が全射であるとき f は**全射準同型写像**であると言う．さらに，f が全単射であるとき，f は**同型写像**であると言う． □

定理 1.1.20 f を群 G から群 G' への準同型写像とし，G の単位元を e，群 G' の単位元を e' とする．このとき，$f(e) = e'$ が成り立つ．
また，G の任意の元 a に対して，$f(a^{-1}) = f(a)^{-1}$ が成り立つ． □

1.2 環・体

定義 1.2.1 二つの演算（ここでは加法 + と乗法・にしておく）の与えられた集合 R が，次の四つの条件を満足しているとき，これを**環** (ring) と言う．

(R1) R は加法に関して加法群である．

(R2)　R は乗法に関して結合律を満足する．
$$a \cdot (b \cdot c) = (a \cdot b) \cdot c \quad (\forall a,\ b,\ c \in R).$$

(R3)　乗法単位元 $e \in R$ が存在する．
$$\exists e \in R,\ \forall a \in R,\ a \cdot e = e \cdot a = a.$$

(R4)　R は分配律を満足する．
$$\begin{aligned} a \cdot (b+c) &= a \cdot b + a \cdot c, \\ (b+c) \cdot a &= b \cdot a + c \cdot a \quad (\forall a,\ b,\ c \in R). \end{aligned}$$

特に，R の任意の元 a, b について可換律 $a \cdot b = b \cdot a$ が成立するとき R を**可換環** (commutative ring) と言う．

加法の単位元は唯一つ存在する（命題 1.1.3）．これを 0_R または単に 0 で表し，環の**零元**または**ゼロ元**と呼ぶ．すなわち，
$$a + 0_R = 0_R + a = a \quad (\forall a \in R).$$

さらに，R の任意の元 a に対して，加法逆元 $-a \in R$ が存在して次が成り立つ．
$$a + (-a) = (-a) + a = 0.$$

R の任意の元 a, b について $a + x = b$ は解が存在し，しかも唯一つである．この解は $x = (-a) + b = b + (-a)$ である．この元を簡単のために $b - a$ とも書く．

環 R の乗法単位元 e は唯一つ存在し，これを 1 あるいは 1_R と表すことが多い．
$$\forall a \in R,\ 1_R \cdot a = a \cdot 1_R.$$

環 R において単に**単位元** (identity) と言うときは，乗法単位元 1_R のことを意味する．環 R の零元 0_R と単位元 1_R はそれぞれ整数の 0 と 1 と異なるものであるが，混乱の恐れがない場合は簡単のために $0, 1$ と表示する．また，乗法の表現 $a \cdot b$ は簡単のために ab と表すことが多い．

(注意) 本書では零元 0_R と単位元 1_R は異なるものとする. $0_R = 1_R$ のとき, $R = \{0_R\}$ となり, 面白くないからである.

問 1.1 環 R の乗法単位元は唯一つであることを示せ.

次に, 環における加法と乗法の記法について説明しておこう. 加法について: 環 R の元を a とする. 自然数を n として a の n 倍 na と $(-n)$ 倍 $(-n)a$, そして零倍 $0a$ を次のように定義する.

$$na := \overbrace{a + \cdots + a}^{n},$$
$$0a := 0_R \text{ (環 } R \text{ の零元)},$$
$$(-n)a := n(-a).$$

特に,
$$1a = a, \quad (-1)a = 1(-a) = -a$$

となっている. また, 任意の整数 m, n について,

$$m(na) = mna, \quad (m+n)a = ma + na$$

が成り立つ.

問 1.2 環 R の元を a とする. 任意の整数 m, n について $m(na) = mna$, $(m+n)a = ma + na$ が成り立つことを確かめよ.

(注意) ここで定義した na は整数 n と環 R の元 a の積 $n \cdot a$ ではなく, 上で定義した n 倍であることに注意せよ.

乗法について: 環 R の元 a と整数 n に対して a のベキ a^n が次のように定義される.

$$n > 0 \text{ のとき}, \quad a^n := \overbrace{a \cdots a}^{n}.$$
$$n = 0 \text{ のとき}, \quad a^0 := 1_R \text{ (乗法単位元)}.$$

一般に, 環 R の元 a の乗法逆元 a^{-1} は存在するとは限らないが, 存在する場合は負の整数 $-n$ $(n > 0)$ に対しても a^{-n} が次のように定義される.

$n > 0$ のとき, $a^{-n} := (a^{-1})^n$.

命題 1.2.2 環 R の任意の元 a, b, c について, 次が成り立つ.
(1) $a \cdot 0_R = 0_R \cdot a = 0_R$.
(2) $(-a) \cdot b = a \cdot (-b) = -(a \cdot b)$.
(3) $(-a) \cdot (-b) = a \cdot b$.
(4) $a \cdot (b - c) = a \cdot b - a \cdot c$, $(b - c) \cdot a = b \cdot a - c \cdot a$.
(5) 任意の整数 n に対して, $n(a \cdot b) = (na) \cdot b = a \cdot (nb)$.

(証明) (1) $a \cdot 0_R = 0_R \cdot a = 0_R$:
R のゼロ元 0_R について $0_R = 0_R + 0_R$ であるから,

$$a \cdot 0_R = a \cdot (0_R + 0_R) = a \cdot 0_R + a \cdot 0_R.$$

$a \cdot 0_R$ は R の元であるから, 簡約律である命題 1.1.6 より, $0_R = a \cdot 0_R$ を得る.

同様にして $0_R \cdot a = 0_R$ も得られる.

(2) $(-a) \cdot b = a \cdot (-b) = -(a \cdot b)$:

$$\begin{aligned}(-a) \cdot b + a \cdot b &= \{(-a) + a\} \cdot b \quad \text{(分配律)} \\ &= 0_R \cdot b \\ &= 0_R \quad \quad \text{((1) より)}.\end{aligned}$$

ゆえに, $(-a) \cdot b + a \cdot b = 0_R$ を得る. よって $(-a) \cdot b$ は $a \cdot b$ の加法逆元である. すなわち, $-(a \cdot b) = (-a) \cdot b$ が成り立つ.

(3) $(-a) \cdot (-b) = a \cdot b$:

$$\begin{aligned}(-a) \cdot (-b) &= -\{a \cdot (-b)\} \quad \text{((2) より)} \\ &= -\{-(a \cdot b)\} \quad \text{((2) より)} \\ &= a \cdot b.\end{aligned}$$

(4) $a \cdot (b - c) = a \cdot b - a \cdot c$, $(b - c) \cdot a = b \cdot a - c \cdot a$:

$$\begin{aligned}a \cdot (b - c) + a \cdot c &= a \cdot \{(b - c) + c\} \quad \text{(分配法則)} \\ &= a \cdot \{b + (-c + c)\} \quad \text{(結合法則)} \\ &= a \cdot (b + 0_R) \\ &= a \cdot b.\end{aligned}$$

∴ $a \cdot (b - c) + a \cdot c = a \cdot b$.

そこで，$-a \cdot c$ を両辺に加えると，
$$a \cdot (b - c) = a \cdot b - a \cdot c$$
を得る．他も同様である．

(5) $n \in \mathbb{Z}$, $(na) \cdot b = a \cdot (nb) = n(a \cdot b)$:
(i) $n > 0$ のとき，分配律より，
$$(na) \cdot b = \overbrace{(a + \cdots + a)}^{n} \cdot b = \overbrace{a \cdot b + \cdots + a \cdot b}^{n} = n(a \cdot b).$$
(ii) $n = 0$ のとき，定義 $0a = 0_R$ より，
$$(0a) \cdot b = 0_R \cdot b = 0_R, \quad a \cdot (0b) = a \cdot 0_R = 0_R, \quad 0 \cdot (a \cdot b) = 0_R.$$
ゆえに，$(0a) \cdot b = a \cdot (0b) = 0 \cdot (a \cdot b) = 0_R$ が成り立つ．
(iii) 負の整数 $-n\,(n > 0)$ に対して，
$$\begin{aligned}\{(-n)a\} \cdot b &= \{n(-a)\} \cdot b \quad \text{(定義)} \\ &= n\{(-a) \cdot b\} \quad (n > 0 \text{ の場合より}) \\ &= n\{-(a \cdot b)\} \quad ((2) \text{ より}) \\ &= (-n)(a \cdot b) \quad \text{(定義)}.\end{aligned}$$
以上で，任意の整数 n に対して $(na) \cdot b = n(a \cdot b)$ が示された．$a \cdot (nb) = n(ab)$ も同様である． $\square$

定義 1.2.3 環 R の元 a について，零元 0_R と異なる R のある元 b が存在して $a \cdot b = 0_R$ となるとき，a を環 R の **左零因子** (left zero divisor) と言う．すなわち，

$$a \text{ は左零因子} \iff \exists b \in R,\ b \neq 0_R,\ a \cdot b = 0_R.$$

右零因子 (right zero divisor) も同じように定義する．

$$a \text{ は右零因子} \iff \exists b \in R,\ b \neq 0_R,\ b \cdot a = 0_R.$$

左零因子または右零因子であるものを **零因子** (zero divisor) と言う．環 R が可換環であれば，左零因子と右零因子の区別はいらない．特に，$\underline{0_R \text{ は零因子である}}$．

また，環 R の元 a に対し，R のある元 b が存在して，
$$a \cdot b = b \cdot a = 1_R$$
をみたすとき，a を R の**単元** (unit)，または**可逆元** (invertible element) と言い，b を a の**逆元**と言う．

i.e. a は可逆元 $\iff \exists b \in R, a \cdot b = b \cdot a = 1_R$.

可逆元 a の逆元 b を a^{-1} で表す[10]．したがって，
$$a \cdot a^{-1} = a^{-1} \cdot a = 1_R.$$

[10] a の逆元 b は唯一つに定まる．

定義 1.2.4 零元 0_R と異なる零因子のない可換環を**整域** (integral domain) と言う．言い換えると，次の条件をみたす環は整域である．
$$ab = 0_R \implies a = 0_R \text{ または } b = 0_R.$$

問 1.3 環 R の元 a が単元ならば，a は零因子ではないことを証明せよ．

問 1.4 環 R のすべての可逆元の集合 $U(R)$ は乗法に関して群になることを示せ．

命題 1.2.5 整域 R においては簡約律が成り立つ．

i.e. $a \cdot c = b \cdot c, c \neq 0_R \implies a = b$ $(a, b, c \in R)$.

（証明）$a \cdot c = b \cdot c$ と仮定すると，$(a-b) \cdot c = 0$ である．R は整域で，$c \neq 0$ であるから $a - b = 0$ となる．ゆえに $a = b$ である．□

定義 1.2.6 環 R の 0_R と異なる元はすべて可逆元であるとき，R を**斜体** (skew field) と言う．さらに，R の乗法が可換であれば，R を**可換体** (field) または単に**体**と言う．

命題 1.2.7 体は 0 と異なる零因子をもたない．すなわち，体は整域である．

（証明）k を体とする．k の元を a, b とし，$a \neq 0$ とする．そこで，
$$a \cdot b = 0$$

と仮定する．k は体であるから，定義 1.2.6 により，0 でない k の元 a は乗法的逆元 a^{-1} をもつ．上式の両辺に a^{-1} を掛けると $a^{-1} \cdot (a \cdot b) = a^{-1} \cdot 0$ である．すると，

$$\begin{aligned} a^{-1} \cdot (a \cdot b) = a^{-1} \cdot 0 &\implies (a^{-1} \cdot a) \cdot b = 0 \\ &\implies 1 \cdot b = 0 \\ &\implies b = 0. \end{aligned}$$

よって，「$ab = 0, a \neq 0 \Rightarrow b = 0$」が示された．すなわち，$a$ は零因子ではない． □

命題 1.2.7 より体は整域であるが，逆は必ずしも成り立たない．たとえば，$\mathbb{Z}$ は整域であるが体ではない．

定義 1.2.8 環 R の単位元 1_R を含んでいる部分集合 S が R の演算に関して環（あるいは体）になっているとき，S を R の **部分環** (subring)（あるいは **部分体**, subfield）と言う．

S を環 R の部分環とすると，加法に関して S は R の部分群になっているから，

(i) $a, b \in S \implies a - b \in S$[11]．

また，乗法が定義されているから乗法の演算に関して閉じている．

(ii) $a, b \in S \implies a \cdot b \in S$.

さらに定義によって，

(iii) $1_R \in S$.

逆に，環 R の部分集合 S が (i), (ii), (iii) の条件を満足していると仮定する．(iii) より $S \neq \emptyset$ である．すると (i) より S は R の加法に関して部分群となり（部分群の判定定理 1.1.8），また (ii) より S に乗法が定義される．そして S は R の部分集合であるから乗法結合律と分配律は自動的に満足される．よって，このとき S は R の部分環になる．以上により次の命題が得られた．

命題 1.2.9 環 R の空でない部分集合 S が R の部分環であるための必要十分条件は次の (i), (ii), (iii) が成り立つことである．

(i) $a, b \in S \implies a - b \in S \ (\forall a, b \in S)$,
(ii) $a, b \in S \implies ab \in S \ (\forall a, b \in S)$,
(iii) $1_R \in S$. □

[11] 部分群の判定定理 1.1.8

例 1.2.10 数の集合 $\mathbb{Z} \subset \mathbb{Q} \subset \mathbb{R} \subset \mathbb{C}$ について，整数全体の集合 $\mathbb{Z}$ は整域であり，有理数全体の集合 $\mathbb{Q}$，実数全体の集合 $\mathbb{R}$，複素数の全体 $\mathbb{C}$ はいずれも可換体である．

最初に，$\mathbb{Z}$ について説明しよう．$\mathbb{Z}$ には通常の加法と乗法が定義されている．$\mathbb{Z}$ は加法に関して群になっている．乗法に関する結合律と分配法則は普通の数（複素数の部分集合）においては成立し，$1 \in \mathbb{Z}$ が乗法の単位元である．また乗法は可換であるから $\mathbb{Z}$ は可換環になる．

任意の整数 m, n について，

$$m \neq 0, \ n \neq 0 \implies mn \neq 0$$

であるから，$\mathbb{Z}$ は 0 と異なる零因子をもたない．よって，$\mathbb{Z}$ は整域である．

$\mathbb{Q}, \mathbb{R}, \mathbb{C}$ も同様に整域となるが，これらはさらに体となっている．なぜなら $a \in \mathbb{Q}^{\times}$ とすると[12]，$a^{-1} \in \mathbb{Q}^{\times}$ で $a \cdot a^{-1} = 1$ が成り立つので，$\mathbb{Q}$ の 0 と異なる元は可逆元である．よって $\mathbb{Q}$ は体となる．$\mathbb{R}, \mathbb{C}$ についても同様である．整数環 $\mathbb{Z}$ は 有理数体 $\mathbb{Q}$ の部分環，有理数体 $\mathbb{Q}$ は実数体 $\mathbb{R}$ の部分体，実数体 $\mathbb{R}$ は 複素数体 $\mathbb{C}$ の部分体である．

[12] $\mathbb{Q}^{\times} = \mathbb{Q} \setminus \{0\}$

例題 1.2.11 (1) $\mathbb{Z}[\sqrt{2}] = \{a + b\sqrt{2} \mid a, b \in \mathbb{Z}\}$ は $\mathbb{R}$ の部分環であり，整域である．また，$\mathbb{Z}[\sqrt{2}]$ は $\sqrt{2}$ と $\mathbb{Z}$ を含む $\mathbb{R}$ の最小の部分環である．

(2) $\mathbb{Q}[\sqrt{2}] = \{a + b\sqrt{2} \mid a, b \in \mathbb{Q}\}$ は $\mathbb{R}$ の部分体である．さらに，$\mathbb{Q}[\sqrt{2}]$ は $\sqrt{2}$ と $\mathbb{Q}$ を含む $\mathbb{R}$ の最小の部分体である[13]．

[13] 体 $\mathbb{Q}[\sqrt{2}]$ は $\mathbb{Q}(\sqrt{2})$ と表され，整数論のほうでは「2 次体」と呼ばれている．

(証明) (1) $\mathbb{Z}[\sqrt{2}]$ は加法に関して群であることは容易に確かめられる．さらに，

$$(a + b\sqrt{2})(c + d\sqrt{2}) = (ac + 2bd) + (ad + bc)\sqrt{2} \in \mathbb{Z}[\sqrt{2}]$$

より，乗法に関して $\mathbb{Z}[\sqrt{2}]$ は閉じている．また，乗法は可換である．乗法結合律，分配律も $\mathbb{Z}$ の場合と同様に成立し，$1 = 1 + 0 \cdot \sqrt{2} \in \mathbb{Z}[\sqrt{2}]$ であるから $\mathbb{Z}[\sqrt{2}]$ は乗法単位元 1 を含んでいる．ここまでで，$\mathbb{Z}[\sqrt{2}]$ は可換環になる．

さらに，$\mathbb{Z}[\sqrt{2}]$ は $\mathbb{R}$ の部分集合であり，$\mathbb{R}$ は零因子をもたない

ので $\mathbb{Z}[\sqrt{2}]$ は整域である.

次に,R が $\mathbb{R}$ の部分環で,$\sqrt{2} \in R, \mathbb{Z} \subset R$ とすると,$\mathbb{Z}[\sqrt{2}] \subset R$ となるので,$\mathbb{Z}[\sqrt{2}]$ は $\sqrt{2}$ と $\mathbb{Z}$ を含む $\mathbb{R}$ の最小の部分環であることが分かる[14].

(2) $\mathbb{Q}[\sqrt{2}]$ も同様にして整域である.さらに,この場合は $a + b\sqrt{2} \neq 0$ ならば

$$\frac{1}{a+b\sqrt{2}} = \frac{a}{a^2 - 2b^2} + \frac{-b}{a^2 - 2b^2}\sqrt{2} \in \mathbb{Q}[\sqrt{2}]$$

であるから,$a + b\sqrt{2}$ の乗法逆元は $\dfrac{1}{a+b\sqrt{2}}$ であり,これは上の式より $\mathbb{Q}[\sqrt{2}]$ に属することが分かる.よって $\mathbb{Q}[\sqrt{2}]$ は体となる.

最後に,k を $\mathbb{R}$ の部分体として,$\sqrt{2} \in k, \mathbb{Q} \subset k$ とすると,(1) と同様にして $\mathbb{Q}[\sqrt{2}] \subset k$ であることが分かるので,$\mathbb{Q}[\sqrt{2}]$ は $\sqrt{2}$ と $\mathbb{Q}$ を含む $\mathbb{R}$ の最小の部分体である[15]. □

[14] $\mathbb{Z}[\sqrt{2}]$ の最小性
$\Updownarrow$
$R : \mathbb{R}$ の部分環
$\sqrt{2} \in R, \mathbb{Z} \subset R$
$\Rightarrow$
$\mathbb{Z}[\sqrt{2}] \subset R$

[15] $\mathbb{Q}[\sqrt{2}]$ の最小性
$\Updownarrow$
$k : \mathbb{R}$ の部分体
$\sqrt{2} \in k, \mathbb{Q} \subset k$
$\Rightarrow$
$\mathbb{Q}[\sqrt{2}] \subset k$

問 1.5 上の例題 1.2.11,(2) について,$\mathbb{Q}[\sqrt{2}]$ は体 $\mathbb{Q}$ 上のベクトル空間であり,$\{1, \sqrt{2}\}$ がその基底であることを確かめよ.

例 1.2.12 k を体とするとき,k の元を成分とする n 次正方行列の全体 $M_n(k)$ は零因子をもつ非可換な環の重要な例であり,**全行列環** (full matrix ring) と呼ばれる.

A と B を n 次正方行列とするとき,A と B の和と積を,

$$\text{行列の和}\quad A+B, \quad \text{行列の積}\quad AB$$

で定義する.$M_n(k)$ は加法に関して群になっている (R1).ゼロ元は零行列である.行列の積に関しては E_n を単位行列とすれば,

$$\forall A \in M_n(k), \quad AE_n = E_nA = A$$

となるので,E_n が乗法単位元である (R3).このほか,線形代数で学んだように,乗法結合律 (R2) や分配律 (R4) が成り立つことも容易に分かる.また乗法に関して一般に,$AB \neq BA$ なので全行列環 $M_n(k)$ は非可換環である.

問 1.6 例 1.2.12 の $M_n(k)$ が環になることを，上の例に述べられていることに従って確かめよ．

例 1.2.13 R を可換環とするとき，R の元を係数とする**変数（不定元）** X の多項式全体の集合は通常の加法と乗法に関して可換環になる．この環を R 上の **1 変数の多項式環** (polynomial ring of one variable) と言い，記号 $R[X]$ により表す．$f(X) \in R[X]$ であり $f(X) \neq 0$ であれば，$a_0, \ldots, a_n \in R$, $a_n \neq 0$ として $f(X)$ は，

$$f(X) = a_0 + a_1 X + \cdots + a_n X^n$$

と一意的に表される．また，k を体とするとき，k の元を係数とする X の有理式全体の集合は通常の加法と乗法に関して体になる．この体は k 上の多項式環 $k[X]$ の商体であり，k 上の **1 変数有理関数体** (rational function field of one variable) と言い，記号 $k(X)$ により表す．$k(X)$ は次のような集合である．

$$k(X) = \left\{ \frac{f(X)}{g(X)} \mid f(X), g(X) \in k[X], g(X) \neq 0 \right\}.$$

(2.2 節の多項式環を参照せよ．)

第 1 章練習問題

1. G を群とし，$a \in G$ とする．次の写像はいずれも全単射であることを示せ．
   - (1) $f : G \longrightarrow G$, $x \longmapsto x^{-1}$.
   - (2) $\ell_a : G \longrightarrow G$, $x \longmapsto ax$.
   - (3) $r_a : G \longrightarrow G$, $x \longmapsto xa$.

2. $S = \mathbb{R} \setminus \{-1\}$ として演算 $a * b = a + b + ab$ を考える．次の問に答えよ．
   - (1) $*$ は S 上の演算であることを示せ．
   - (2) $(S, *)$ が群であることを示せ．
   - (3) $4 * x * 5 = 179$ の解を S で求めよ．

3. 群 G の空でない有限部分集合を H とする．H が部分群になるための必要十分条件は，G の演算に関して H が閉じていることである．これを証明せよ．

4. G を a によって生成される位数 n の巡回群とする. このとき, 次を証明せよ.
   (1) G の元 a^k の位数は $n/(n,k)$ となる. ただし, (n,k) は n と k の最大公約数を表す.
   (2) G の元 a^k が G の生成元であるための必要十分条件は, $(n,k) = 1$ になることである.

5. G を群, e をその単位元とする. G が真部分群をもたなければ, G は位数が素数 p の巡回群であることを示せ.

6. H を群 G の部分群とするとき, 次の五つの条件は同値であることを証明せよ.

   (1) $aH = bH$, (2) $a^{-1}b \in H$, (3) $b \in aH$,
   (4) $a \in bH$, (5) $aH \cap bH \neq \emptyset$.

7. H と K を群 G の部分群とする. H が G の正規部分群ならば, $HK = KH$ が成り立ち, 集合 HK は G の部分群となることを示せ. ただし, $HK = \{hk \mid h \in H, k \in K\}$ である.

8. $\mathbb{Z}[i] = \{a+bi \mid a,b \in \mathbb{Z}\}$ は整域であり, $\mathbb{Q}[i] = \{a+bi \mid a,b \in \mathbb{Q}\}$ は体であることを示せ. また, 整域 $\mathbb{Z}[i]$ の可逆元をすべて求めよ. ただし, $i = \sqrt{-1}$ である. 環 $\mathbb{Z}[i]$ を**ガウスの整数環**[16]と言う.

9. R を可換環とし, a を R の**ベキ等元** (nilpotent element) $(a \cdot a = a)$ とするとき, 次のことを示せ.

   (1) $b = 1 - a$ は R のベキ等元である.
   (2) $a \cdot b = b \cdot a = 0$.
   (3) $aR := \{ar \mid r \in R\}$ とする. bR も同様に定義する. このとき, $aR \cap bR = \{0\}$ が成り立つ.
   (4) aR と bR は R の演算に関して環となるが, R の部分環ではない.
   (5) 写像 $f : R \longrightarrow aR$ $(f(r) = ar)$ を考える. このとき, $f^{-1}(0) = aR$ が成り立つ.
   (6) R の任意の元は aR と bR の和として一意的に表される.

10. 環 R と R' の直積集合 $R \times R'$ の 2 元 $(a,b), (a',b')$ に対して, 加法と乗法をそれぞれ成分ごとの演算で,
    $$(a,b) + (a',b') = (a+a', b+b')$$
    $$(a,b) \cdot (a',b') = (a \cdot a', b \cdot b')$$
    と定義するとき, $R \times R'$ はこれらの演算に関して環をつくることを示せ. また, この環 $R \times R'$ は零因子をもつことを示せ. $R \times R'$ を環 R, R' の**直積環** (direct product of rings) と言う.

[16] Johan Carl Friedrich Gauss(1777-1855) ドイツ北部のブラウンシュバイクで生まれた. 幼くして異常な数学的才能を示した. 1796 年に正 17 角形の定規とコンパスによる作図可能性を発見, 数学を志した. 整数論における「平方剰余相互法則」, 1799 年に「代数学の基本定理」を証明し, ヘルムシュテット大学より学位を得た. 以後, 数学をはじめさまざまな分野で優れた業績を残した.

2 有理整数環・多項式環

　この章ではすでに多くの読者になじみのある有理整数環[17] $\mathbb{Z}$ を簡単に振り返り，多項式環についても基本的な性質を概観しておこう．これらの環は代数学のプロトタイプと言うべきものであり，これから述べていく環の性質や定理の例として用いられる．

2.1 有理整数環 $\mathbb{Z}$

2.1.1 整数環 $\mathbb{Z}$ の性質

環の例のところで述べたように整数環 $\mathbb{Z}$ は整域である. 以下において, 簡単に整数のもつ性質を概観してみよう. 詳細は『群・環・体入門』(新妻・木村, 共立出版, 2002) などを参照せよ.

定義 2.1.1 整数 a, b $(b \neq 0)$ についてある整数 q が存在して $a = qb$ とする. このとき a は b で**割り切れる** (divided) と言い, b は a の**約数** (divisor), あるいは a は b の**倍数** (mulitiple) であると言う. このことを記号で $b \mid a$ と表す.

定義 2.1.2 d を自然数とする. $d \mid a$ かつ $d \mid b$ のとき, d は a と b の**公約数** (common divisor) であると言う. 自然数 d が a と b の**最大公約数** (greatest common divisor) であるとは, d は a と b の公約数であり, かつ a と b の公約数はすべて d の約数であるときに言う. 簡単のため, 本書ではこれを $d = (a, b)$ と表す[18]. すなわち, d は次の (i) と (ii) をみたす自然数である. $c \in \mathbb{Z}$ とする.

(i) $d \mid a, d \mid b,$ (ii) $c \mid a, c \mid b \Rightarrow c \mid d.$

特に $(a, b) = 1$ のとき, a と b は**互いに素** (relatively prime) であると言う.

定義 2.1.3 ℓ を自然数とする. $a \mid \ell$ かつ $b \mid \ell$ のとき, ℓ は a と b の**公倍数** (common multiple) であると言う. 自然数 ℓ が a と b の**最小公倍数** (least common multiple) であるとは, ℓ が a と b の公倍数であり, かつ a と b の公倍数はすべて ℓ の倍数であるときに言う[19]. すなわち, ℓ は次の (i) と (ii) をみたす自然数である. $c \in \mathbb{Z}$ とする.

(i) $a \mid \ell, b \mid \ell,$ (ii) $a \mid c, b \mid c \Rightarrow \ell \mid c.$

定理 2.1.4 (除法の定理, division algorithm) a と b は整数で,

[17] 有理整数環という術語は, 代数的整数論においても整数環が定義されているので, それと区別するときに用いられる. 本書では代数的整数論における整数環は扱わないので, 単に整数環という場合には有理整数環 $\mathbb{Z}$ を表すものとする.

[18] 紛らわしい場合には $d = \gcd(a, b)$ と表すこともある.

[19] $\ell = \text{lcm}(a, b)$ と表すこともある.

$b \neq 0$ とすると,
$$a = qb + r, \quad 0 \leq r < |b|$$
をみたす整数 q と r が存在する. しかも, q と r は a と b により一意的に定まる. □

命題 2.1.5 二つの整数 a と b の最大公約数を d とすれば $d = ax + by$ をみたす整数 x, y が存在する. すなわち,
$$(a, b) = d \implies \exists x, y \in \mathbb{Z}, \ ax + by = d. \qquad \square$$

問 2.1 m, n を自然数とし, $(m, n) = 1$ とする. 任意の整数 a に対して, 「$m \mid a, \ n \mid a \implies mn \mid a$」が成り立つことを証明せよ.

命題 2.1.6 (ユークリッドの補題, Euclid's lemma) [20] 整数 a, b, c について, a と c が互いに素で, 積 ab が c で割り切れるならば, b は c で割り切れる. すなわち,
$$c \mid ab, \ (a, c) = 1 \implies c \mid b. \qquad \square$$

定義 2.1.7 $1 < p$ である整数 p が, $1 < a < p$ をみたす約数 a をもたないとき, p を**素数** (prime number) と言う. 1 でもなく, 素数でもない正整数を**合成数** (composite number) と言う.

n が合成数であるための必要十分条件は, ある整数 s, t ($1 < s, t < n$) が存在して $n = st$ となることである.

問 2.2 p を素数とする. このとき, 整数 a と b に対して次が成り立つことを証明せよ.
(1) $p \nmid a \implies (p, a) = 1$.
(2) $p \mid ab \implies p \mid a$ または $p \mid b$.

定義 2.1.8 整数 a の約数を, a の**因数** (factor) と言う. 特に, 素数である約数を**素因数** (prime divisor) と言う.

[20] Euclid (B.C.300 年頃の人) 紀元前 322 年頃にアレキサンダー大王がエジプトにつくったギリシャの都市アレクサンドリアで教えていた. 彼がそれまでの先人たちの結果を含め, 体系的にまとめて本にしたのが 13 巻からなる『原論』である. 原論は幾何学原論とも言われているが, 幾何学だけかというと, そうではなく, 第 7 巻から第 9 巻では数の理論を扱っている. 第 7 巻にユークリッドの互除法という計算法もある. 第 9 巻には, 素数が無限にあることを示す有名な証明がある.

定理 2.1.9（1 意分解整域，UFD）[21]　整数環 $\mathbb{Z}$ は一意分解整域である．すなわち，1 と異なる自然数は 有限個の素数の積に分解される．また，その結果は 因数の順序を除いて唯一通りである．

[21] unique factorization domain.

2.1.2 合同式

合同式の概念は，最初整数に対して定義されたが，その有用性のために後で環におけるイデアルに対しても同様に定義されて用いられる（定義 3.2.4 参照）．

定義 2.1.10　n を 1 より大きい整数とする．二つの整数 a と b について，差 $a-b$ が n で割り切れるとき，a と b は n を**法**(modulus) として**合同**(congruent) であると言い，$a \equiv b \pmod{n}$ と表す．簡単のため mod を省略して $a \equiv b \,(n)$ で表すこともある．すなわち，

$$a \equiv b \pmod{n} \iff n \,|\, (a-b).^{[22]}$$

このような関係を表す式を**合同式**(congruence) [23] と言う．

特に，$a \equiv 0 \pmod{n}$ は a 自身が n で割り切れることを意味している．

i.e. $a \equiv 0 \pmod{n} \iff n \,|\, a.$

[22] $a-b$ は n で割り切れる．

[23] $a \equiv b \pmod{n}$ という記号は最初にガウスによって『ガウス整数論』という本の冒頭で定義され用いられた．

問 2.3　m と n を 1 より大きい自然数とする．このとき，任意の整数 a, x, y に対して次が成り立つことを証明せよ．
(1) $(a, n) = 1$ とするとき，次が成り立つ．
　　$ax \equiv ay \pmod{n} \iff x \equiv y \pmod{n}$．
(2) $(m, n) = 1$ とするとき，次が成り立つ．
　　$x \equiv 0 \pmod{m}, \; x \equiv 0 \pmod{n} \iff x \equiv 0 \pmod{mn}$．
(3) $(m, n) = 1$ とするとき，次が成り立つ．
　　$x \equiv y \pmod{m}, \; x \equiv y \pmod{n} \iff x \equiv y \pmod{mn}$．

命題 2.1.11　n を 1 より大きい整数とする．このとき，合同式 $a \equiv b \pmod{n}$ は同値関係である．すなわち，任意の整数 a, b, c, d について，次のことが成り立つ．

　　(1) 反射律[24]：$a \equiv a \pmod{n}$．
　　(2) 対称律[25]：$a \equiv b \pmod{n} \implies b \equiv a \pmod{n}$．

[24] reflexive law.

[25] symmetric law.

(3) 推移律[26]： $a \equiv b \pmod{n}$, $b \equiv c \pmod{n}$
$\implies a \equiv c \pmod{n}$. □

[26] transitive law.

命題 2.1.12 任意の整数 $a, b, c, d \in \mathbb{Z}$ に対して，次が成り立つ．
$a \equiv b \pmod{n}$ ， $c \equiv d \pmod{n}$
$\implies a \pm c \equiv b \pm d \pmod{n}$, $a \cdot c \equiv b \cdot d \pmod{n}$. □

定義 2.1.13 命題 2.1.11 により，合同式は同値関係である．a を任意の整数とするとき，a の属する同値類，すなわち a に合同である整数の集合，

$$C_a = \{x \in \mathbb{Z} \mid x \equiv a \pmod{n}\}$$

を n を法とし a の属する**剰余類** (residue class, coset) と言い，a をその**代表元** (representative element) と言う．

$x, y \in C_a$ とすれば，$x \equiv a \pmod{n}$, $y \equiv a \pmod{n}$ であるから命題 2.1.11 の (2), (3) により $x \equiv y \pmod{n}$ となる．つまり，C_a は n を法として互いに合同な整数の全体になっている．その意味で，C_a を単に「a の属する」を省略して n を法とする剰余類と言うこともある．また，$n\mathbb{Z} = \{nt \mid t \in \mathbb{Z}\}$ と表せば，

$$C_a = a + n\mathbb{Z} = \{a + nt \mid t \in \mathbb{Z}\}$$

という表現も可能になる．n を法とする剰余類 C_a の集合を $\mathbb{Z}_n$ で表す．すなわち，

$$\mathbb{Z}_n = \{C_a \mid a \in \mathbb{Z}\}.$$

言い換えると，$\mathbb{Z}_n$ は合同という同値関係による商集合である[27]．

[27] 集合 A の同値関係を $\sim$ とするとき，$a \in A$ に対して，$C_a = \{x \in A \mid x \sim a\}$ を a の同値類と言い，同値類すべての集合 $A/\sim := \{C_a \mid a \in A\}$ を A の商集合と言う．

命題 2.1.14 n を 1 より大きい整数，a と b を任意の整数とするとき次が成り立つ．

$$a \equiv b \pmod{n} \iff C_a = C_b.$$

(証明) ($\implies$)： $x \in C_a$ とすると，$x \equiv a \pmod{n}$. また仮定より，$a \equiv b \pmod{n}$. すると推移律により，$x \equiv b \pmod{n}$. ゆえ

に, $x \in C_b$. よって, $C_a \subset C_b$ である. 同様にして, $C_b \subset C_a$ も示されるから $C_a = C_b$ を得る.

（ $\Longleftarrow$ ）: $C_a = C_b$ とすると, 反射律 $a \equiv a \pmod{n}$ により $a \in C_a$ であるから $a \in C_b$. ゆえに $a \equiv b \pmod{n}$. □

（注意） α を n を法とする剰余類とする. このとき, α はある代表元 $a \in \mathbb{Z}$ によって, $\alpha = C_a$ と表される. しかし, この代表元 a は唯一つに定まるものではない. この命題 2.1.14 でも分かるように, $a \equiv b \pmod{n}$ をみたす別の代表元 $b \in \mathbb{Z}$ によっても $\alpha = C_b$ と表すことができるからである.

定理 2.1.15（剰余類の性質） n を 1 より大きい整数, C_a を n を法とし a の属する剰余類を表すものとする. このとき, 次のことが成り立つ.

(1) $a \in C_a$.
(2) $C_a \cap C_b \neq \emptyset \iff C_a = C_b$.
(3) n を法とする剰余類の集合 $\mathbb{Z}_n$ は相異なる n 個の元 $C_0, C_1, \ldots, C_{n-1}$ から構成される. すなわち,

$$\mathbb{Z}_n = \{C_0, C_1, \ldots, C_{n-1}\},\ C_i \cap C_j = \emptyset\ (i \neq j).$$

また, このとき次が成り立つ.

$$\mathbb{Z} = C_0 \cup C_1 \cup \cdots \cup C_{n-1}.\quad （直和）$$

（証明）(1) 反射律 $a \equiv a \pmod{n}$ より分かる.

(2) $C_a \cap C_b \neq \emptyset$ と仮定すると, $C_a \cap C_b$ に属している元 c が存在する. $c \in C_a$ より $c \equiv a \pmod{n}$, $c \in C_b$ より $c \equiv b \pmod{n}$ である. ゆえに対称律, 推移律によって $a \equiv b \pmod{n}$. したがって 命題 2.1.14 より $C_a = C_b$ を得る.

逆に $C_a = C_b$ と仮定すると, $C_a \cap C_b = C_a \ni a$ であるから $C_a \cap C_b \neq \emptyset$ となる.

(3) $\mathbb{Z}_n$ の任意の元を C_a とする. a を n で割ると, ある整数 q, r が存在して,

$$a = qn + r \quad (0 \leq r < n)$$

と表される[28]．ゆえに，$a \equiv r \pmod{n}$ であるから $C_a = C_r$ ($0 \le r < n$). したがって，$\mathbb{Z}_n = \{C_0, C_1, \ldots, C_{n-1}\}$ が示された．

次に，$C_0, C_1, \ldots, C_{n-1}$ について，「$i \ne j \Rightarrow C_i \cap C_j = \emptyset$」であることを示す．

$0 \le i, j \le n-1$ であるから，$0 \le |i-j| \le n-1$ である．$C_i \cap C_j \ne \emptyset$ と仮定すると，(2) より $C_i = C_j$. ゆえに，命題 2.1.14 より $i \equiv j \pmod{n}$ であるから，$n \mid (i-j)$. よって，$i - j = 0$. すなわち，$i = j$ となる．

最後に $C_0, C_1, \ldots, C_{n-1}$ は $\mathbb{Z}$ の部分集合であるから，

$$\mathbb{Z} \supset C_0 \cup C_1 \cup \cdots \cup C_{n-1}.$$

そこで，逆の包含関係を示せばよい．$\mathbb{Z}$ の任意の元を a とする．a を n で割ると，除法の定理 2.1.4 よりある整数 q, r が存在して，$a = qn + r$ ($0 \le r < n$) と表される．このとき，$a \equiv r \pmod{n}$ であるから，$a \in C_r$ ($0 \le r < n$). ゆえに，

$$\mathbb{Z} \subset C_0 \cup C_1 \cup \cdots \cup C_{n-1}. \qquad \square$$

[28] 定理 2.1.4（除法の定理）．

この事実，

$$\mathbb{Z}_n = \{C_0, C_1, \ldots, C_{n-1}\}, \quad C_i \cap C_j = \emptyset \ (i \ne j)$$

を同値関係 $a \equiv b \pmod{n}$ によって 整数の集合 $\mathbb{Z}$ が **類別** (classify) されると言う．

$\mathbb{Z}_n$ に属するすべての剰余類 $C_0, C_1, \ldots, C_{n-1}$ から一つずつ元をとってきて集めた集合,

$\{a_0, a_1, \ldots, a_{n-1}\}$ ($a_0 \in C_0, a_1 \in C_1, a_2 \in C_2, \ldots, a_{n-1} \in C_{n-1}$)

をこの同値関係，あるいは類別の **完全代表系** (complete representative system) と言う．たとえば，$\{0, 1, \ldots, n-1\}$ は一つの完全代表系である[29]．

[29] $\{-n, 1-n, \ldots, -1\}$ や $\{n, n+1, \cdots, 2n-1\}$ なども完全代表系である．

2.1.3 剰余類の集合 $\mathbb{Z}_n$ 上の演算について

本項においてこれから説明する剰余類の集合 $\mathbb{Z}_n$ 上の加法と乗法

の演算の定義の仕方は，本書において後に出てくる剰余加群の演算や，イデアルによる剰余環の演算を定義するときの原型になる重要な操作である．

n を 1 より大きい整数，a を整数とするとき，

$$C_a = \{\, x \in \mathbb{Z} \mid x \equiv a \pmod{n} \,\} = a + n\mathbb{Z}$$

と定義し，この C_a を n を法とし a の属する剰余類と言い，a を C_a の代表元と言った．このとき，n を法とする剰余類全体の集合 $\mathbb{Z}_n$ は n 個の元からなる有限集合であり，

$$\mathbb{Z}_n = \{C_0, C_1, \ldots, C_{n-1}\}$$

と表される[30]．命題 2.1.14 により，　　　　　　　　　　　　　　　[30] 命題 2.1.15

$$C_a = C_{a'} \iff a \equiv a' \pmod{n}$$

であるから，$\mathbb{Z}_n$ の元 C_a を a と異なる整数 a' を選んで，$C_a = C_{a'}$ と表現する方法は無数にあることになる．以下記号の簡略化のために C_a を $\bar{a}$ で表すことにする．$\bar{a} = \overline{a'}$ であれば，a' も $\bar{a}$ の代表元である．このような剰余類の集合，

$$\mathbb{Z}_n = \{\bar{0}, \bar{1}, \bar{2}, \ldots, \overline{n-1}\}$$

には $\mathbb{Z}$ の演算から自然に演算が導入される．はじめに $\mathbb{Z}_n$ 上の演算とは $\mathbb{Z}_n \times \mathbb{Z}_n \longrightarrow \mathbb{Z}_n$ なる写像であることを思い起こそう．

$\mathbb{Z}_n \times \mathbb{Z}_n$ の元を (α, β) とする．$\mathbb{Z}_n$ の元 α はある代表元 $a_1 \in \mathbb{Z}$ により $\alpha = \bar{a}_1$ と表され，同様にして，$\mathbb{Z}_n$ の元 β はある代表元 $b_1 \in \mathbb{Z}$ により $\beta = \bar{b}_1$ と表される．このとき，$(\alpha, \beta) \in \mathbb{Z}_n \times \mathbb{Z}_n$ に対して $a_1 + b_1$ を代表元とする剰余類 $\overline{a_1 + b_1} \in \mathbb{Z}_n$ を対応させる．

$$\begin{array}{rcl} \mathbb{Z}_n \times \mathbb{Z}_n & \rightsquigarrow & \mathbb{Z}_n \\ (\alpha, \beta) & \rightsquigarrow & \overline{a_1 + b_1} \quad (\alpha = \bar{a}_1, \beta = \bar{b}_1) \end{array}$$

この決め方は α と β の代表元 a_1 と b_1 の選び方に依存しているので，$\overline{a_1 + b_1}$ が α と β だけで決まるかどうか分からない．すなわち，α の代表元として a_2 を選び，β の代表元として b_2 を選んだとすると，(α, β) に対して $\overline{a_2 + b_2}$ を対応させることになるので，

$\overline{a_1+b_1} = \overline{a_2+b_2}$ でなければ，(α,β) に対して唯一つの元が定まらず，この対応は写像にならない．しかし，実際 $\overline{a_1+b_1} = \overline{a_2+b_2}$ が成り立つことを以下のようにして示すことができる．

すなわち，$\mathbb{Z}_n \times \mathbb{Z}_n$ の元 $(\alpha,\beta) = (\overline{a_1}, \overline{b_1})$ に $\mathbb{Z}_n$ の元 $\overline{a_1+b_1}$ を対応させると，これは写像を与える．言い換えると，次の対応，

$$\begin{array}{ccccc} & & \mathbb{Z}_n \times \mathbb{Z}_n & \rightsquigarrow & \mathbb{Z}_n \\ (\alpha,\beta) & = & (\overline{a_1}, \overline{b_1}) & \rightsquigarrow & \overline{a_1+b_1} \\ (\alpha,\beta) & = & (\overline{a_2}, \overline{b_2}) & \rightsquigarrow & \overline{a_2+b_2} \end{array}$$

に対して，

$$(\overline{a_1}, \overline{b_1}) = (\overline{a_2}, \overline{b_2}) \implies \overline{a_1+b_1} = \overline{a_2+b_2}$$

が証明される．これは，(α,β) に対応させる剰余類 $\overline{a_1+b_1}$ は α,β のそれぞれの代表元 a_1, b_1 の選び方に関係なく (α,β) により一意的に定まる，ということを意味している．

実際，このことは次のように証明される．

$(\overline{a_1}, \overline{b_1}) = (\overline{a_2}, \overline{b_2})$
$\iff \overline{a_1} = \overline{a_2}, \quad \overline{b_1} = \overline{b_2}$
$\iff a_1 \equiv a_2 \pmod{n}, \quad b_1 \equiv b_2 \pmod{n}$[31]
$\implies a_1 + b_1 \equiv a_2 + b_2 \pmod{n}$[32]
$\iff \overline{a_1+b_1} = \overline{a_2+b_2}.$

[31] 命題 2.1.14
[32] 命題 2.1.12

以上により $\mathbb{Z}_n$ の任意の 2 元 $\alpha = \overline{a}, \beta = \overline{b}$ に対して，α と β の和 $\alpha + \beta$ を，

$$\alpha + \beta = \overline{a} + \overline{b} := \overline{a+b}$$

により定義できることになった．すなわち，写像，

$$\begin{array}{ccc} \mathbb{Z}_n \times \mathbb{Z}_n & \longrightarrow & \mathbb{Z}_n \\ (\overline{a}, \overline{b}) & \longmapsto & \overline{a} + \overline{b} = \overline{a+b} \end{array}$$

が定義されたことになる．剰余類 α と剰余類 β の和 $\alpha + \beta$ は，α の任意の代表元 a と β の任意の代表元 b の和 $a+b$ の属する剰余類として一意的に確定する．このとき，加法 $\overline{a} + \overline{b} = \overline{a+b}$ の定義は **well dedfined** であると言う．

剰余類 $\alpha \in \mathbb{Z}_n$ と剰余類 $\beta \in \mathbb{Z}_n$ の積 $\alpha \cdot \beta$ も，α の任意の代表

元 a と β の任意の代表元 b の積の属する剰余類 $\overline{a \cdot b}$ として一意的に確定することが上記の証明と全く同様に証明される．すなわち，

$$\begin{array}{ccc} \mathbb{Z}_n \times \mathbb{Z}_n & \longrightarrow & \mathbb{Z}_n \\ (\overline{a}, \overline{b}) & \longmapsto & \overline{a} \cdot \overline{b} = \overline{a \cdot b} \end{array}$$

が写像となり，$\mathbb{Z}_n$ 上に積を定義する．また以上二つの演算は，その定義から可換であることが分かる．すなわち，$\overline{a} + \overline{b} = \overline{b} + \overline{a}$ であり，$\overline{a} \cdot \overline{b} = \overline{b} \cdot \overline{a}$ が成り立つ[33])．

剰余類の集合 $\mathbb{Z}_n$ は上で定めた演算である加法" $+$ "と乗法" $\cdot$ "によって可換環になることが以下のようにして確かめられる．

(R1) $\mathbb{Z}_n$ は上で定めた加法 $\overline{a} + \overline{b} = \overline{a+b}$ によって群になる．

 (G1) 結合律 $\overline{a} + (\overline{b} + \overline{c}) = (\overline{a} + \overline{b}) + \overline{c}$ が成り立つ．

$$\begin{aligned} \because \quad \overline{a} + (\overline{b} + \overline{c}) &= \overline{a} + (\overline{b+c}) \\ &= \overline{a + (b+c)} \\ &= \overline{(a+b) + c} \quad (\mathbb{Z} \text{ の結合律}) \\ &= \overline{(a+b)} + \overline{c} = (\overline{a} + \overline{b}) + \overline{c}. \end{aligned}$$

 (G2) $\overline{0} \in \mathbb{Z}_n$ は単位元である．

$$\forall \overline{a} \in \mathbb{Z}_n, \ \overline{a} + \overline{0} = \overline{0} + \overline{a} = \overline{a}.$$

 (G3) $\overline{a}$ の逆元は $\overline{-a}$ である．すなわち，$-\overline{a} = \overline{-a}$．

$$\because \quad \overline{a} + \overline{-a} = \overline{a + (-a)} = \overline{0}.$$

(R2) $\mathbb{Z}_n$ は乗法結合律 $(\overline{a} \cdot \overline{b}) \cdot \overline{c} = \overline{a} \cdot (\overline{b} \cdot \overline{c})$ をみたす．なぜなら，

$$(\overline{a} \cdot \overline{b}) \cdot \overline{c} = \overline{ab} \cdot \overline{c} = \overline{(ab)c} = \overline{a(bc)} = \overline{a} \cdot \overline{bc} = \overline{a} \cdot (\overline{b} \cdot \overline{c})^{34)}.$$

(R3) $\mathbb{Z}_n$ に乗法単位元 $\overline{1}$ が存在する．すなわち，任意の元 $\overline{a} \in \mathbb{Z}_n$ に対して $\overline{a} \cdot \overline{1} = \overline{1} \cdot \overline{a} = \overline{a}$ が成り立つ．なぜなら，

$$\overline{a} \cdot \overline{1} = \overline{a \cdot 1} = \overline{1 \cdot a} = \overline{1} \cdot \overline{a}.$$

(R4) $\mathbb{Z}_n$ において分配法則，

---

33) $\overline{a} + \overline{b} = \overline{a+b}$
$= \overline{b+a}$
$= \overline{b} + \overline{a},$
$\overline{a} \cdot \overline{b} = \overline{ab}$
$= \overline{ba}$
$= \overline{b} \cdot \overline{a}.$

34) $\mathbb{Z}$ における乗法結合律より $(ab)c = a(bc)$ である．

$$\overline{a}\cdot(\overline{b}+\overline{c})=\overline{a}\cdot\overline{b}+\overline{a}\cdot\overline{c}, \quad (\overline{b}+\overline{c})\cdot\overline{a}=\overline{b}\cdot\overline{a}+\overline{c}\cdot\overline{a}$$

が成り立つ．たとえば，

$$\overline{a}\cdot(\overline{b}+\overline{c})=\overline{a}\cdot\overline{b+c}=\overline{a(b+c)}=\overline{ab+ac}=\overline{ab}+\overline{ac}=\overline{a}\cdot\overline{b}+\overline{a}\cdot\overline{c}.$$

以上より，剰余類の集合 $\mathbb{Z}_n$ は可換環になることが分かった．

定理 2.1.16 n を法とする剰余類の集合 $\mathbb{Z}_n$ は加法と乗法をそれぞれ，

$$\overline{a}+\overline{a}:=\overline{a+b}, \qquad \overline{a}\cdot\overline{a}:=\overline{ab}$$

とする演算によって可換環になる．加法の零元は $\overline{0}=n\mathbb{Z}$ であり，元 $\overline{a}\in\mathbb{Z}$ のマイナス元は $-\overline{a}=\overline{-a}$ である．また乗法単位元は $\overline{1}=1+n\mathbb{Z}$ である． □

一般に，$\mathbb{Z}_n$ は乗法 $\overline{a}\cdot\overline{b}=\overline{ab}$ に関しては群にならない．結合律は成り立ち，単位元 $\overline{1}\in\mathbb{Z}_n$ も存在するが，$\overline{0}$ の逆元が存在しないからである[35]．

[35] たとえば，$\mathbb{Z}_4$ においては，$\overline{2}$ も逆元をもたない．

問 2.4
(1) 環 $\mathbb{Z}_5$ は体であることを示せ．
(2) 環 $\mathbb{Z}_6$ は整域ではないことを示せ．
(3) p を素数とするとき，$\mathbb{Z}_p$ は体であることを示せ．

問 2.5
(1) $\mathbb{Z}_{12}$ の可逆元を求めよ．
(2) $\mathbb{Z}_{12}$ の非零因子を求めよ．

▶ 多項式環

定義 2.2.1 R を可換環とする．R とは関係ない文字 X を R 上の**不定元** (indeterminate)（あるいは**変数**, variable）と言う．R 上の X の多項式とは，

$$f(X)=a_nX^n+a_{n-1}X^{n-1}+\cdots+a_1X+a_0 \quad (a_i\in R)$$

の形の式のことであるとする．$a_n \neq 0$ のとき，$f(X)$ は n 次の多項式であると言う．このとき，n を $f(X)$ の**次数** (degree) と言い，$\deg f$ や $\deg f(X)$ で表す．a_n を $f(X)$ の**最高次係数** (leading coefficient) と言う[36]．ただし，すべての i について $a_i = 0$ である $f(X)$ の次数は定めない．特に，$a_n = 1$ であるとき，$f(X)$ を**モニック多項式** (monic polynomial) または**主多項式**と言う．また，次数が零の多項式は定数項のみの，

$$f(x) = a_0 \quad (a_0 \neq 0)$$

という形をしている．これを**定数多項式** (constant polynomial) と言う．

[36] a_n は主係数とも言う．

$$g(X) = b_m X^m + b_{m-1} X^{m-1} + \cdots + b_1 X + b_0 \quad (b_i \in R)$$

を X の多項式として，$m \leq n$, $a_0 = b_0, \ldots, a_m = b_m, a_{m+1} = \cdots = 0$ であるときに限り $f(X) = g(X)$ であると定義する．

$f(X) = \sum_i a_i X^i$ という書き方をするときは，当然右辺の和は有限個の i 以外では $a_i = 0$ と考える．R 上の多項式全体の集合を $R[X]$ で表し，$R[X]$ に和と積を，

$$\begin{aligned} f(X) + g(X) &= \sum_i (a_i + b_i) X^i, \\ f(X) \cdot g(X) &= \sum_k \Big(\sum_{i+j=k} a_i b_j \Big) X^k \end{aligned}$$

により定義する．

多項式 $f(X), g(X)$ について，上の表現を使えば和と積は具体的に次のようである．

$$\begin{aligned} f(X) + g(X) &= (a_0 + b_0) + (a_1 + b_1) X + \cdots + (a_m + b_m) X^m \\ &\quad + a_{m+1} X^{m+1} + \cdots + a_n X^n, \\ f(X) \cdot g(X) &= c_0 + c_1 X + \cdots + c_k X^k + \cdots + c_{n+m} X^{n+m} \\ c_k &= \sum_{i+j=k} a_i b_j \\ &= a_0 b_k + a_1 b_{k-1} + \cdots + a_i b_{k-i} + \cdots + a_{k-1} b_1 \\ &\quad + a_k b_0. \end{aligned}$$

すべての係数 a_i が 0 であるような $f(X)$ が $R[X]$ では加法の単

位元 (多項式としての 0) であり，これを**零多項式** (zero polynomial) と言う．また $a_0 = 1$ であって，それ以外の a_i では 0 であるような $f(X)$ が乗法の単位元 (多項式としての 1) である．「多項式としての 0」を R の 0 と同じ記号で，「多項式としての 1」を R の 1 と同じ記号 1 で表すことにする．

以上の準備のもとに，$R[X]$ は上の二つの演算に関して可換環になっていることを検証することができる．$R[X]$ を R 上の **1 変数多項式環** (polynomial ring of one variable) と言う．さらに，R の元 a を $R[X]$ の定数多項式と同一視することによって，R は $R[X]$ の部分環と考えることができる．

命題 2.2.2 R を整域とする．多項式環 $R[X]$ の零でない元 $f(X), g(X)$ について，積 $f(X)g(X)$ の次数は $f(X)$ の次数と $g(X)$ の次数の和である．すなわち，

$$\deg f(X)g(X) = \deg f(X) + \deg g(X).$$

(証明) $\deg f = n, \deg g = m$ とする．

$$f(X) = a_0 + a_1 X + \cdots + a_n X^n, \quad g(X) = b_0 + b_1 X + \cdots + b_m X^m$$

と表せば，$a_n \neq 0, b_m \neq 0$ である．このとき，

$$f(X)g(X) = a_0 b_0 + (a_0 b_1 + a_1 b_0)X + \cdots + a_n b_m X^{n+m}$$

である．R は整域であるから $a_n b_m \neq 0$．ゆえに，

$$\deg f(X)g(X) = m + n = \deg f(X) + \deg g(X). \quad \square$$

命題 2.2.3 R が整域ならば $R[X]$ も整域である．

(証明) $f(X) \neq 0, g(X) \neq 0$ ならば $f(X)g(X) \neq 0$ であることが，定理 2.2.2 の証明より分かる． $\square$

問 2.6 R を整域とするとき，R 上 1 変数多項式環 $R[X]$ の単元は何か．

命題 2.2.2 は R が整域でないと成り立たない．次のような反例が

ある．

例 2.2.4 $R = \mathbb{Z}_6[X]$ とするとき，$\mathbb{Z}_6$ において $\bar{2}\cdot\bar{3} = \bar{0}$ であるから，R は整域ではない．このとき，$f(X) = \bar{2}X + \bar{1} \in \mathbb{Z}_6[X]$, $g(X) = \bar{3}X - \bar{2} \in \mathbb{Z}_6[X]$ を考えると，

$$f(X)g(X) = (\bar{2}X + \bar{1})(\bar{3}X - \bar{2}) = \bar{6}X^2 - \bar{1}X - \bar{2} = \bar{5}X - \bar{2}.$$

ゆえに，$\deg f(X)g(X) = 1 \neq 2 = \deg f(X) + \deg g(X)$ となるからである．

定義 2.2.5 $R[X][Y]$ を $R[X,Y]$ とおき，R 上の 2 変数 X,Y の**多項式環**と言い，この環の元を R の元を係数とする 2 変数 X,Y の多項式と言う．

命題 2.2.6 環 R 上の多項式環 $R[X,Y]$ の元 $f(X,Y)$ は $\sum_{i=0}^{m}\sum_{j=0}^{n} a_{ij}X^iY^j$ と表され，係数 $a_{ij} \in R$ は $f(X,Y)$ により一意的に定まる． □

問 2.7 R を整域とするとき，R 上 2 変数多項式環 $R[X,Y]$ は整域であることを示せ．また $R[X,Y]$ の単元は何か．

同様に n 変数の多項式環 $R[X_1,\ldots,X_n]$ を定義することができる．帰納法を用いると命題 2.2.3 より，R が整域ならば n 変数の多項式環 $R[X_1,\ldots,X_n]$ も整域であることが分かる．$R[X_1,\ldots,X_n]$ の元 $f(X_1,\ldots,X_n)$ は単項式の有限和として，

$$f(X_1,\ldots,X_n) = \sum a_{i_1i_2\ldots i_n} X_1^{i_1} X_2^{i_2} \cdots X_n^{i_n}, \quad a_{i_1i_2\ldots i_n} \in R$$

という形に一意的に表される．

$a_{i_1i_2\ldots i_n} \neq 0$ のとき，$a_{i_1i_2\ldots i_n} X_1^{i_1} \cdots X_n^{i_n}$ を $f(X)$ の項と言い，$i_1+i_2+\cdots+i_n$ をその**次数**と言う．また，$f(X_1,\ldots,X_n)$ の項の次数の最大値 d を $f(X_1,\ldots,X_n)$ の次数と言い，$\deg f(X_1,\ldots,X_n) = d$，または簡単に $\deg f = d$ と表す．

定義 2.2.7 R を部分環として含む環を R' とし，R' の元 α は R

のすべての元と可換であるとする. $R[X]$ の元 $f(X)$ について,

$$f(X) = a_0 + a_1 X + \cdots + a_n X^n$$

とするとき, R' の元 $a_0 + a_1\alpha + \cdots + a_n\alpha^n$ を $f(\alpha)$ で表す. このとき,

$$f(\alpha) := a_0 + a_1\alpha + \cdots + a_n\alpha^n$$

を X に α を代入 (substitute) してえられる R' の元と言う.

また, $f(\alpha) = 0$ のとき, α を多項式 $f(X)$ の根 (root) と言う.

整数環 $\mathbb{Z}$ と体 k 上の 1 変数の多項式環 $k[X]$ は多くの共通な性質をもつ. たとえば, $\mathbb{Z}$ における整数の絶対値に対して, $k[X]$ の多項式の次数を対応させて考えると, これらの間の類似性に気がつくだろう. 整数環 $\mathbb{Z}$ における除法の定理 2.1.4 [37] に対して, 多項式環 $k[X]$ に対しても除法の定理が成り立つ. この定理は後で k が体でない場合にも適用する機会があるので, より一般的に整域 R 上の多項式環 $R[X]$ に対して成り立つことを証明しておこう. もちろん, 以下の定理は R が体である場合にも成り立つことは容易に分かるであろう.

[37] 定理 2.1.4 (除法の定理) $a, b \in \mathbb{Z}$, $b > 0$ に対して, a を b で割ると, ある整数 $q, r \in \mathbb{Z}$ が存在して $a = bq + r$ ($0 \leq r < b$) と表される.

定理 2.2.8 (除法の定理) R を整域とする. 二つの多項式 $f(X), g(X) \in R[X]$ について, $g(X)$ の 最高次係数が単元 ならば, ある多項式 $q(X), r(X) \in R[X]$ が存在して次の式をみたす.

$$f(X) = q(X)g(X) + r(X).$$

ただし $r(X) = 0$ であるか, または $\deg r(X) < \deg g(X)$ である. しかも, このような $q(X)$ と $r(X)$ は $f(X)$ と $g(X)$ により一意的に定まる.

(証明) 多項式 $f(X)$ と $g(X)$ を $\deg f = n, \deg g = m$ として,

$$\begin{aligned} f(X) &= a_0 + a_1 X + \cdots + a_n X^n, \\ g(X) &= b_0 + b_1 X + \cdots + b_m X^m \quad (b_m \text{ は単元}), \end{aligned}$$

と表す. $g(X)$ が定数のときは明らかであるから, $\deg g(X) > 0$ としてよい.

(1) まず, 定理に述べられているような $q(X), r(X)$ が存在するこ

とを $f(X)$ の次数 n についての帰納法で示す．$n < m$ ならば，
$$f(X) = 0 \cdot g(X) + f(X), \ \deg f(X) = n < m = \deg g(X)$$
と表されるから，$q(X) = 0, r(X) = f(X)$ とすればよい．

そこで，$n \geq m$ として，$n-1$ まで正しいと仮定する．このとき，
$$h(X) = f(X) - a_n b_m^{-1} X^{n-m} g(x) \qquad (*)$$
とおく．b_m は R の単元であるから，$a_n b_m^{-1} \in R$ であり，$h(X) \in R[X]$ である．$h(X) = 0$ であれば，$f(X) = a_n b_m^{-1} X^{n-m} g(X)$ であるから，$q(X) = a_n b_m^{-1} X^{n-m}, r(X) = 0$ とすればよい．

$h(X) \neq 0$ のとき，$(*)$ 式で，$f(X)$ の最高次の係数は消えるから $\deg h(X) < n$ である．このとき帰納法の仮定により，$h(X)$ に対してある多項式 $q_0(X), r(X) \in R[X]$ が存在して，
$$h(X) = q_0(X)g(X) + r(X), \ r(X) = 0 \ \text{または} \ \deg r(X) < m$$
と表される．すると，
$$\begin{aligned} f(X) &= a_n b_m^{-1} X^{n-m} g(X) + h(X) \\ &= a_n b_m^{-1} X^{n-m} g(X) + q_0(X) g(X) + r(X) \\ &= \left(a_n b_m^{-1} X^{n-m} + q_0(X) \right) g(X) + r(X). \end{aligned}$$
ここで，$q(X) = a_n b_m^{-1} X^{n-m} + q_0(X) \in R[X]$ とおけば，
$$f(X) = q(X)g(X) + r(X), \ r(X) = 0 \ \text{または} \ \deg r(X) < m.$$

(2) 一意的であること．
$f(X)$ が 2 通りに表されたとする．すなわち，
$$\begin{aligned} f(X) &= q(X)g(X) + r(X) \quad (r(X) \text{ は } 0 \text{ かまたは } \deg r(X) < m) \\ &= q'(X)g(X) + r'(X) \quad (r'(X) \text{ は } 0 \text{ かまたは } \deg r'(X) < m) \end{aligned}$$
と仮定する．このとき，
$$\left(q(X) - q'(X) \right) g(X) = r'(X) - r(X).$$
ここで，$q(X) \neq q'(X)$ と仮定すると，R は整域であるから命題 2.2.2 より，

$$\begin{aligned}
\deg g(X) &\leq \deg\left(q(X) - q'(X)\right) + \deg g(X) \\
&= \deg\left(q(X) - q(X)\right)g(X) \\
&= \deg\left(r'(X) - r(X)\right) < m = \deg g(X)
\end{aligned}$$

となり，矛盾である．したがって，$q(X) = q'(X)$ でなければならない．ゆえに，$r(X) = r'(X)$ を得る． $\square$

命題 2.2.9（因数定理） R を環とし，$f(X) \in R[X]$, $\alpha \in R$ とする．このとき $f(\alpha) = 0$ ならば，ある多項式 $g(X) \in R[X]$ が存在して，次のように表される．

$$f(X) = (X - \alpha)g(X).$$

（証明） $f(X)$ を $X - \alpha$ で割ると，除法の定理 2.2.8 より，

$$f(X) = (X - \alpha)g(X) + r(X), \ r(X) = 0 \ \text{または} \ \deg r(X) < 1$$

をみたす $g(X), r(X) \in R[X]$ が存在する．$r(X) \neq 0$ とすると，$\deg r(X) < 1$ だから，$\deg r(X) = 0$ となり，$r(X)$ は定数となる．したがって，$r(X) = a \in R$ とおけば，

$$f(X) = (X - \alpha)g(X) + a$$

と表される．ところが仮定より $f(\alpha) = 0$ であるから $a = 0$．ゆえに，$r(X) = a = 0$．これは矛盾である．したがって，$r(X) = 0$ でなければならない．

以上より，$f(X) = (X - \alpha)g(X)$ ($g(X) \in R[X]$) を得る． $\square$

第2章練習問題

1. n と a, b を整数とし，$n > 1$ とする．$(a, n) = 1$ ならば，$ax \equiv b \pmod{n}$ を満足する整数解 x が存在し，n を法として唯一つであることを証明せよ．

2. n_1 と n_2 を 1 より大きい整数とし，$n = n_1 n_2$ とおく．$(n_1, n_2) = 1$ ならば，連立合同方程式，

$$x \equiv a \pmod{n_1}, \qquad x \equiv b \pmod{n_2}$$

を満足する整数解 x が存在し, n を法として唯一つであることを証明せよ.

3. 次の合同式を解け.
    (1) $13x \equiv 29 \pmod{30}$,
    (2) $35x \equiv 41 \pmod{51}$.

4. n を 1 より大きい整数とする. a を整数とし, C_a を n を法とし a の属する剰余類とする. このとき, $b, c \in C_a$ に対して次が成り立つことを証明せよ.
$$(b, n) = 1 \implies (c, n) = 1.$$

5. n を自然数とする. 1 から n までの自然数の中で n と互いに素である数の個数を $\varphi(n)$ で表し, これを**オイラーの φ 関数** (Euler's φ-function) [38] と言う. このとき, 次を証明せよ.
    (1) オイラーの関数は乗法的であること, すなわち, $(n_1, n_2) = 1$ ならば, $\varphi(n_1 n_2) = \varphi(n_1) \varphi(n_2)$ が成り立つ.
    (2) p を素数とするとき, $\varphi(p^r) = p^r(1 - \frac{1}{p})$.
    (3) $n = p_1^{e_1} p_2^{e_2} \cdots p_s^{e_s}$ を自然数 n の素因数分解とするとき, 次が成り立つ.
$$\varphi(n) = n(1 - \frac{1}{p_1})(1 - \frac{1}{p_2}) \cdots (1 - \frac{1}{p_s}).$$

6. p, q を相異なる素数とするとき, 次の問に答えよ.
    (1) $(\mathbb{Z}_{pq}, +)$ の生成元の個数を求めよ.
    (2) $(\mathbb{Z}_{p^r}, +)$ の生成元の個数を求めよ.

7. n を法として a の属する剰余類 $\bar{a} = C_a \in \mathbb{Z}_n$ は $(a, n) = 1$ であるとき, **既約剰余類** (reduced residue class) であると言う[39]. n を法とする剰余類の集合 $\mathbb{Z}_n$ において, 既約剰余類の集合を $U(\mathbb{Z}_n)$ で表す. すなわち,
$$U(\mathbb{Z}_n) = \{\bar{a} \in \mathbb{Z}_n \mid (a, n) = 1\}.$$
このとき, 演算 $\bar{a} \cdot \bar{b} := \overline{ab}$ が矛盾なく定義され (well defined), $U(\mathbb{Z}_n)$ はこの演算に関して群になることを証明せよ. また, 群 $U(\mathbb{Z}_n)$ の位数は $\varphi(n)$ である.
$U(\mathbb{Z}_n)$ は**既約剰余類群** (reduced residue class group) と呼ばれる.

8. n を 1 より大きい整数とし, p を素数とする. 任意の整数 a に対して次が成り立つことを証明せよ. ここで, $\varphi(n)$ はオイラーの関数を表している.
    (1) (**オイラーの定理**) : $(n, a) = 1 \implies a^{\varphi(n)} \equiv 1 \pmod{n}$.
    (2) (**フェルマーの定理**) [40] : $a^p \equiv a \pmod{p}$.

9. 練習問題 8 を用いて, 10^{100} を 13 で割ったときの余りを求めよ.

[38] Leonhard Euler (1707-1783) スイスのバーゼルで生まれ, バーゼル大学卒業. ペテルブルクの科学学士院, ベルリンの科学学士院, そしてふたたびペテルブルクにもどった. オイラーは 18 世紀の数学の中心に立ち, 複素数を積極的に導入し, 数学の全分野にわたり大きく貢献, 19 世紀の数学の発展の礎石を据えた数学者である. 業績は多量で, 全集の刊行は今日も完結していない.

[39] この定義は練習問題 4 より well-defined である.

[40] Pierre de Fermat (1601-1605) フランスの数学者. 法学を学び弁護士となり, 1631 年以降はトゥールーズの高等法院の判事になった. 余暇に数学の研究を行い, ディオファントスの『数論』を読む過程で行った数論の研究は整論論の進展の基礎となった. フェルマーが提示したフェルマーの大定理は, 約 350 年後の 1995 年に A. ワイルズにより最終的に証明された. また, アポロニウスの円錐曲線論を研究して, 解析幾何学をほとんど同じ時期にデカルトとは独立に発明した.

10. $R[X]$ を整域 R 上の 1 変数の多項式環とする．このとき，以下のことを証明せよ．
    (1) 0 でない $R[X]$ の多項式 $f(X)$ の次数が n ならば，$f(\alpha) = 0$ となる R の元 α は高々 n 個である．
    (2) $f(X), g(X)$ を $R[X]$ の元とし，次数がともに高々 $n(\geq 1)$ とする．m 個 $(m > n)$ の相異なる k の元 $a_1, \ldots, a_m$ に対し $f(a_i) = g(a_i)$ ならば，$f(X) = g(X)$ となる．

3 環とイデアル

　第3章では，本書の中心課題であるイデアルを定義し，イデアルによる剰余環を構成する．そして，環の準同型写像によるイデアルの像と逆像を考察し，またイデアルに対する基本的な操作も導入する．

　本章以降，環はすべて可換環とする．

3.1 イデアル

定義 3.1.1 R を可換環とする．R の部分集合 $I \neq \emptyset$ が次の条件 (i),(ii) をみたすとき，I は環 R の**イデアル**[41] (ideal) であると言う．

(i) $a, b \in I \implies a + b \in I$,
(ii) $r \in R, a \in I \implies ra \in I$.

環 R 自身は R のイデアルである．これを**単位イデアル** (unit ideal) とも言い，(1) という記号で表すことがある．また，R と異なるイデアルを R の**真のイデアル** (proper ideal) と言う．R の零元 0 だけからなる集合 $\{0\}$ は明らかにイデアルであり，真のイデアルである．これを 0 または (0) で表し，**零イデアル**あるいは**ゼロイデアル**と言う．$1 \neq 0$ と約束しているので，環 R には必ず (0) と $(1) = R$ の二つのイデアルがある．

[41] 有理整数環 $\mathbb{Z}$ において，任意の整数は素数の積に一意的に分解する．代数的数体における整数論においても，このことが成り立つようにするためにクンマーが一種の理想数というものを考え，それをデデキントが整理し，発展させてイデアルを定義した．

問 3.1 定義 3.1.1 の条件 (i) は次の (i') と置き換えても，定義としては同値であることを示せ．
(i') $a, b \in I \implies a - b \in I$.

問 3.1 を考慮すると，環 R の部分集合 I は R の加法部分群であり，かつ条件 (ii) をみたすとき，R のイデアルであると定義することもできる．

例 3.1.2 整数環 $\mathbb{Z}$ において，整数の n 倍の全体 $n\mathbb{Z} = (n)$ は $\mathbb{Z}$ のイデアルであり，$\mathbb{Z}$ のイデアルはこのような形のものしかない[42]．

[42] 後出定理 4.3.1

例 3.1.3 環 R の元を係数とする 2 変数多項式環を $R[X, Y]$ とする．$f(X, Y)$ を $R[X, Y]$ の一つの多項式として，$f(X, Y)$ の倍元全体，すなわち，

$$\begin{aligned}(f(X,Y)) &= f(X,Y)R[X,Y] \\ &= \{\, f(X,Y)g(X,Y) \mid g(X,Y) \in R[X,Y] \,\}\end{aligned}$$

は $R[X, Y]$ のイデアルである．

例 3.1.4 k を体 F の部分体とし，α を F の元とする．$k[X]$ を体

k 上の 1 変数の多項式環とする．このとき，α を根とする $k[X]$ のすべての多項式の集合，

$$I := \{f(X) \in k[X] \mid f(\alpha) = 0\}$$

を考える．α を根としてもつ $k[X]$ の多項式が少なくとも一つ存在したと仮定する．このとき，α は体 k 上**代数的** (algebraic) であると言う．このとき，集合 I は $k[X]$ のイデアルとなる．

なぜなら，$f(X), g(X) \in I$ とすると，$f(\alpha) + g(\alpha) = 0 + 0 = 0$ であるから，$f(X) + g(X) \in I$ となる．また，$f(X) \in I$ かつ $g(X) \in k[X]$ ならば，$f(\alpha)g(\alpha) = 0 \cdot g(\alpha) = 0$ となるので，$f(X)g(X) \in I$ となるからである．

問 3.2 I を環 R のイデアルとするとき，$0 \in I$ であることを示せ．

問 3.3 R を環 R' の部分環とし，I' を R' のイデアルとする．このとき，$I' \cap R$ は R のイデアルであることを示せ．

命題 3.1.5 $A \neq \emptyset$ を環 R の部分集合とし，A の元と R の元の積の有限個の和全体の集合を AR で表す．すなわち，

$$AR = \{a_1 x_1 + \cdots + a_n x_n \mid n \in \mathbb{N}, a_i \in A, x_i \in R \ (1 \leq i \leq n)\}$$

とすると，AR は環 R のイデアルである．さらに，この AR は集合 A を含む R の最小のイデアルである．特に，I が R のイデアルの場合，$IR = R$ が成り立つ．

(証明) $A \subset AR$ より，$AR \neq \emptyset$ である．

(i) 「$x, y \in AR \Rightarrow x + y \in AR$」を示す．

x と y が AR の元ならば，x と y は A の元と R の元の積の有限個の和で表されるので，$x + y$ もまた A の元と R の元の積の有限個の和となる．すると，定義により $x + y$ もまた AR の元である．

(ii) 「$r \in R, x \in AR \Rightarrow rx \in AR$」を示す．

x は AR の元であるから $x = \sum_{i=1}^{n} a_i x_i (a_i \in A, x_i \in R)$ と表される．すると，$rx = \sum_{i=1}^{n} a_i (rx_i)(a_i \in A, rx_i \in R)$ と表されるので，$rx \in AR$ である．

(i),(ii) より 集合 AR は R のイデアルである.

次に,I がイデアルの場合,IR の定義より $IR \subset I$ となるが,環 R は単位元 1 を含むので,逆の包含関係 $IR \supset I$ が成り立つ.よって,$IR = I$ を得る.

最後に,A を含む R のイデアルを I とする.$A \subset I$ であるから,$AR \subset IR = I$ となる.ゆえに,A を含む任意のイデアルは AR を含むので,AR は A を含むイデアルの中で,最小のイデアルである.

□

定義 3.1.6 環 R において,命題 3.1.5 のイデアル AR を集合 A によって**生成されたイデアル**と言い,A をその**生成系** (system of generators) と言う.特に,$I = AR$ で A が有限集合 $A = \{a_1, \ldots, a_n\}$ のとき,I は $a_1, a_2, \ldots, a_n$ によって生成されたイデアルと言い,$I = (a_1, a_2, \ldots, a_n)$ または $I = a_1 R + a_2 R + \cdots + a_n R$ で表し,イデアル I は**有限生成** (finitely generated) であると言う.すなわち,

$$\begin{aligned} I &= (a_1, a_2, \ldots, a_n) \\ &= a_1 R + \cdots + a_n R \\ &= \{a_1 x_1 + \cdots + a_n x_n \mid x_i \in R\}. \end{aligned}$$

さらに $n = 1$ のとき,$(a) = aR$ は a で生成された**単項イデアル**,または**主イデアル** (principal ideal) と言う.R のすべてのイデアルが単項イデアルであるような環を**単項イデアル環**と言い,特に R が整域であるとき**単項イデアル整域** (principal ideal domain),あるいは略して **PID** であると言う.

問 3.4 環 R のイデアルを I, J とし,A をイデアル I の生成系とする.このとき,$A \subset J$ ならば $I \subset J$ となることを示せ[43].

[43] A:I の生成系 $A \subset J \Rightarrow I \subset J$

環 R は環 R' の部分環であるとする.R のイデアル I に対して,I は R' の部分集合と考えることができる.このとき,命題 3.1.5 より IR' は I によって生成された環 R' のイデアルである[44].また,R' のイデアル I' に対して $I' \cap R$ は R のイデアルであることも分かる[45].

[44] 拡大イデアル 3.6 節

[45] 問 3.3 または,縮約イデアル 3.6 節

可換環 R において,$\{0\}$ は 0 によって生成される単項イデアル

と考えられ，環全体 R は単位元 1 によって生成される単項イデアルと考えられる．すなわち，
$$0 = \{0\} = (0), \quad R = (1).$$

命題 3.1.7 I を環 R のイデアルとするとき，次が成り立つ．

(1) イデアル I が単位元 1 を含むならば，$I = (1) = R$ となる．すなわち，
$$1 \in I \implies I = (1) = R.$$

(2) イデアル I が R の単元を含むならば，$I = R$ となる．すなわち，
$$u \in I, u : 単元 \implies I = R.$$

（証明）(1) $x \in R$ とする．このとき，$x = x \cdot 1$ と表される．$1 \in I$ ならば，イデアルの定義より $x = x \cdot 1 \in I$ となる．よって，「$x \in R \Rightarrow x \in I$」が示されたので，$R \subset I$ である．逆の包含関係は明らかであるから，$R = I$ を得る．

(2) I が単元 u を含んでいると仮定する．u は単元であるから，ある元 $v \in R$ が存在して $uv = 1$ をみたす．I はイデアルであるから，$u \in I$ ならば $1 = uv \in I$ である．ゆえに，$1 \in I$ であるから (1) より $I = R$ となる． $\square$

問 3.5 環 R の元を a とするとき，「$a :$ 単元 $\iff (a) = (1)$」が成り立つことを示せ．

命題 3.1.8 R を環とするとき，次の条件は同値である．

(1) R は体である．

(2) R のイデアルは (0) と $(1) = R$ だけである．

（証明）(1) $\Rightarrow$ (2)．$I \neq (0)$ を R の任意のイデアルとする．I は 0 でない元 a を含んでいる．R は体であるから，零でない元 a は単元である[46]．すると，I は単元を含むので，命題 3.1.7, (2) より $I = (1)$ となる．

(2) $\Rightarrow$ (1)．$a \in R$ として，$a \neq 0$ と仮定する．そこで，a により生成されたイデアル (a) を考える．このイデアルは $(a) \neq (0)$ であるから，仮定より，$(a) = (1)$ となる．ゆえに，$1 \in (a)$ であるから，

[46] 定義 1.2.6

ある元 $b \in R$ が存在して，$ab = 1$ と表される．これは a が環 R の単元であることを示している．したがって，定義 1.2.6 より環 R は体である． □

定義 3.1.9 I_1 と I_2 を環 R のイデアルとするとき，R のイデアルの和 $I_1 + I_2$ とイデアルの積 $I_1 I_2$ を次のように定義する[47]．

$$I_1 + I_2 := \{a_1 + a_2 \mid a_1 \in I_1, a_2 \in I_2\},$$
$$I_1 \cdot I_2 := \{a_1 b_1 + \cdots + a_n b_n \mid n \in \mathbb{N}, a_1, \ldots, a_n \in I_1, b_1, \ldots, b_n \in I_2\}.$$

[47] R の部分集合 A, B に対しても $A + B := \{a+b \mid a \in A, b \in B\}$ と定義する．

すなわち，$I_1 I_2$ は I_1 の元 a_i と I_2 の元 b_i の積 $a_i b_i$ の有限個の和のすべての集合である．すると，これらの集合は次の命題により R のイデアルとなる．

命題 3.1.10 I_1 と I_2 を R のイデアルとするとき，次の (1),(2),(3) におけるそれぞれの集合は R のイデアルである．

(1) $I_1 + I_2$, (2) $I_1 \cap I_2$, (3) $I_1 I_2$.

(証明) (1) $I_1 + I_2$ が R のイデアルであること：$0 = 0 + 0 \in I_1 + I_2$ より $I_1 + I_2 \neq \emptyset$ である[48]．

[48] イデアルは 0 を含む（問 3.2）．

(i) 「$x, y \in I_1 + I_2 \Rightarrow x + y \in I_1 + I_2$」を示す．
x と y は $x = x_1 + x_2$ $(x_i \in I_i)$, $y = y_1 + y_2$ $(y_i \in I_i)$ と表される．すると，

$$x + y = (x_1 + x_2) + (y_1 + y_2) = (x_1 + y_1) + (x_2 + y_2) \in I_1 + I_2.$$

(ii) 「$a \in R, x \in I_1 + I_2 \Rightarrow ax \in I_1 + I_2$」を示す：(i) の表現を使う．$I_i$ は R のイデアルであるから，$x_i \in I_i$ ならば $ax_i \in I_i$ である．ゆえに，

$$ax = a(x_1 + x_2) = ax_1 + ax_2 \in I_1 + I_2.$$

(2) $I_1 \cap I_2$ が R のイデアルであること：$0 \in I_1 \cap I_2$ より $I_1 \cap I_2 \neq \emptyset$ である．

(i) 「$x, y \in I_1 \cap I_2 \Rightarrow x + y \in I_1 \cap I_2$」を示す．
$x, y \in I_1 \cap I_2$ とすると $x, y \in I_1$ である．ところが I_1 はイデアルだから $x + y \in I_1$．同様に $x + y \in I_2$．したがって，$x + y \in I_1 \cap I_2$

を得る.

(ii) 「$a \in R, x \in I_1 \cap I_2 \Rightarrow ax \in I_1 \cap I_2$」を示す.

$x \in I_1 \cap I_2$ とすると, $x \in I_1$ で I_1 はイデアルであるから, R の元 a に対して $ax \in I_1$ である. 同様にして, $ax \in I_2$ を得る. ゆえに, $ax \in I_1 \cap I_2$ である.

(3) $I_1 I_2$ がイデアルであること: $0 \in I_1 I_2$ より $I_1 I_2 \neq \emptyset$ である.

(i) $x, y \in I_1 I_2$ とすると, x と y は I_1 の元と I_2 の元の積の有限個の和であるから $x+y$ もまた I_1 の元と I_2 の元の積の有限個の和である. よって, $x+y \in I_1 I_2$ である.

(ii) $a \in R, z \in I_1 I_2$ とすると, z は定義より,

$$z = x_1 y_1 + \cdots + x_n y_n \quad (\exists x_i \in I_1, \exists y_i \in I_2)$$

と表されるから,

$$az = ax_1 y_1 + \cdots + ax_n y_n \quad (x_i \in I_1, y_i \in I_2).$$

ここで $ax_1 \in I_1, \ldots, ax_n \in I_1$ であるから, az は再び I_1 の元 ax_i と I_2 の元 y_i の積の有限個の和である. ゆえに, $az \in I_1 I_2$ である. □

問 3.6 イデアルの和と積の記号を用いると (定義 3.1.9), イデアルの定義 3.1.1 は次のように表すことができることを確認せよ. すなわち, R の部分集合 $I \neq \emptyset$ に対して,

$$\begin{aligned} I : R \text{ のイデアル} &\iff \text{(i)}\ I+I \subset I, \quad \text{(ii)}\ RI \subset I, \\ &\iff \text{(i}'\text{)}\ I+I = I, \quad \text{(ii}'\text{)}\ RI = I. \end{aligned}$$

問 3.7 環 R のイデアル I, J, K について次が成り立つことを示せ.
(1) $I+J = J+I, \quad IJ = JI$.
(2) $I \subset I+J, \quad J \subset I+J$.
(3) $IJ \subset I \cap J$.
(4) $(I+J)+K = I+(J+K)$.
(5) $I(J+K) = IJ + IK$.

問 3.8 環 R のイデアルを I, J とする. このとき, $I \subset J$ ならば $I+J = J$ となることを示せ. すなわち, 「$I \subset J \iff I+J = J$」が成り立つ.

例 3.1.11 イデアルの演算の例

(1) 整数環 $\mathbb{Z}$ において：$(2)+(3) = (1)$, $(2)(3) = (2)\cap(3) = (6)$, $(60) + (18) = (6)$, $(60) \cap (18) = (180)$[49].

(2) 多項式環 $\mathbb{Q}[X]$ において：
$(X-1)+(X+3) = (1)$, $(X-1)\cap(X+3) = ((X-1)(X+3))$.
また，$f(X) = (X-1)^2(X+2)^3(X-3)^4$,
$g(X) = (X+2)^2(X-3)^3(X+5)^4$ とするとき，
$(f(X)) + (g(X)) = ((X+2)^2(X-3)^3)$,
$(f(X)) \cap (g(X)) = ((X-1)^2(X+2)^3(X-3)^4(X+5)^4)$[50].

[49] 命題 4.3.3
[50] 命題 4.4.4, 命題 4.4.6

命題 3.1.12 環 R のイデアルを I, J とする．このとき，次が成り立つ[51]．
$$I + J = (1) \implies IJ = I \cap J.$$

（証明）I と J は R のイデアルであるから，$IJ \subset I \cap J$ が成り立つ[52]．よって，$IJ \supset I \cap J$ であることを示せばよい．はじめに，$I+J = (1)$ であるから，ある元 $a \in I, b \in J$ が存在して，$1 = a + b$ と表される．そこで，$x \in I \cap J$ とすると，

$$\begin{aligned}
x \in I \cap J &\Rightarrow x = x \cdot 1 = x(a+b) = xa + xb \\
&\quad (x \in J, a \in I \Rightarrow xa \in JI, \\
&\quad x \in I, b \in J \Rightarrow xb \in IJ \text{ であるから}) \\
&\Rightarrow x = xa + xb \in JI + IJ = IJ \\
&\Rightarrow x \in IJ.
\end{aligned}$$

以上より，「$x \in I \cap J \Rightarrow x \in IJ$」が示されたので，$IJ \supset I \cap J$ が成り立つ．これより，命題は証明された． □

[51] 例として，$(2) + (3) = (1)$ であり $(2)(3) = (2) \cap (3) = (6)$ である．一方，$(2)+(6) = (2)$ であり，このとき，$(2)(6) = (12)$ かつ $(2) \cap (6) = (6)$ である．ゆえに，$(2)(6) \neq (2) \cap (6)$.

[52] 問 3.7

命題 3.1.12 は後で，命題 3.4.3 において n 個のイデアルの場合に一般化される．環 R のイデアルを I, J とするとき，$I \cap J$ は R のイデアルとなるが[53]，一般に $I \cup J$ は R のイデアルになるとは限らない．

[53] 命題 3.1.10,(2)

問 3.9 環 R のイデアルを I, J とする．このとき，
(1) $I \cup J$ が R のイデアルにならない例をあげよ．
(2) 「$I \cup J$ は R のイデアル $\iff$ $I \subset J$ または $I \supset J$」が成り立つことを証明せよ．

一般にイデアルの和集合はイデアルになるとは限らないが，イデアルの集合が包含関係に関して線形順序[54]になっているときはイデアルになる．次によく用いられる命題を証明しておこう．

[54]「全順序」とも言う．

命題 3.1.13 環 R のイデアルの全順序集合 $\{I_\lambda\}_{\lambda \in \Lambda}$ に対して，$\bigcup_{\lambda \in \Lambda} I_\lambda$ は環 R のイデアルである[55]．

[55] 定義 4.1.9

（証明）$I = \bigcup_{\lambda \in \Lambda} I_\lambda$ とおき，I は R のイデアルであることを示す．各 I_λ は 0 を含んでいるので，I は空集合ではない[56]．このとき，

[56] イデアルは 0 を含んでいる（問 3.2）．

(i)「$x, y \in I \Rightarrow x + y$」であることを示す．

$$\begin{aligned}
x, y \in I &\implies x \in I_{\lambda_1},\ y \in I_{\lambda_2}\ (\exists \lambda_1, \lambda_2 \in \Lambda) \\
&\quad \text{（全順序集合であるから $I_{\lambda_1} \subset I_{\lambda_2}$ または} \\
&\quad \text{$I_{\lambda_1} \supset I_{\lambda_2}$ が成り立つ．）} \\
&\quad I_{\lambda_1} \subset I_{\lambda_2}\text{ とする．} \\
&\implies x \in I_{\lambda_2},\ y \in I_{\lambda_2} \\
&\implies x + y \in I_{\lambda_2} \subset \bigcup I_\lambda = I \\
&\implies x + y \in \bigcup I_\lambda = I.
\end{aligned}$$

(ii)「$a \in R, x \in I \Rightarrow ax \in I$」であることを示す．

$$\begin{aligned}
a \in R, x \in I &\implies a \in R, x \in I_\lambda\ (\exists \lambda \in \Lambda) \\
&\implies ax \in I_\lambda \subset I \\
&\implies ax \in I.
\end{aligned}$$

以上 (i),(ii) より I は R のイデアルである． $\square$

系 3.1.14 環 R のイデアルを $I_i\ (i \in \mathbb{N})$ とする．これらのイデアルが，

$$I_1 \subset I_2 \subset \cdots \subset I_n \subset \cdots$$

という条件をみたすとき，$\bigcup_{i \in \mathbb{N}} I_i$ は環 R のイデアルである．

（証明）イデアルの族 $\{I_i\}_{i \in \mathbb{N}}$ は全順序集合であるから，$\bigcup_{i \in \mathbb{N}} I_i$ は上の命題 3.1.13 より，R のイデアルとなる． $\square$

3.2 剰余環

I を可換環 R のイデアルとする．R の元 a に対して記号 $a + I$ により R の部分集合 $\{a + b \mid b \in I\}$ を，また記号 $I + a$ により集合 $\{b + a \mid b \in I\}$ を表すことにする．

i.e. $\quad a + I = \{a + b \mid b \in I\}, \quad I + a = \{b + a \mid b \in I\}.$

明らかに，R の演算である加法は可換であるから，$a + I = I + a$ である．

定義 3.2.1 上記の集合 $a + I$ はイデアル I を法とし a の属する**剰余類** (residue, coset) と言い，a をその**代表元** (representative) と言う．0 を R の零元とするとき，$0 + I = I + 0 = I$ である．また，$0 \in I$ であるから $a = a + 0 \in a + I$，すなわち，$a \in a + I$ であることに注意しよう．

命題 3.2.2 I を環 R のイデアルとする．このとき，R の元 a と b に対して次の (1) から (5) の条件は同値である[57]．

(1) $a + I = b + I,$ (2) $a - b \in I,$ (3) $a \in b + I,$
(4) $b \in a + I,$ (5) $(a + I) \cap (b + I) \neq \emptyset.$

[57] 第 1 章演習問題 6 を，加法群 R の部分群 I に対して書き直したものである．

(証明)[58] (1) $\Rightarrow$ (2).

$$\begin{aligned} a \in a + I = b + I &\Longrightarrow \exists c \in I, \, a = b + c \\ &\Longrightarrow a - b = c \in I \\ &\Longrightarrow a - b \in I. \end{aligned}$$

(2) $\Rightarrow$ (3).

$$\begin{aligned} a - b \in I &\Longrightarrow \exists c \in I, \, a - b = c \\ &\Longrightarrow a = b + c \in b + I \\ &\Longrightarrow a \in b + I. \end{aligned}$$

(3) $\Rightarrow$ (4). I は加法部分加群であるから，$c \in I$ ならば，$-c \in I$ であることに注意すると，

[58] (1)$\Rightarrow$(2)$\Rightarrow$(3)$\Rightarrow$(4)$\Rightarrow$(5)$\Rightarrow$(1) を証明すれば，(1) から (5) はすべて同値となる．これが最短の証明法である．

$$a \in b + I \implies \exists c \in I, a = b + c$$
$$\implies b = a - c = a + (-c) \in a + I.$$

(4) $\implies$ (5).

仮定より $b \in a + I$, 定義より $b \in b + I$ であるから, $b \in (a+I) \cap (b+I)$ である. ゆえに, $(a+I) \cap (b+I) \neq \emptyset$.

(5) $\implies$ (1).

$$(a+I) \cap (b+I) \neq \emptyset \implies \exists c \in (a+I) \cap (b+I)$$
$$\implies c = a + d_1, c = b + d_2, \exists d_1, \exists d_2 \in I$$
$$\implies a + d_1 = b + d_2$$
$$\implies a = b + d_2 - d_1, b = a + d_1 - d_2$$
$$\text{ここで } d_3 = d_2 - d_1 \in I \text{ とおけば},$$
$$\implies a = b + d_3, b = a - d_3, \exists d_3 \in I.$$

この表現を使うと,

$$x \in a + I \implies x = a + d, \exists d \in I$$
$$= (b + d_3) + d = b + (d_3 + d) \in b + I$$
$$\implies x \in b + I.$$

これは $a + I \subset b + I$ であることを示している. 同様にして,

$$x \in b + I \implies x = b + d, \exists d \in I$$
$$= (a - d_3) + d = a + (d - d_3) \in a + I$$
$$\implies x \in a + I.$$

これは $b + I \subset a + I$ を示している. したがって, $a + I = b + I$ が示された. □

系 3.2.3 特に, 次が成り立つ.

$$a \in I \iff a + I = I.$$

(証明) 命題 3.2.2 の「(1) $a + I = b + I \Leftrightarrow$ (3) $a \in b + I$」を適用し, $b = 0$ とすれば, $a + I = 0 + I \Leftrightarrow a \in 0 + I$ である. すなわち, $a + I = I \Leftrightarrow a \in I$ が成り立つ. □

ここで，整数環 $\mathbb{Z}$ における合同式との類推で，環 R のイデアル I に関する次のような合同関係を導入する．

定義 3.2.4 I を環 R のイデアルとし，また $a, b \in R$ とする．$a - b \in I$ (i.e. $a + I = b + I$) が成り立つとき，a と b は I を法として**合同** (congruent) であると言い，$a \equiv b \pmod{I}$ と書く．

$$\text{i.e.} \quad a \equiv b \pmod{I} \iff a - b \in I.$$

前に述べた命題 3.2.2 によれば整数の合同式の場合[59] と同様に次の命題が成り立つ．

[59] 命題 2.1.14

命題 3.2.5 I を環 R のイデアルとする．$a, b \in R$ に対して，次が成り立つ．

$$a \equiv b \pmod{I} \iff a + I = b + I.$$

(証明) $a \equiv b \pmod{I} \iff a - b \in I \iff a + I = b + I$ [60]． □

[60] 命題 3.2.2. (1)⇔(2).

命題 3.2.6 I を環 R のイデアルとし，$a, b, c \in R$ とする．このとき，$a \equiv b \pmod{I}$ は同値関係である．すなわち，次が成り立つ．
 (1) 反射律: $a \equiv a \pmod{I}$．
 (2) 対称律: $a \equiv b \pmod{I} \implies b \equiv a \pmod{I}$．
 (3) 推移律: $a \equiv b \pmod{I}$,
  $b \equiv c \pmod{I} \implies a \equiv c \pmod{I}$．

(証明) 定義 3.2.4 と命題 3.2.5 より，上のことはそれぞれ，
 (1) $a + I = a + I$,
 (2) $a + I = b + I \Rightarrow b + I = a + I$,
 (3) $a + I = b + I, b + I = c + I \Rightarrow a + I = c + I$
を意味しているが，これらは明らかである． □

命題 3.2.7 I を環 R のイデアルとする．元 $a, b, c \in R$ に対して，次が成り立つ．
 (1) $a \equiv b \pmod{I} \iff a + c \equiv b + c \pmod{I}$．
 (2) $a \equiv b \pmod{I}, c \equiv d \pmod{I} \implies a + c \equiv b + d \pmod{I}$．

(3) $a \equiv b \pmod{I}$, $c \equiv d \pmod{I} \implies a \cdot c \equiv b \cdot d \pmod{I}$.

(証明) (1)
$$\begin{aligned} a \equiv b \pmod{I} &\iff a - b \in I \\ &\iff (a+c) - (b+c) \in I \\ &\iff a + c \equiv b + c \pmod{I}. \end{aligned}$$

(2) $a \equiv b \pmod{I}$, $c \equiv d \pmod{I}$
$$\begin{aligned} &\iff a - b \in I, c - d \in I \\ &\implies (a+c) - (b+d) = (a-b) + (c-d) \in I \\ &\implies a + c \equiv b + d \pmod{I}. \end{aligned}$$

(3) $a \equiv b \pmod{I}$, $c \equiv d \pmod{I}$ とすると, $a - b \in I$, $c - d \in I$. このとき,
$$\begin{aligned} ac - bd &= ac - bc + bc - bd \\ &= (a-b)c + b(c-d). \end{aligned}$$

ここで I はイデアルであるから, $b(c-d) \in I$, かつ $(a-b)c \in I$. よって, $ac - bd \in I$ となり, $ac \equiv bd \pmod{I}$ を得る. □

次に, 合同式 $a \equiv b \pmod{I}$ は同値関係であることが分かったので, I を法とし a を代表元とする同値類を $\bar{a}$ によって表すと, 同値類 $\bar{a}$ は前に定義した a の剰余類 $a + I$ にほかならないことが分かる[61]. すなわち, 定義 3.2.4, 命題 3.2.2 より,

[61] 定義 3.2.1

$$\begin{aligned} \bar{a} &= \{x \in R \mid x \equiv a \pmod{I}\} \quad (\bar{a} \text{ の定義}) \\ &= \{x \in R \mid x - a \in I\} \quad (\text{定義 3.2.4}) \\ &= \{x \in R \mid x \in a + I\} \quad (\text{命題 3.2.2}) \\ &= a + I. \end{aligned}$$

ゆえに, a の同値類 $\bar{a}$ は $\bar{a} = a + I$ と表される. 特に, $\bar{0} = 0 + I = I$, すなわち, $\bar{0} = I$ である. 法 I が明確である場合に記号 $\bar{a}$ を用いると, 非常に有効に論理計算することができる.

命題 3.2.8 I を環 R のイデアルとする. 元 $a, b \in R$ に対して,

(1) $a \in I \iff \bar{a} = \bar{0}$.

(2) $\bar{a} = \bar{b} \iff a \equiv b \pmod{I} \iff a - b \in I$.

(証明) (1) 系 3.2.3 より, $a \in I \Leftrightarrow a + I = I \Leftrightarrow \bar{a} = \bar{0}$.
(2) $\bar{a} = \bar{b} \Leftrightarrow a + I = b + I \Leftrightarrow a - b \in I \Leftrightarrow a \equiv b \pmod{I}$[62]. □

[62] 命題 3.2.2 より,
$\bar{a} = \bar{b}$
$\Leftrightarrow a + I = b + I$
$\Leftrightarrow a - b \in I$
$\Leftrightarrow a \equiv b \pmod{I}$

I を法とする R の剰余類 $a + I$ のすべての集合を R/I によって表す.
$$R/I = \{a + I \mid a \in R\}.$$
$a \equiv b \pmod{I}$ は同値関係であるから, この同値関係により R は**類別** (classification) される. すなわち,
$$R = \bigcup_{a \in R}(a + I),$$
$(a + I) \neq (b + I)$ ならば, $(a + I) \cap (b + I) = \emptyset$.

2.1.3 項において n を法とする剰余類の集合 $\mathbb{Z}_n$ 上に加法と乗法を定義し, これにより $\mathbb{Z}_n$ は可換環になることを示した[63]. これを模範として, イデアル I を法とする R の剰余類の集合 R/I 上に加法と乗法の演算を定義したい. これを以下で考えていく.

[63] 定理 2.1.16

$a + I$ と $b + I$ の和を $(a + b) + I$ として, また $a + I$ と $b + I$ の掛け算を $ab + I$ として定義したい. このために, R/I 上の演算とは $R/I \times R/I \longrightarrow R/I$ なる写像であることを思い出そう. すなわち,

$$\begin{array}{ccc} R/I \times R/I & \longrightarrow & R/I \\ (a + I, b + I) & \longrightarrow & (a + b) + I,\ ab + I \end{array}$$

なる対応が写像になること, さらに言い換えると, この対応がそれぞれの代表元 a と b の選び方に依存しないことを示さねばならない. 図式で表現すると次のようである.

$$\begin{array}{ccc} R/I \times R/I & \longrightarrow & R/I \\ (a + I, b + I) & \longrightarrow & (a + b) + I,\ ab + I \\ \| & & \|?\quad \|? \\ (a' + I, b' + I) & \longmapsto & (a' + b') + I,\ a'b' + I \end{array}$$

これを式で表すと，

$$\begin{cases} a+I = a'+I, \\ b+I = b'+I \end{cases} \implies \begin{cases} (a+b)+I = (a'+b')+I, \\ ab+I = a'b'+I \end{cases}$$

を示せばよいことになる．さらに，これを命題 3.2.5 により，合同式を用いて表現したとき，

$$\begin{cases} a \equiv a' \pmod{I}, \\ b \equiv b' \pmod{I} \end{cases} \implies \begin{cases} a+b \equiv a'+b' \pmod{I}, \\ ab \equiv a'b' \pmod{I} \end{cases}$$

を示せばよい．ところが，これは前に示した命題 3.2.7 の (2) と (3) より成り立つことが分かる．以上より，上記の写像が矛盾なく定義されることが分かった．したがって，

$$(a+I) + (b+I) := (a+b)+I, \quad \text{i.e.} \quad \bar{a} + \bar{b} := \overline{a+b},$$
$$(a+I)(b+I) := ab+I, \quad \text{i.e.} \quad \bar{a} \cdot \bar{b} := \overline{ab}$$

なる定義は代表元 a, b の選び方に依存せず，剰余類 $\bar{a} = a+I$ と剰余類 $\bar{b} = b+I$ により一意的に定まる (well defined)．明らかに，この加法で表された演算は可換であり，また R が可換環であることから，乗法で表された演算についても可換である．すなわち，

$$\bar{a} + \bar{b} = \overline{a+b} = \overline{b+a} = \bar{b} + \bar{a}, \quad \bar{a} \cdot \bar{b} = \overline{ab} = \overline{ba} = \bar{b} \cdot \bar{a}.$$

以上より，I を法とする剰余類の集合 R/I の上に加法と乗法が定義された．この二つの演算に関して R/I は可換環になることが次の定理により分かる．

定理 3.2.9 I を環 R のイデアルとする．I を法とする R の剰余類の集合 R/I は，

$$\bar{a} + \bar{b} := \overline{a+b}, \quad \bar{a} \cdot \bar{b} := \overline{ab}$$

により加法と乗法の演算が定義され可換環になる．零元は $\bar{0}_R = I$ で，単位元は $\bar{1}_R = 1_R + I$ である．さらに，$\bar{a} = a+I$ のマイナス元は $-(a+I) = -a+I$ である．すなわち $-\bar{a} = \overline{-a} = -a+I$ である．

(証明) 上で定義された加法と乗法に関して R/I が環になることを

示す．環の条件 (R1) から (R4) が成り立つことを示せばよい．

(R1) 剰余類の集合 R/I が演算 $\bar{a}+\bar{b} := \overline{a+b}$ により，加群になること：

(G1) 結合律：R/I の任意の元 $\bar{a}, \bar{b}, \bar{c}$ に対して $(\bar{a}+\bar{b})+\bar{c} = \bar{a}+(\bar{b}+\bar{c})$ が成り立つ．

$$\text{左辺} = (\bar{a}+\bar{b})+\bar{c} = \overline{a+b}+\bar{c} = \overline{(a+b)+c},$$
$$\text{右辺} = \bar{a}+(\bar{b}+\bar{c}) = \bar{a}+\overline{b+c} = \overline{a+(b+c)}.$$

ここで R は加群であるから，結合律が成り立つので $(a+b)+c = a+(b+c)$ である．ゆえに，$(\bar{a}+\bar{b})+\bar{c} = \bar{a}+(\bar{b}+\bar{c})$ が成り立つ．

(G2) 零元の存在：$\bar{0} = 0+I = I$ は R/I の一つの剰余類で，任意の剰余類 $\bar{a} \in R/I$ に対して，

$$\bar{a}+\bar{0} = \overline{a+0} = \bar{a}$$

が成り立つので，$\bar{0}$ は R/I の零元である．

(G3) マイナス元の存在：R/I の任意の元は R の元 $a \in R$ を代表元として，$\bar{a} = a+I$ と表される．$a \in R$ で，R は加群であるから，a の加法逆元（マイナス元）$-a \in R$ が存在する．そこで，$-a$ を代表元とする剰余類 $\overline{-a} = -a+I \in R/I$ を考えると，

$$\bar{a}+\overline{-a} = \overline{a+(-a)} = \bar{0}.$$

よって，$\overline{-a} \in R/I$ は $\bar{a} \in R/I$ の加法逆元である．記号で表せば，

$$-\bar{a} = \overline{-a}, \quad (\text{i.e.} -(-a+I) = -a+I).$$

以上により群の公理 (G1),(G2),(G3) が満足されるので[64]，R/I は加群となり，$\bar{0} = I$ がその零元であり，$\bar{a} \in R/I$ のマイナス元は $\overline{-a}$ であることが確かめられた．

[64] 群の定義 1.1.2

以上より，R/I は加群となる．

(R2) 乗法結合律が成り立つこと：すなわち，$(\bar{a} \cdot \bar{b}) \cdot \bar{c} = \bar{a} \cdot (\bar{b} \cdot \bar{c})$ を示す．

$$\text{左辺} = (\bar{a} \cdot \bar{b}) \cdot \bar{c} = \overline{a \cdot b} \cdot \bar{a} = \overline{(a \cdot b) \cdot c},$$
$$\text{右辺} = \bar{a} \cdot (\bar{b} \cdot \bar{c}) = \bar{a} \cdot \overline{b \cdot c} = \overline{a \cdot (b \cdot c)}.$$

ここで，R は環であるから，結合律 $a \cdot (b \cdot c) = (a \cdot b) \cdot c$ が成り立つ．よって，$(\bar{a} \cdot \bar{b}) \cdot \bar{c} = \bar{a} \cdot (\bar{b} \cdot \bar{c})$ が成り立つ．

(R3) 分配律が成り立つこと：すなわち，$\bar{a} \cdot (\bar{b} + \bar{c}) = \bar{a} \cdot \bar{b} + \bar{a} \cdot \bar{c}$ を示す．

$$\begin{aligned}
\bar{a} \cdot (\bar{b} + \bar{c}) &= \bar{a} \cdot \overline{(b+c)} && (R/I \text{ 上の加法の定義}) \\
&= \overline{a \cdot (b+c)} && (R/I \text{ 上の乗法の定義}) \\
&= \overline{a \cdot b + a \cdot c} && (\text{環 } R \text{ の分配法則}) \\
&= \overline{a \cdot b} + \overline{a \cdot c} && (R/I \text{ 上の加法の定義}) \\
&= \bar{a} \cdot \bar{b} + \bar{a} \cdot \bar{c} && (R/I \text{ 上の乗法の定義}).
\end{aligned}$$

(R4) $\bar{1}_R \in R/I$ が乗法単位元であること：R は環であるから，$1_R \in R$ である．ゆえに，$\bar{1} = 1_R + I \in R/I$ であり，R/I の任意の元 $\bar{a}$ に対して，次が成り立つ．

$$\bar{1}_R \cdot \bar{a} = \bar{a} \cdot \bar{1}_R = \bar{a}\ {}^{65)}.$$

[65] $\bar{1}_R \cdot \bar{a} = \overline{1_R a} = \bar{a}$, $\bar{a} \cdot \bar{1}_R = \overline{a 1_R} = \bar{a}$.

したがって，$\bar{1}_R = 1_R + I$ は R/I の乗法単位元である．

以上より環の条件 (R1) ～ (R4) が成り立つことが確かめられたので，R/I は環であることが示された．乗法は可換であるので，これは可換環である． □

注意として，簡単のため $\bar{x} - \bar{y} = \bar{x} + (-\bar{y})$ と表す．すると，

$$\bar{x} - \bar{y} = \bar{x} + (-\bar{y}) = \bar{x} + \overline{(-y)} = \overline{x + (-y)} = \overline{x - y}.$$

定義 3.2.10 上の定理で定義された環 R/I を，イデアル I を法とする R の**剰余環** (residue ring, factor ring) と言う．さらに，R/I が体になる場合は**剰余体** (residue field) と言う．

問 3.10 I を環 R のイデアルとする．このとき，「$R/I = 0 \iff R = I$」であることを証明せよ．

例題 3.2.11 2.1.3 項において考察した環 $\mathbb{Z}_n$ は整数環 $\mathbb{Z}$ のイデアル $(n) = n\mathbb{Z}$ を法とする剰余環である．すなわち，$\mathbb{Z}_n = \mathbb{Z}/n\mathbb{Z}$ である．そして，その演算は $a, b \in \mathbb{Z}$ として，

$$\bar{a} + \bar{b} = \overline{a+b}, \quad \text{i.e. } (a+n\mathbb{Z}) + (b+n\mathbb{Z}) = (a+b) + n\mathbb{Z}.$$

$$\bar{a} \cdot \bar{b} = \overline{ab}, \quad \text{i.e. } (a+n\mathbb{Z})(b+n\mathbb{Z}) = ab + n\mathbb{Z}.$$

(証明) 整数環 $\mathbb{Z}$ に対して，2.1.2 項において定義した，n を法とする剰余類 $C_a = \bar{a}$ は[66]，

66) 定義 2.1.13

$$C_a = \{x \in \mathbb{Z} \mid x \equiv a \pmod{n}\} = a + n\mathbb{Z}$$

であり，これらを要素とする集合を $\mathbb{Z}_n$ で表した．すなわち，$\mathbb{Z}_n = \{C_0, C_1, \ldots, C_{n-1}\}$ である．ここで，$C_a = a + n\mathbb{Z}$ はイデアル $n\mathbb{Z}$ を法とする剰余類と一致する[67]．ゆえに，

67) 定義 3.2.1

$$\mathbb{Z}_n = \{C_a \mid a \in \mathbb{Z}\} = \{a + n\mathbb{Z} \mid a \in \mathbb{Z}\} = \mathbb{Z}/n\mathbb{Z}$$

となっている．

さらに，$\mathbb{Z}_n$ の加法，乗法と $\mathbb{Z}/n\mathbb{Z}$ の加法，乗法の演算は両方の定義を比べてみれば全く同一である[68]．以上より，環 $\mathbb{Z}_n$ と剰余環 $\mathbb{Z}/n\mathbb{Z}$ は同じ環であることが分かる． □

68) 2.1.3 項で定義した演算と定理 3.2.9 で定義した演算は同じである．

定理 3.2.12 p を自然数とする．このとき，p を法とする剰余環 $\mathbb{Z}_p$ について，次の三つの命題は同値である．
 (1) p は素数である．
 (2) 剰余環 $\mathbb{Z}_p$ は体である．
 (3) 剰余環 $\mathbb{Z}_p$ は整域である．

(証明)[69] (1) $\Longrightarrow$ (2)： p が素数ならば剰余環 $\mathbb{Z}/p\mathbb{Z}$ は体であることを示す．

69) (1)⇒(2)⇒(3)⇒(1) を証明すれば，(1) から (3) はすべて同値となる．これが最短の証明法である．

p が素数であると仮定して $\bar{a}$ を $\mathbb{Z}/p\mathbb{Z}$ の零でない任意の元とする．$\bar{a} \neq \bar{0}$ であるから $a \notin (p) = p\mathbb{Z}$ であり[70]，よって a は p の倍数ではない．ゆえに，$(a, p) = 1$．したがって，ある整数 b, c が存在して，

$$\exists b, c \in \mathbb{Z}, \ ab + pc = 1$$

が成り立つ[71]．これを剰余環 $\mathbb{Z}/p\mathbb{Z}$ で考えると，

70) 命題 3.2.8
71) 命題 2.1.5

$$\begin{aligned}\bar{1} &= \overline{ab+pc} \\ &= \overline{ab} + \overline{pc} \quad (\mathbb{Z}/p\mathbb{Z} \text{ の演算の定義}) \\ &= \bar{a}\bar{b}. \quad (pc \in (p) \text{ より } \overline{pc} = \bar{0})\end{aligned}$$

よって $\bar{a} \cdot \bar{b} = \bar{1}$ を得る．したがって，$\mathbb{Z}/p\mathbb{Z}$ のゼロでない元 $\bar{a}$ は $\mathbb{Z}/p\mathbb{Z}$ で逆元 $\bar{b}$ をもつので，定義 1.2.6 より $\mathbb{Z}/p\mathbb{Z}$ は体となる．

(2) $\Longrightarrow$ (3)：命題 1.2.7 より分かる．

(3) $\Longrightarrow$ (1)：「剰余環 $\mathbb{Z}/p\mathbb{Z}$ が整域ならば p は素数である」ことを対偶によって示す．p が素数でないとする．すると，ある整数 a, b が存在して，

$$p = ab \quad (1 < a < p,\ 1 < b < p)$$

と表せる．剰余環 $\mathbb{Z}/p\mathbb{Z}$ において，$\bar{a} \neq \bar{0}, \bar{b} \neq \bar{0}$ であるが

$$\bar{a} \cdot \bar{b} = \overline{ab} = \bar{p} = \bar{0}.$$

したがって，$\bar{a}$ と $\bar{b}$ は $\mathbb{Z}/p\mathbb{Z}$ の零因子であるから，$\mathbb{Z}/p\mathbb{Z}$ は整域でない． □

例題 3.2.13 R を環として，I と J を R のイデアルで $I \subset J$ をみたしていると仮定する．このとき，I と J は加群 R の部分群である．加群 R はアーベル群であるから，その部分群はすべて R の正規部分群である．ゆえに，剰余加群 $R/I = \{x + I \mid x \in R\}$ が考えられる．これは集合としては定理 3.2.9 で構成した剰余環 R/I と同じものである．また，I は加群として J の正規部分群であるから，その剰余加群 J/I を考えることができる[72]．これは剰余環 R/I の部分集合である．

[72] 定理 1.1.18

$$\text{i.e.} \quad J/I = \{a + I \mid a \in J\} \subset R/I$$

このとき，J/I は剰余環 R/I のイデアルであることが次のようにして分かる．

(1) $a + I \in J/I, b + I \in J/I \Longrightarrow (a + I) + (b + I)$
$= (a + b) + I \in J/I.$
  J がイデアルであるから，「$a, b \in J \Rightarrow a + b \in J$」となり，$(a + b) + I \in J/I$ を得る．
(2) $x + I \in R/I, a + I \in J/I \Longrightarrow (x + I)(a + I) = xa + I \in J/I.$
  J がイデアルであるから，「$x \in R, a \in J \Rightarrow xa \in J$」となり，

$xa + I \in J/I$ を得る.

後で示す系 3.3.12（対応定理の系）より, 剰余環 R/I のイデアルはすべてこのような J/I という形をしていることが分かる.

3.3 環の準同型写像

二つ以上の環の間の関係を調べるために準同型写像という概念が必要である. 環は二つの演算をもつので, 環の準同型写像は加法群の準同型性に加えて乗法に関する準同型性が必要になる.

定義 3.3.1 R と R' を環とし, $f : R \longrightarrow R'$ を写像とする. f は以下の (i),(ii),(iii) の条件をみたすとき, 環 R から R' への**準同型写像** (homomorphism), または**環準同型写像** (ring homomorphism) であると言う. R の任意の元 x,y に対して,

 (i) $f(x+y) = f(x) + f(y)$,
 (ii) $f(xy) = f(x)f(y)$,
 (iii) $f(1_R) = 1_{R'}$.

また, 環の準同型写像 $f : R \longrightarrow R'$ が単射であるとき**単射準同型写像** (monomorphism), f が全射であるとき**全射準同型写像** (epimorphism), f が全単射であるとき**同型写像** (isomorphism) と言う. 特に f が同型写像である場合, 環 R と R' は**同型** (isomorphic) であると言い, $R \cong R'$ と表す. さらに $R = R'$ で f が同型写像であるとき, f を R の**自己同型写像** (automorphism) と言う[73].

[73] R が体の場合, 体は環であるから環の術語を流用する.

$f : R \longrightarrow R'$ を環の準同型写像とし, R と R' の零元をそれぞれ 0_R と $0_{R'}$ とする. このとき, f は加法群の準同型写像であるから, 定理 1.1.20 より $f(0_R) = 0_{R'}$ が成り立つ. また, R の任意の元 a に対して, $f(-a) = -f(a)$ が成り立つ. さらに, a の逆元が存在するときには, $f(a^{-1}) = f(a)^{-1}$ が成り立つ.

問 3.11 上記に述べた, (i) $f(0_R) = 0_{R'}$, (ii) $f(-a) = -f(a)$, (iii) $f(a^{-1}) = f(a)^{-1}$ を証明せよ.

問 3.12 $f : R \longrightarrow R'$ と $g : R' \longrightarrow R''$ が環の準同型写像ならば, それ

らの合成写像 $g \circ f : R \longrightarrow R''$ も環の準同型写像であることを示せ.

問 3.13 $f(n) = 3n$ により定まる写像 $f : \mathbb{Z} \longrightarrow \mathbb{Z}$ は加群としては準同型写像であるが, 環の準同型写像ではないことを示せ.

問 3.14 複素数体 $\mathbb{C}$ の元は $a + bi (a, b \in \mathbb{R})$ と表される. このとき, $f(a+bi) = a - bi$ により定まる写像 $f : \mathbb{C} \longrightarrow \mathbb{C}$ は $\mathbb{C}$ の自己同型写像であることを示せ. f を**共役写像**と言う.

問 3.15 R を環とし, $e = 1_R$ をその単位元とする. このとき, 整数 n に対して ne を対応させる写像を $f : \mathbb{Z} \longrightarrow R, f(n) = ne$ とする. f は $\mathbb{Z}$ から R への環準同型写像であることを示せ.

命題 3.3.2 $f : R \longrightarrow R'$ を環の準同型写像とする. このとき, I' が R' のイデアルならば, $f^{-1}(I')$ は R のイデアルである.

(証明) $f(0_R) = 0_{R'} \in I'$ であるから, $0_R \in f^{-1}(I')$ である. ゆえに, $f^{-1}(I') \neq \emptyset$ である.

(i) $a, b \in f^{-1}(I') \implies f(a), f(b) \in I'$
$\implies f(a) + f(b) \in I'$ (I' はイデアル)
$\implies f(a+b) \in I'$ (f は準同型写像)
$\implies a + b \in f^{-1}(I')$.

(ii) $a \in R, b \in f^{-1}(I') \implies f(a) \in R', f(b) \in I'$
$\implies f(a)f(b) \in I'$ (I' はイデアル)
$\implies f(ab) \in I'$ (f は準同型写像)
$\implies ab \in f^{-1}(I')$.

(i),(ii) が満足されたので, $f^{-1}(I')$ は R のイデアルである. □

問 3.16 $f : R \longrightarrow R'$ を環準同型写像とし, I' と J' を R' のイデアルとする. このとき, 次が成り立つことを示せ.
(1) $f^{-1}(I' + J') \supseteq f^{-1}(I') + f^{-1}(J')$.
 f が全射のとき, 等号が成り立つ.
(2) $f^{-1}(I'J') \supseteq f^{-1}(I')f^{-1}(J')$.

次に, $f : R \longrightarrow R'$ を環の準同型写像とするとき, R のイデアル I に対して, その像 $f(I)$ は R' のイデアルになるとは限らない. たとえば, $\iota : \mathbb{Z} \longrightarrow \mathbb{Q}$ を自然な埋め込みとするとき, 整数環 $\mathbb{Z}$ のイ

デアル $(3) = 3\mathbb{Z}$ の像 $\iota(3\mathbb{Z}) = 3\mathbb{Z}$ は有理数体 $\mathbb{Q}$ のイデアルではない．$\mathbb{Q}$ は体であるから，そのイデアルは (0) と $(1) = \mathbb{Q}$ の二つしかないからである[74]．

[74] 命題 3.1.8

しかし，f が全射ならば次が成り立つ．

命題 3.3.3 $f : R \longrightarrow R'$ を環の全射準同型写像とする．このとき，I が R のイデアルならば，$f(I)$ は R' のイデアルである．

(証明) $0_R \in I$ で，$0_{R'} = f(0_R) \in f(I)$ であるから，$f(I) \neq \emptyset$ である．

(i) $a', b' \in f(I) \implies a' = f(a),\ b' = f(b), \exists a, \exists b \in I$
$\implies a' + b' = f(a) + f(b) = f(a+b) \in f(I)$
$(\because a \in I, b \in I \implies a+b \in I)$

(ii) $a' \in R', b' \in f(I) \implies a' = f(a),\ b' = f(b), \exists a \in R, \exists b \in I$
$(\because f$ が全射であるから$)$
$\implies a'b' = f(a)f(b) = f(ab) \in f(I).$
$(\because a \in R, b \in I \Rightarrow ab \in I)$

(i),(ii) が満足されたので，$f(I)$ は R' のイデアルである． □

問 3.17 $f : R \longrightarrow R'$ を環の全射準同型写像とし，I と J を R のイデアルとする．このとき，次が成り立つことを示せ[75]．

(1) $f(I+J) = f(I) + f(J)$.
(2) $f(IJ) = f(I)f(J)$.

[75] 環 R の任意の部分集合 A, B に対しても，$A + B$ が定義されているので（定義 3.1.9 の注意），(1) は f が全射でない場合にも成り立つ．

定義 3.3.4 $f : R \longrightarrow R'$ を環の準同型写像とする．このとき，$0_{R'}$ の逆像 $f^{-1}(0_{R'})$ を準同型写像 f の**核** (kernel) と言い，$\mathrm{Ker}\, f$ という記号で表す．すなわち，

$$\mathrm{Ker}\, f := f^{-1}(0_{R'}) = \{a \in R \mid f(a) = 0_{R'}\}.$$

明らかに，R' の任意のイデアル I' に対して，$f^{-1}(I')$ は $\mathrm{Ker}\, f$ を含んでいる．

次の命題により，核 $\mathrm{Ker}\, f$ は R のイデアルであることが分かる．

命題 3.3.5 $f : R \longrightarrow R'$ を環の準同型写像とする．f の核 $\mathrm{Ker}\, f$

は R のイデアルである.

(証明) $\operatorname{Ker} f$ はイデアル $0 = (0_R)$ の逆像であるから,命題 3.3.2 を適用すればよい. □

定理 3.3.6 $f: R \longrightarrow R'$ を環の準同型写像とする.このとき,次が成り立つ.
$$f \text{ が単射である} \iff \operatorname{Ker} f = (0_R).$$

(証明) (1) 「f: 単射 $\Rightarrow \operatorname{Ker} f = 0$」であること:

$$\begin{aligned} a \in \operatorname{Ker} f \text{ とすると } f(a) &= 0. \\ \text{一方,} f(0) &= 0. \\ \therefore \quad f(a) &= f(0). \end{aligned}$$

f は単射という仮定より $a = 0$ となる.以上によって,$\operatorname{Ker} f \subset \{0\}$ が示された.ゆえに $\operatorname{Ker} f = 0$ である.

(2) 「f: 単射 $\Leftarrow \operatorname{Ker} f = 0$」であること:

$a, b \in R$ について,$f(a) = f(b)$ と仮定する.すると,

$$\begin{aligned} f(a) = f(b) &\implies f(a) - f(b) = 0 \\ &\implies f(a - b) = 0 \\ &\implies a - b \in \operatorname{Ker} f = \{0\} \\ &\implies a - b = 0 \\ &\implies a = b. \end{aligned}$$

以上で,「$f(a) = f(b) \Rightarrow a = b$」を証明した.これより,$f$ は単射である. □

定理 3.3.7 $f: R \longrightarrow R'$ を環の準同型写像とする.

(1) I を環 R のイデアルとするとき次が成り立つ[76].
$$f^{-1} f(I) = I + \operatorname{Ker} f, \quad \text{特に } \operatorname{Ker} f \subset I \text{ のとき,} f^{-1} f(I) = I.$$
$$\text{ゆえに } f \text{ が単射のときも,} f^{-1} f(I) = I.$$

(2) I' を R' のイデアルとするとき次が成り立つ.
$$f f^{-1}(I') = I' \cap \operatorname{Im} f, \quad \text{特に } f \text{ が全射のとき,} f f^{-1}(I') = I'.$$

(証明) (1) (i) $f^{-1} f(I) = I + \operatorname{Ker} f$ であること:

[76] $f f^{-1}(I') := f(f^{-1}(I'))$, $f^{-1} f(I) := f^{-1}(f(I))$ の意味である.また,ここでの f^{-1} は逆写像を意味するものではなく,$f^{-1}(I')$ は I' の逆像を,そして $f^{-1}(f(I))$ は $f(I)$ の逆像を意味している.

$$\begin{aligned}
a \in f^{-1}f(I) &\iff f(a) \in f(I) \\
&\iff f(a) = f(b),\ \exists b \in I \\
&\iff f(a-b) = 0,\ \exists b \in I \\
&\iff a - b \in \operatorname{Ker} f,\ \exists b \in I \\
&\iff a \in b + \operatorname{Ker} f,\ \exists b \in I \\
&\iff a \in I + \operatorname{Ker} f.
\end{aligned}$$

以上より, $f^{-1}f(I) = I + \operatorname{Ker} f$ であることが示された. 特に, $\operatorname{Ker} f \subset I$ ならば, $I + \operatorname{Ker} f = I$ となり[77]), $f^{-1}f(I) = I$ が得られる. さらに, f が単射であるとき, $\operatorname{Ker} f = \{0\} \subset I$[78]) であるから, $f^{-1}f(I) = I$ が成り立つ.

[77]) 問 3.8
[78]) 定理 3.3.6

(2) $ff^{-1}(I') = I' \cap \operatorname{Im} f$ であること:

$$\begin{aligned}
a' \in I' \cap \operatorname{Im} f &\iff a' \in I',\ a' \in \operatorname{Im} f \\
&\iff a' \in I',\ a' = f(a),\ \exists a \in R \\
&\iff f(a) \in I',\ a' = f(a),\ \exists a \in R \\
&\iff \exists a \in f^{-1}(I'),\ a' = f(a) \\
&\iff a' \in ff^{-1}(I').
\end{aligned}$$

以上より, $ff^{-1}(I') = I' \cap \operatorname{Im} f$ であることが示された. f が全射であるとき, $\operatorname{Im} f = R'$ であるから, $ff^{-1}(I') = I' \cap \operatorname{Im} f = I'$ となる. □

命題 3.3.8 $f: R \longrightarrow R'$ を環の準同型写像とする. このとき, R が体ならば, f は単射準同型写像である.

(証明) $a \in \operatorname{Ker} f$ とする. このとき, $f(a) = 0$ である. $a \neq 0$ と仮定すると, R は体であるから, ある元 $b \in R$ が存在して $ab = 1$ をみたす[79]). すると,

[79]) 体の定義 1.2.6

$$1 = f(1) = f(ab) = f(a)f(b) = 0 \cdot f(b) = 0.$$

ゆえに $1 = 0$ となり, これは矛盾である[80]). したがって, $a = 0$ でなければならない. すなわち, $\operatorname{Ker} f = 0$ となるので, 定理 3.3.6 より, f は単射である. □

[80]) 本書では $1 \neq 0$ と仮定している. 環の定義 1.2.1 の後の注意を参照せよ.

定理 3.3.9 (対応定理, Correspndence Theorem) $f: R \longrightarrow R'$

064 ▶ **3** 環とイデアル

を全射である環の準同型写像とする．$\operatorname{Ker} f$ を含む R のイデアル I に対して R' のイデアル $f(I)$ を対応させ，R' のイデアル I' に対して R のイデアル $f^{-1}(I')$ を対応させる．これらの対応により，$\operatorname{Ker} f$ を含む R のすべてのイデアルの集合と R' のすべてのイデアルの集合は 1 対 1 に対応する．さらに，この対応は包含関係による順序を保存する．

$$
\begin{array}{ccc}
R & \xrightarrow{f} & R' \\
\operatorname{Ker} f \subset I & \dashrightarrow & f(I) \\
f^{-1}(I') & \dashleftarrow & I'
\end{array}
$$

(証明) $\operatorname{Ker} f$ を含む R のイデアルの全体を $\mathscr{A}$ により表し，R' のイデアルの全体を $\mathscr{B}$ により表すものとする．すなわち，

$$\mathscr{A} := \{I \mid I \text{ は } R \text{ のイデアル}, \ I \supset \operatorname{Ker} f\},$$
$$\mathscr{B} := \{I' \mid I' \text{ は } R' \text{ のイデアル}\} = \operatorname{Id}(R').$$

また，$I \in \mathscr{A}$ と $I' \in \mathscr{B}$ に対して，

$$\Phi(I) := f(I), \quad \Psi(I') := f^{-1}(I')$$

とおく．f は全射であるから，命題 3.3.3 より，$f(I) \in \mathscr{B}$ である．また，R' のイデアル I' に対して $f^{-1}(I') \in \mathscr{A}$ であることが分かる．なぜなら，命題 3.3.2 より，$f^{-1}(I')$ は R のイデアルであり，$\operatorname{Ker} f \subset f^{-1}(I')$ は以下のように計算されるからである．

$$0 \in I' \Rightarrow f^{-1}(0) \subset f^{-1}(I') \Rightarrow \operatorname{Ker} f \subset f^{-1}(I').$$

以上で，$\mathscr{A}$ から $\mathscr{B}$ への写像 Φ と，$\mathscr{B}$ から $\mathscr{A}$ への写像 Ψ が定義された．

$$\Phi : \mathscr{A} \longrightarrow \mathscr{B}, \quad I \longmapsto \Phi(I) = f(I),$$
$$\Psi : \mathscr{B} \longrightarrow \mathscr{A}, \quad I' \longmapsto \Psi(I') = f^{-1}(I').$$

そこで，Φ と Ψ が互いに逆写像であること[81]，すなわち以下のことを示せばよい．

i.e. $\Psi \circ \Phi = \operatorname{id}_{\mathscr{A}}, \quad \Phi \circ \Psi = \operatorname{id}_{\mathscr{B}}.$

[81] Φ：全単射
$\Updownarrow$
$\exists \Psi : B \longrightarrow A$
$s.t. \Phi \Psi = \operatorname{id}_{\mathscr{B}}$
$\Psi \Phi = \operatorname{id}_{\mathscr{A}}$

(1) $\Psi \circ \Phi = \mathrm{id}_{\mathscr{A}}$ を示す．すなわち，$I \in \mathscr{A}$ に対して $\Psi \circ \Phi(I) = I$ を示せばよい．$I \supset \mathrm{Ker}\, f$ であることに注意すれば，定理 3.3.7 の (1) より，

$$\Psi \circ \Phi(I) = \Psi(\Phi(I)) = \Psi(f(I)) = f^{-1}f(I) = I.$$

(2) $\Phi \circ \Psi = \mathrm{id}_{\mathscr{B}}$ を示す．すなわち，$I' \in \mathscr{B}$ に対して $\Phi \circ \Psi(I') = I'$ を示せばよい．f が全射であることに注意すれば，定理 3.3.7 の (2) より，

$$\Phi \circ \Psi(I') = \Phi(\Psi(I')) = \Phi(f^{-1}(I')) = f(f^{-1}(I')) = I'.$$

(3) 次に Φ と Ψ が包含関係を保存することを示す．すなわち，$I, J \in \mathscr{A}$ と $I', J' \in \mathscr{B}$ に対して，次が成り立つ[82]．

$$I \subset J \Longrightarrow f(I) \subset f(J) \Longrightarrow \Phi(I) \subset \Phi(J)$$
$$I' \subset J' \Longrightarrow f^{-1}(I') \subset f^{-1}(J') \Longrightarrow \Psi(I') \subset \Psi(J'). \quad \square$$

[82] これらは写像の一般的性質である．

命題 3.3.10 I を環 R のイデアルとする．R の元 a に対して a を代表元とする R/I の剰余類 $\bar{a} = a + I$ を対応させると，これは環 R から I を法とする剰余環 R/I への全射である環準同型写像 π を定義する．

$$\begin{aligned} \pi : R &\longrightarrow R/I \\ a &\longmapsto \pi(a) = \bar{a} = a + I \end{aligned}$$

この環準同型写像 π を**自然な全準同型写像** (natural homomorphism)，あるいは**標準全射** (canonical surjection) と言う．

(証明)

$$\begin{aligned} \pi(a+b) &= \overline{a+b} & (\text{写像}\,\pi\,\text{の定義}) \\ &= \bar{a} + \bar{b} & (\text{剰余環}\,R/I\,\text{の加法の定義}) \\ &= \pi(a) + \pi(b) & (\text{写像}\,\pi\,\text{の定義}). \end{aligned}$$

$$\begin{aligned} \pi(ab) &= \overline{ab} & (\text{写像}\,\pi\,\text{の定義}) \\ &= \bar{a}\bar{b} & (\text{剰余環}\,R/I\,\text{の乗法の定義}) \\ &= \pi(a)\pi(b) & (\text{写像}\,\pi\,\text{の定義}). \end{aligned}$$

$$\pi(1) = \bar{1} = 1 + I.$$

以上より，π は環準同型写像であり，全射であることは明らかである． □

問 3.18 環 R のイデアルを I とし，$\pi: R \longrightarrow R/I$ を自然な準同型写像とするとき，$\mathrm{Ker}\,\pi = I$ であることを示せ．

自然な準同型写像 $\pi: R \longrightarrow R/I$ に対して，対応定理 3.3.9 を適用すると剰余環 R/I のイデアルが特徴付けられる．

定理 3.3.11（対応定理 3.3.9 の系） I を可換環 R のイデアルとする．I を含む R のイデアル J に対して剰余環 R/I のイデアル J/I [83] を対応させる写像は，I を含む R のすべてのイデアルの集合から剰余環 R/I のすべてのイデアルの集合への全単射の写像となる．

[83] J/I は R/I のイデアル（例題 3.2.13）．

$$\begin{array}{ccc} R & \longrightarrow & R/I \\ I \subset J & & J/I \end{array}$$

（証明）対応定理 3.3.9 を標準全射 $\pi: R \longrightarrow R/I$ に適用すればよい．標準全射 π に対して，$\mathrm{Ker}\,\pi = I$ である[84]．R のイデアル J が $I \subset J$ をみたせば，$I + J = J$ であることが分かる[85]．これより，R のイデアル J の像 $\pi(J)$ は次のように表されることに注意しよう．$\pi(x) = x + J$ であるから，

[84] 問 3.17

[85] 問 3.8

$$\pi(J) = \{x + I \mid x \in J\} = (J+I)/I = J/I.$$

□

上の定理 3.3.11 より次の系が得られる．

系 3.3.12 I を可換環 R のイデアルとする．このとき，剰余環 R/I のすべてのイデアルは，$J \supset I$ をみたす R のあるイデアル J により J/I という形に表される．

（証明）J' を R/I の任意のイデアルとする．π は全射であるから，

$$\pi\pi^{-1}(J') = J'\ [86]$$

[86] 定理 3.3.7

が成り立ち，$\pi^{-1}(J')$ は R のイデアルで $\mathrm{Ker}\,\pi = I$ を含んでいる．よって，$J := \pi^{-1}(J')$ とおけば，J は I を含むイデアルで次のように表される．

$$J' = \pi\pi^{-1}(J') = \pi(\pi^{-1}(J')) = \pi(J) = J/I. \qquad \square$$

問 3.19 I を環 R のイデアルとする．R が単項イデアル環ならば，R/I もそうであることを証明せよ．

問 3.20 I を環 R のイデアルとし，J_1, J_2 を I を含んでいる R のイデアルとする．このとき，次が成り立つことを確認せよ．
 (1) $J_1/I = J_2/I \iff J_1 = J_2$.
 (2) $J_1/I = R/I \iff J_1 = R$.

以下において準同型に関する一連の定理を述べる．

定理 3.3.13(**準同型定理**, Homomorphism Theorem) $f : R \longrightarrow R'$ を環の準同型写像とし，I を R のイデアル，I' を R' のイデアルとする．このとき，$f(I) \subset I'$ ならば，剰余環の環準同型写像 $\bar{f} : R/I \longrightarrow R'/I'$ が存在して $\pi_{R'} \circ f = \bar{f} \circ \pi_R$ をみたす．ただし，π_R と $\pi_{R'}$ はそれぞれの環の標準全射である．

$$\begin{array}{ccc} R & \xrightarrow{f} & R' \\ \pi_R \downarrow & & \downarrow \pi_{R'} \\ R/I & \xrightarrow{\bar{f}} & R'/I' \end{array}$$

(証明) (1) 剰余環 R/I の元 $a+I$ に対し剰余環 R'/I' の元 $f(a)+I'$ を対応させると，代表元 a の選び方に依存せずこの対応は写像になる（写像の定義は well defined である）．

$$\text{i.e.} \quad a+I = b+I \implies f(a)+I' = f(b)+I'.$$

これは次のように示される．命題 3.2.2 に注意すると，

$$\begin{aligned} a+I = b+I &\implies a-b \in I \\ &\implies f(a-b) \in f(I) \subset I' \quad \text{(仮定より)} \\ &\implies f(a) - f(b) \in I' \\ &\implies f(a) + I' = f(b) + I'. \quad \text{(命題 3.2.2 より)} \end{aligned}$$

よって，$\bar{f}(a+I) := f(a) + I'$ として，写像 $\bar{f} : R/I \to R'/I'$ を定義することができる．

(2) $\bar{f}$ が環準同型写像であることを示す．すなわち，次のことを示せばよい．

$$\bar{f}((a+I)+(b+I)) = \bar{f}(a+I) + \bar{f}(b+I),$$
$$\bar{f}((a+I)(b+I)) = \bar{f}(a+I)\bar{f}(b+I),$$
$$\bar{f}(1_R + I) = 1_{R'/I'}.$$

I を法とする剰余類を $\bar{a} = a + I$ と表せば，写像 $\bar{f}$ は $\bar{f}(\bar{a}) = f(a) + I' = \overline{f(a)}$ と表せる．このとき，上の等式の証明は次のようになる．

$$\begin{aligned}
\bar{f}(\bar{a}+\bar{b}) &= \bar{f}(\overline{a+b}) \\
&= f(a+b) + I' \\
&= f(a) + f(b) + I' \\
&= (f(a) + I') + (f(b) + I')\,^{87)} \\
&= \bar{f}(a+I) + \bar{f}(b+I) \\
&= \bar{f}(\bar{a}) + \bar{f}(\bar{b}),
\end{aligned}$$

87) R'/I' の加法．

$$\begin{aligned}
\bar{f}(\bar{a}\bar{b}) &= \bar{f}(\overline{ab}) \\
&= f(ab) + I' \\
&= f(a)f(b) + I' \\
&= (f(a) + I')(f(b) + I')\,^{88)} \\
&= \bar{f}(a+I)\bar{f}(b+I) \\
&= \bar{f}(\bar{a})\bar{f}(\bar{b}).
\end{aligned}$$

88) R'/I' の乗法．

R の単位元 1_R は剰余環 R'/I' の単位元 $1_{R'/I'}$ に移ること[89]：

89) $1_{R'} + I'$ は R'/I' の単位元である．

$$\bar{f}(1_R + I) = f(1_R) + I' = 1_{R'} + I' = 1_{R'/I'}.$$

最後に，$\bar{f} \circ \pi_R = \pi_{R'} \circ f$ を示す．$a \in R$ として，

$$\begin{aligned}
(\bar{f} \circ \pi_R)(a) &= \bar{f}(\pi_R(a)) \\
&= \bar{f}(a+I) \\
&= f(a) + I' \quad (\bar{f} \text{ の定義}) \\
&= \pi_{R'}(f(a)) \\
&= (\pi_{R'} \circ f)(a). \qquad \square
\end{aligned}$$

$$\begin{array}{ccc} R & \xrightarrow{f} & R' \\ \pi_R \downarrow & & \downarrow \pi_{R'} \\ R/I & \xrightarrow{\bar{f}} & R/I' \end{array}$$

次に準同型定理 3.3.13 によって次の第 1 同型定理 3.3.14 を証明する.

定理 3.3.14（**第 1 同型定理**，First Isomorhism Theorem）
$f : R \longrightarrow R'$ を環準同型写像とする．このとき，単射である環準同型写像 $\bar{f} : R/\mathrm{Ker}\, f \longrightarrow R'$ が存在して $f = \bar{f} \circ \pi$ をみたす．ただし，$\pi : R \longrightarrow R/\mathrm{Ker}\, f$ は標準全射である．特に，f が全射のとき $R/\mathrm{Ker}\, f \cong R'$ となる．

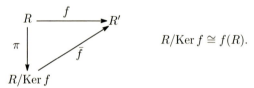

$$R/\mathrm{Ker}\, f \cong f(R).$$

(証明) 準同型定理 3.3.13 で $I' = 0 = \{0\}, I = \mathrm{Ker}\, f$ とすれば，準同型写像,

$$\bar{f} : R/\mathrm{Ker}\, f \longrightarrow R', \quad \bar{f}(\bar{a}) = f(a)$$

が存在する．ただし，$\bar{a} = a + \mathrm{Ker}\, f$ である．このとき，$\bar{f}$ は単射であることが次のようにして示される．すなわち，$R/\mathrm{Ker}\, f$ の零元は $\bar{0} = \mathrm{Ker}\, f$ であることに注意すると,

$$\begin{aligned} \bar{a} \in \mathrm{Ker}\, \bar{f} &\iff \bar{f}(\bar{a}) = 0 \\ &\iff f(a) = 0 \\ &\iff a \in \mathrm{Ker}\, f \\ &\iff a + \mathrm{Ker}\, f = \mathrm{Ker}\, f \,^{90)} \\ &\iff \bar{a} = \bar{0}\,^{91)}. \end{aligned}$$

90) 系 3.2.3
91) $R/\mathrm{Ker}\, f$ の単位元は $\bar{0} = \mathrm{Ker}\, f$.

したがって，$\mathrm{Ker}\, \bar{f} = \{\bar{0}\}$ が示されたので，定理 3.3.6 より $\bar{f}$ は単射である． □

問 3.21 $f : R \longrightarrow R'$ を環の全射である準同型写像とし，I を $\mathrm{Ker}\, f$ を含む R のイデアル，I' を環 R' のイデアルとする．このとき，f が $f(I) = I'$

をみたすならば，$R/I \cong R'/I'$ なる同型が存在することを示せ．

問 3.22 環 R の部分環を S とし，I を R のイデアルとする．また，$S + I = \{x + a \mid x \in S, a \in I\}$ とおく．このとき，以下を証明せよ．これを**第 2 同型定理** (Second Isomorphism Theorem) と言うこともある．

(1) $S + I$ は R の部分環である．
(2) I は環 $S + I$ のイデアルである．
(3) $S \cap I$ は S のイデアルである．
(4) $S/(S \cap I) \cong (S + I)/I$.

定理 3.3.15（**第 3 同型定理**, Third Isomorphism Theorem） 環 R のイデアル I と J が $I \subset J$ をみたすとき，次の同型が成り立つ．

$$(R/I)/(J/I) \cong R/J.$$

（証明）恒等写像 $\iota_R = \mathrm{id}_R : R \longrightarrow R$ を考えると，$\iota_R(I) = I \subset J$ であるから，準同型定理 3.3.13 により，$\theta(a + I) = a + J$ として定義される環準同型写像 $\theta : R/I \longrightarrow R/J$ が存在する．この写像は明らかに全射である．そこで，その核 $\mathrm{Ker}\,\theta$ を調べると，

$$
\begin{aligned}
a + I \in \mathrm{Ker}\,\theta &\iff \theta(a + I) = \bar{0} = J \quad (R/J \text{ において}) \\
&\iff a + J = J \\
&\iff a \in J.
\end{aligned}
$$

したがって，$\mathrm{Ker}\,\theta = \{a + I \mid a \in J\} = (I + J)/I = J/I$ を得る．θ は全射であるから，第 1 同型定理 3.3.14 より次を得る．

$$(R/I)/(J/I) = (R/I)/\mathrm{Ker}\,\theta \cong R/J. \qquad \square$$

3.4 環の直積のイデアル

$R_1, R_2, \ldots, R_n$ を環とする．このとき，環 $R_1, R_2, \ldots, R_n$ の直積集合

$$R = \prod_{i=1}^{n} R_i = R_1 \times R_2 \times \cdots \times R_n$$

を考え，和と積を成分ごとの和と積により定義する．すなわち，

$(x_1, \ldots, x_n), (y_1, \ldots, y_n) \in R$ に対して演算は次のようである.

$$(x_1, \ldots, x_n) + (y_1, \ldots, y_n) := (x_1 + y_1, \ldots, x_n + y_n),$$
$$(x_1, \ldots, x_n)(y_1, \ldots, y_n) := (x_1 y_1, \ldots, x_n y_n).$$

これらの演算によって, R は可換環になり, 零元は $(0, \ldots, 0)$ で単位元は $(1, \ldots, 1)$ であることが容易に確かめられる. これを, 環 $R_1, R_2, \ldots, R_n$ の**直積（環）** (product of ring) と言う[92].

[92] 第1章の練習問題10

$x = (x_1, \ldots, x_n) \in R$ に対して, $p_i(x) = x_i$ により定義される射影 $p_i : R \longrightarrow R_i$ は環の全射準同型写像である.

命題 3.4.1 環 $R_1, R_2, \ldots, R_n$ を環とする. 各環 R_i のイデアルを I_i とするとき, イデアルの直積 $I_1 \times I_2 \times \cdots \times I_n$ は環 $R_1, R_2, \ldots, R_n$ の直積環 $R = \prod_{i=1}^n R_i$ のイデアルである.

(証明) $n = 2$ の場合を示す. 一般の場合も同様である. はじめに, $(0, 0) \in I_1 \times I_2$ より, $I_1 \times I_2 \neq \emptyset$ である.

(1) 「$(x_1, x_2), (y_1, y_2) \in I_1 \times I_2 \Rightarrow (x_1, x_2) + (y_1, y_2) \in I_1 \times I_2$」を示す.

$(x_1, x_2), (y_1, y_2) \in I_1 \times I_2$ ならば, $x_1, y_1 \in I_1$ かつ $x_2, y_2 \in I_2$ である. すると, 各 I_i が R_i のイデアルであることより, $x_i + y_i \in I_i$ である. ゆえに, 加法の定義より, $(x_1, x_2) + (y_1, y_2) = (x_1 + y_1, x_2 + y_2) \in I_1 \times I_2$ となる.

(2) 「$(a_1, a_2) \in R_1 \times R_2, (x_1, x_2) \in I_1 \times I_2 \Rightarrow (a_1, a_2)(x_1, x_2) \in I_1 \times I_2$」を示す.

$(x_1, x_2) \in I_1 \times I_2$ ならば, $x_1 \in I_1$ かつ $x_2 \in I_2$ である. すると, 各 I_i が R_i のイデアルであることより, $a_i x_i \in I_i$ である. ゆえに, 乗法の定義より, $(a_1, a_2)(x_1, x_2) = (a_1 x_1, a_2 x_2) \in I_1 \times I_2$ となる. □

命題 3.4.2 環 $R_1, R_2, \ldots, R_n$ の直積 $R = \prod_{i=1}^n R_i$ のイデアルはすべて,

$$I_1 \times I_2 \times \cdots \times I_n, \quad I_i \text{ は環 } R_i \text{ のイデアル}$$

という形で表される[93].

[93] 群の直積の場合は一般にこのことは成立しない.

（証明）帰納法により $n=2$ の場合に示せば十分である．

I を $R = R_1 \times R_2$ のイデアルとする．$I_i = p_i(I) \subset R_i$ とおく．すなわち，
$$I_1 = p_1(I) = \{x_1 \in R_1 \mid (x_1, x_2) \in I, \exists x_2 \in R_2\},$$
$$I_2 = p_2(I) = \{x_2 \in R_2 \mid (x_1, x_2) \in I, \exists x_1 \in R_1\}.$$

射影 p_i は全射準同型写像であるから，命題 3.3.3 より I_i は環 R_i のイデアルである．このとき，環 R のイデアル I は $I = I_1 \times I_2$ と表されることが次のようにして分かる．

(1) $I \supset I_1 \times I_2$ であることを示す．

$(x_1, x_2) \in I_1 \times I_2$ とする．すると，
$$\begin{aligned}(x_1, x_2) \in I_1 \times I_2 &\Rightarrow x_1 \in I_1,\ x_2 \in I_2 \\ &\Rightarrow (x_1, y_2) \in I,\ (y_1, x_2) \in I, \\ & \exists y_2 \in R_2, \exists y_1 \in R_1.\end{aligned}$$

ここで，
$$(x_1, x_2) = (x_1, y_2) - (0, y_2) + (y_1, x_2) - (y_1, 0) \qquad (*)$$

と表されるが，$(0, y_2) \in I$, $(y_1, 0) \in I$ である．なぜなら，
$$\begin{aligned}(0, y_2) &= (x_1, y_2)(0, 1) \in I \\ &\quad (\because (x_1, y_2) \in I,\ (0, 1) \in R,\ I はイデアル) \\ (y_1, 0) &= (y_1, x_2)(1, 0) \in I \\ &\quad (\because (y_1, x_2) \in I,\ (1, 0) \in R,\ I はイデアル).\end{aligned}$$

すると，式 $(*)$ より，$(x_1, x_2) \in I$ となる．

(2) $I \subset I_1 \times I_2$ であることを示す．

$(x_1, x_2) \in I$ とすると，
$$\begin{aligned}(x_1, x_2) \in I &\Rightarrow p_1(x_1, x_2) = x_1 \in p_1(I) = I_1, \\ (x_1, x_2) \in I &\Rightarrow p_2(x_1, x_2) = x_2 \in p_2(I) = I_2\end{aligned}$$

であるから，$(x_1, x_2) \in I_1 \times I_2$ となる． □

$R_1, R_2, \ldots, R_n$ を環とし，各 $R_i\,(i = 1, \ldots, n)$ のイデアルを I_i とする．各 i に対して，標準全射 $\pi_i : R_i \longrightarrow R_i/I_i$ がある．このと

き，$x_i \in R_i$ として，

$$\phi(x_1,\ldots,x_n) := (x_1 + I_1,\ldots,x_n + I_n) \in R_1/I_1 \times \cdots \times R_n/I_n$$

により定義される環準同型写像 ϕ がある．

$$\phi : R_1 \times \cdots \times R_n \longrightarrow \prod_{i=1}^{n}(R_i/I_i) = R_1/I_1 \times R_2/I_2 \times \cdots \times R_n/I_n.$$

写像 ϕ は環の直積 $\prod_{i=1}^{n} R_i$ から剰余環の直積 $\prod_{i=1}^{n} R_i/I_i$ への全射である環準同型写像である．この環準同型写像 ϕ の核は容易に分かるように，$\operatorname{Ker}\phi = I_1 \times \cdots \times I_n$ である．すると，環の第 1 同型定理 3.3.14 より，

$$(R_1 \times \cdots \times R_n)/(I_1 \times \cdots \times I_n) \cong (R_1/I_1) \times \cdots \times (R_n/I_n)$$

が成り立つ．

問 3.23 上記の記号を用いて，$\operatorname{Ker}\phi = I_1 \times \cdots \times I_n$ であり，上の同型が成り立つことを確かめよ．

次に，R を環とし，同じ一つの環 R のイデアルを $I_1, I_2, \ldots, I_n$ とする．各 $i\,(i=1,\ldots,n)$ に対して，標準全射 $\pi_i : R \longrightarrow R/I_i$ がある．このとき，元 $x \in R$ に対して，

$$\phi(x) := (x + I_1, \ldots, x + I_n) \in R/I_1 \times \cdots \times R/I_n$$

により定義される環準同型写像 ϕ がある．

$$\phi : R \longrightarrow \prod_{i=1}^{n}(R/I_i) = R/I_1 \times R/I_2 \times \cdots \times R/I_n. \quad (*)$$

この環準同型写像 ϕ を用いると，環 R のイデアル $I_1,\ldots,I_n$ の間の関係を表現することができる．はじめに，命題 3.1.12 を一般化した次の命題を証明する．

94) $I + J = (1)$ のとき，I と J は comaximal であると言う．

95) $\prod_{i=1}^{n} I_i = I_1 I_2 \cdots I_n$, $\bigcap_{i=1}^{n} I_i = I_1 \cap I_2 \cap \cdots \cap I_n$

命題 3.4.3 $I_1,\ldots,I_n$ を環 R のイデアルとする．このとき，$i \neq j\,(1 \leq i,j \leq n)$ に対して $I_i + I_j = (1)$ ならば [94]，$\prod_{i=1}^{n} I_i = \bigcap_{i=1}^{n} I_i$ が成り立つ [95]．すなわち，

$$I_1 \cdot I_2 \cdots I_n = I_1 \cap I_2 \cap \cdots \cap I_n.$$

(証明) n に関する帰納法で示す.

$n=2$ のとき,「$I_1 + I_2 = (1) \Rightarrow I_1 I_2 = I_1 \cap I_2$」であるが,これは命題 3.1.12 である.したがって,$n > 2$ として,$n-1$ に対して主張が正しいと仮定して,n のときに成り立つことを示せばよい.

はじめに,帰納法の仮定から $\prod_{i=1}^{n-1} I_i = \bigcap_{i=1}^{n-1} I_i$ が成り立つ.このとき,
$$I := \prod_{i=1}^{n-1} I_i = \bigcap_{i=1}^{n-1} I_i$$
とおく.各 i $(1 \leq i \leq n-1)$ に対して,

$$I_i + I_n = (1) \implies x_i + y_i = 1 \ (\exists x_i \in I_i, \ \exists y_i \in I_n).$$

このとき,
$$\prod_{i=1}^{n-1} x_i = \prod_{i=1}^{n-1}(1 - y_i)$$
$$= 1 - \sum_{i=1}^{n-1} y_i + \sum_{i \neq j} y_i y_j - \cdots + (-1)^{n-1} y_1 \cdots y_{n-1}$$
$$\equiv 1 \pmod{I_n}\ ^{96)}.$$

96) 1以外の項は y_i があるので I_n に属する.

ゆえに,
$$\prod_{i=1}^{n-1} x_i \equiv 1 \pmod{I_n} \quad \text{かつ} \quad \prod_{i=1}^{n-1} x_i \in I.$$

すると,
$$\prod_{i=1}^{n-1} x_i \equiv 1 \pmod{I_n} \Rightarrow 1 - \prod_{i=1}^{n-1} x_i \in I_n$$
$$\Rightarrow 1 \in \prod_{i=1}^{n-1} x_i + I_n \subset I + I_n$$
$$\Rightarrow 1 \in I + I_n$$
$$\Rightarrow I + I_n = (1)\ ^{97)}.$$

97) 命題 3.1.7

この結果 $I + I_n = (1)$ を使うと,

$$\prod_{i=1}^{n} I_i = \Big(\prod_{i=1}^{n-1} I_i\Big) I_n$$
$$= I \cdot I_n$$
$$= I \cap I_n \quad (n=2 \text{ の場合より})$$
$$= \bigcap_{i=1}^{n-1} I_i \cap I_n = \bigcap_{i=1}^{n} I_i.$$

以上より，命題は証明された． □

例 3.4.4 (1) $n_1, \ldots, n_r$ を自然数とし，$i \neq j$ に対して $(n_i, n_j) = 1$ をみたしているとする．このとき，次が成り立つ．

$$(n_1 n_2 \cdots n_r) = (n_1) \cap (n_2) \cap \cdots \cap (n_r).$$

(2) 自然数 n の素因数分解を $n = p_1^{e_1} \cdots p_r^{e_r}$ とするとき，次が成り立つ．ただし，$p_1, \ldots, p_r$ は相異なる素数とする．

$$(n) = (p_1^{e_1}) \cap (p_2^{e_2}) \cap \cdots \cap (p_r^{e_r}).$$

定理 3.4.5 $I_1, \ldots, I_n$ を環 R のイデアルとし，

$$\phi: R \longrightarrow \prod_{i=1}^{n} (R/I_i) = R/I_1 \times \ldots \times R/I_n$$
$$\phi(x) = (\overline{x}, \ldots, \overline{x})$$

を命題 3.4.3 の前の $(*)$ で定義された環準同型写像とする．このとき，次が成り立つ．

(1) ϕ：全射 $\iff i \neq j$ のとき $I_i + I_j = (1)$ である．
(2) ϕ：単射 $\iff I_1 \cap I_2 \cap \cdots \cap I_n = (0)$．

(証明) (1) 「ϕ：全射 $\iff i \neq j$ のとき $I_i + I_j = (1)$」を示す．
($\Rightarrow$) 仮定より，ϕ が全射であるから，$(\overline{0}, \ldots, \overset{i}{\overline{1}}, \ldots, \overline{0}) \in R/I_1 \times \cdots \times R/I_n$ に対して[98]，ある元 $x \in R$ が存在して $\phi(x) = (\overline{0}, \ldots, \overset{i}{\overline{1}}, \ldots, \overline{0})$ となる．すなわち，

$$x \equiv 0 \pmod{I_1}, \ldots, x \equiv 1 \pmod{I_i}, \ldots, x \equiv 0 \pmod{I_n}.$$

[98] $j \neq i$ のとき，j 番目の $\overline{0}$ は，
$\overline{0} = 0 + I_j = I_j$.
$j = i$ のとき，
$\overline{1} = 1 + I$
を意味している．

さらに言い換えると，$j \neq i$ のとき $x \in I_j$ であり，$j = i$ のとき $1 - x \in I_i$ である．すると，

$$1 = (1-x) + x \in I_i + I_j \implies 1 \in I_i + I_j \implies I_i + I_j = (1).$$

($\Leftarrow$) ある $x \in R$ が存在して，$\phi(x) = (\bar{1}, \bar{0}, \ldots, \bar{0})$ を示せば十分である[99]．なぜなら，同様にして，各 i に対して，

$$\exists x_i \in A, \; \phi(x_i) = (\bar{0}, \ldots, \overset{i}{\bar{1}}, \ldots, \bar{0})$$

を示すことができる．すると，任意の元 $(\bar{a}_1, \ldots, \bar{a}_n) \in R/I_1 \times \cdots \times R/I_n$ に対して，$a_1 x_1 + \cdots + a_n x_n \in R$ を考えると，

$$\phi(a_1 x_1 + \cdots + a_n x_n) = (\bar{a}_1, \ldots, \bar{a}_n)$$

が成り立つ．これは次のようである．

$$\phi(a_1 x_1 + \cdots + a_n x_n)$$
$$= \phi(a_1 x_1) + \cdots + \phi(a_n x_n)$$
$$= \phi(a_1)\phi(x_1) + \cdots + \phi(a_n)\phi(x_n)^{100}$$
$$= (\bar{a}_1, \ldots, \bar{a}_1)(\bar{1}, \bar{0}, \ldots, \bar{0}) + \cdots + (\bar{a}_n, \ldots, \bar{a}_n)(\bar{0}, \bar{0}, \ldots, \bar{1})^{101}$$
$$= (\bar{a}_1, \bar{0}, \ldots, \bar{0}) + \cdots + (\bar{0}, \ldots, \bar{0}, \bar{a}_n)$$
$$= (\bar{a}_1, \bar{a}_2, \ldots, \bar{a}_n).$$

したがって，ϕ が全射であることが証明される．そこで以下においては，

$$\exists x \in R, \; \phi(x) = (\bar{1}, \bar{0}, \ldots, \bar{0})$$

を示す．仮定より，$i > 1$ に対して，$I_1 + I_i = (1)$ であるから，

$$\exists u_i \in I_1, \; \exists v_i \in I_i, \; u_i + v_i = 1$$

と表される．そこで，$x = v_2 \cdots v_n = \prod_{i=2}^n v_i$ とおく．このとき，命題 3.4.3 と同様にして，

$$x = \prod_{i=2}^n (1 - u_i) \equiv 1 \pmod{I_1}^{102}.$$

一方，

[99] ここで，
$\bar{1} = 1 + I,$
$\bar{0} = 0 + I_2 = I_2$
$\vdots$
$\bar{0} = 0 + I_n = I_n$
を表している．

[100] ϕ は環準同型．

[101] $(\bar{a}_1, \ldots, \bar{a}_1)$
$= (a_1 + I_1, \ldots, a_1 + I_n)$ を意味している．

[102] 展開したとき 1 以外の項は u_i があるので I_1 に属する．

$$x = v_2 \cdots v_n \in I_2 \cap \cdots \cap I_n$$

であるから，各 $i\,(2 \leq i \leq n)$ に対して $x \equiv 0 \pmod{I_i}$ である．したがって，

$$\phi(x) = (x+I_1, x+I_2, \ldots, x+I_n) = (\bar{1}, \bar{0}, \ldots, \bar{0})$$

を得る．

(2) 「$\phi:$ 単射 $\iff I_1 \cap I_2 \cap \cdots \cap I_n = (0)$」を示す．

環準同型写像，

$$\phi : R \longrightarrow \prod_{i=1}^n (R/I_i) = R/I_1 \times \cdots \times R/I_n.$$

は $\phi(x) := (x+I_1, \ldots, x+I_n) \in R/I_1 \times \cdots \times R/I_n$ によって定義されている．このとき，

$$
\begin{aligned}
x \in \mathrm{Ker}\,\phi &\iff \phi(x) = (\bar{0}, \bar{0}, \ldots, \bar{0}) \\
&\iff (\bar{x}, \bar{x}, \ldots, \bar{x}) = (\bar{0}, \bar{0}, \ldots, \bar{0})^{[103]} \\
&\iff \forall i\,(1 \leq i \leq n),\ x+I_i = I_i \\
&\iff \forall i\,(1 \leq i \leq n),\ x \in I_i\ ^{[104]} \\
&\iff x \in \bigcap_{i=1}^n I_i.
\end{aligned}
$$

[103] 各 i 番目で $\bar{x} = \bar{0}$ は $x+I_i = I_i$ を意味している．
[104] 系 3.2.3

したがって，$\mathrm{Ker}\,\phi = \bigcap_{i=1}^n I_i$ を得る．ϕ は環準同型写像であるから，定理 3.3.6 より，

$$
\begin{aligned}
\phi: 単射 &\iff \mathrm{Ker}\,\phi = (0) \\
&\iff \bigcap_{i=1}^n I_i = (0). \qquad \square
\end{aligned}
$$

定理 3.4.6（中国式剰余の定理, Chinese Remainder Theorem）[105] $I_1, \ldots, I_n$ を環 R のイデアルとする．$i \neq j$ のとき $I_i + I_j = (1)$ ならば，$\prod_{i=1}^n I_i = \bigcap_{i=1}^n I_i$ が成り立ち，次の同型写像がある．

$$
\begin{aligned}
R/(I_1 I_2 \cdots I_n) &\cong R/(I_1 \cap I_2 \cap \cdots \cap I_n) \\
&\cong R/I_1 \times R/I_2 \times \cdots \times R/In.
\end{aligned}
$$

[105] 中国六朝時代，西暦 4-5 世紀の算書『孫子算経』巻下に例題 3.4.9 が問題として載っている．定理 3.4.6 はこれを一般化したものである．このため，最近では「孫子の定理」と言うことがある．

（証明）$i \neq j$ のとき $I_i + I_j = (1)$ ならば，前定理 3.4.5 で考察し

た環準同型写像 $\phi: R \longrightarrow \prod_{i=1}^{n}(R/I_i)$ は全射である．また，このとき $\operatorname{Ker}\phi = \bigcap_{i=1}^{n} I_i$ であるから，中国式剰余の定理は第 1 同型定理 3.3.14 により得られる． □

特に，整数環の場合に上記の中国式剰余の定理は次のような形で表現される．

系 3.4.7 $n_1, \ldots, n_s$ を互いに素である自然数とする．すなわち，$i \neq j$ ならば，$(n_i, n_j) = 1$ となっている．このとき，次の同型が成り立つ．
$$\mathbb{Z}/(n_1 \cdots n_s) = \mathbb{Z}/\bigcap_{i=1}^{s}(n_i) \cong \prod_{i=1}^{s} \mathbb{Z}/(n_i).$$
(証明) n_i と n_j が互いに素ならば，$(n_i) + (n_j) = (1)$ が成り立つので，定理 3.4.6 から得られる． □

系 3.4.8 $n_1, \ldots, n_s$ を互いに素である自然数とする．すなわち，$i \neq j$ ならば，$(n_i, n_j) = 1$ である．このとき，連立合同式 $x \equiv a_1 \pmod{n_1}, \ldots, x \equiv a_s \pmod{n_s}$ は $n = n_1 \cdots n_s$ を法として，唯一つの解をもつ．

(証明) これは定理 3.4.7 をさらに言い換えたものである． □

中国の古い算書『孫子算経』に次のような問題がある．

例題 3.4.9 ある自然数 n は 3 で割ると 2 余り，5 で割ると 3 余り，7 で割ると 2 余る．この自然数 n は何か？

(解答) $3, 5, 7$ は互いに素である．このとき，連立合同式 $x \equiv 2 \pmod 3, x \equiv 3 \pmod 5, x \equiv 2 \pmod 7$ の解を求めればよい．この解は系 3.4.8 より，105 を法として，唯一つの解をもつことが分かる．はじめに，$x \equiv 2 \pmod 3, x \equiv 3 \pmod 5$ を解くと，$x \equiv 8 \pmod{15}$ となり，次に $x \equiv 8 \pmod{15}, x \equiv 2 \pmod 7$ を解くと，$x \equiv 23 \pmod{105}$ を得る．したがって，たとえば 23 がその一つの答えである． □

問 3.24 ある自然数 n は 3 で割ると 1 余り，5 で割ると 2 余り，7 で割ると 3 余る．この自然数 n は何か？

3.5 イデアルの諸演算

イデアルの和

環 R のイデアルを I と J とするとき，イデアルの和 $I+J$ は，I の元 x と J の元 y の和 $x+y$ のすべての集合として定義した[106]．　　[106] 定義 3.1.9
すなわち，
$$I+J := \{x+y \mid x \in I, y \in J\}.$$
これは R のイデアルであり，次が成り立つ[107]．　　[107] 問 3.7
$$I \subset I+J, \ J \subset I+J, \ I+J = J+I.$$
また，$I+J$ は I と J を含む最小のイデアルである．すなわち，K を R の任意のイデアルとするとき次が成り立つ．
$$I \subset K, \ J \subset K \implies I+J \subset K.$$

イデアルの和は同様にして，R のイデアルの任意の集合族 $\{I_\lambda\}_{\lambda \in \Lambda}$ に対して，それらの和，
$$\sum_{\lambda \in \Lambda} I_\lambda = \{\sum_{\lambda \in \Lambda} x_\lambda \mid x_\lambda \in I_\lambda, \lambda \in \Lambda\}$$
を定義することができる．ただし，$\sum_{\lambda \in \Lambda} x_\lambda$ における和において有限個以外の $\lambda \in \Lambda$ については $x_\lambda = 0$ である．これがすべての I_λ を含む最小のイデアルであることは容易に確かめられる．

イデアルの共通集合

R のイデアルの任意の集合族 $\{I_\lambda\}_{\lambda \in \Lambda}$ に対して，それらの共通集合 $\bigcap_{\lambda \in \Lambda} I_\lambda$ は R のイデアルである．その証明は命題 3.1.10,(2) と同様にして確かめられる．

命題 3.5.1 $f : R \longrightarrow R'$ を環の準同型写像とし，$\{I'_\lambda\}_{\lambda \in \Lambda}$ を環 R' のイデアルの族とする．このとき，次が成り立つ．
$$f^{-1}\left(\bigcap_{\lambda \in \Lambda} I'_\lambda\right) = \bigcap_{\lambda \in \Lambda} f^{-1}(I'_\lambda).$$

(証明) これは I'_λ がイデアルに対してだけでなく，任意の集合に対して成り立つ集合と写像の一般的な性質である．実際，計算してみると，

$$\begin{aligned}
a \in f^{-1}(\bigcap_{\lambda \in \Lambda} I'_\lambda) &\iff f(a) \in \bigcap_{\lambda \in \Lambda} I'_\lambda \\
&\iff \forall \lambda \in \Lambda, f(a) \in I'_\lambda \\
&\iff \forall \lambda \in \Lambda, a \in f^{-1}(I'_\lambda) \\
&\iff a \in \bigcap_{i=1}^{n} f^{-1}(I'_\lambda). \quad \square
\end{aligned}$$

命題 3.5.2 $f : R \longrightarrow R'$ を全射である環準同型写像とする．$\{I_\lambda\}_{\lambda \in \Lambda}$ を環 R のイデアルの族とする．すべての $\lambda \in \Lambda$ に対して $I_\lambda \supset \operatorname{Ker} f$ が成り立つとき，次が成り立つ．

$$f(\bigcap_{\lambda \in \Lambda} I_\lambda) = \bigcap_{\lambda \in \Lambda} f(I_\lambda).$$

(証明) f が全射であるから，$f(I_\lambda)$ は R' のイデアルである[108]．対応定理 3.3.9 より，R の $\operatorname{Ker} f$ を含むすべてのイデアルの集合 $\mathscr{A}$ と，R' のすべてのイデアルの集合 $\mathscr{B}$ は，

[108] 命題 3.3.3

$$\Phi : \mathscr{A} \longrightarrow \mathscr{B}, \quad I \longmapsto \Phi(I) = f(I)$$

なる写像により 1 対 1 に対応する．すなわち，Φ は全単射である．このとき，Φ の逆写像 Φ^{-1} は，$I' \in \mathscr{B}$ に対して $\Phi^{-1}(I') = f^{-1}(I')$ である．

今，各 $\lambda \in \Lambda$ に対して，定理 3.3.7, (1) より，

$$I_\lambda \supset \operatorname{Ker} f \implies f^{-1}(f(I_\lambda)) = I_\lambda + \operatorname{Ker} f = I_\lambda \text{ [109]}$$

[109] 問 3.8

である．すると，

$$\Phi^{-1}(\bigcap_{\lambda \in \Lambda} f(I_\lambda)) = f^{-1}(\bigcap_{\lambda \in \Lambda} f(I_\lambda)) = \bigcap_{\lambda \in \Lambda} f^{-1}(f(I_\lambda)) = \bigcap_{\lambda \in \Lambda} I_\lambda \text{ [110]}.$$

[110] 命題 3.5.1

したがって，

$$\begin{array}{ccc}
\Phi \circ \Phi^{-1}(\bigcap_{\lambda \in \Lambda} f(I_\lambda)) & = & \Phi(\bigcap_{\lambda \in \Lambda} I_\lambda)^{[111]} \\
\| & & \| \\
\bigcap_{\lambda \in \Lambda} f(I_\lambda)) & & f(\bigcap_{\lambda \in \Lambda} I_\lambda)
\end{array}$$

[111] Φ は全単射であるから，$\Phi \circ \Phi^{-1} = 1_{\mathscr{B}}$.

以上より，求める次の等式が得られる．

$$f(\bigcap_{\lambda \in \Lambda} I_\lambda) = \bigcap_{\lambda \in \Lambda} f(I_\lambda).$$ □

イデアルの積

I と J を環 R のイデアルとする．このとき，命題 3.1.10 において I と J の元の積の有限和の全体を IJ で表し，これは R のイデアルになることを示した．この IJ をイデアル I と J の積と言う[112]．

[112) 定義 3.1.9

$$IJ := \bigl\{ \sum a_i b_i \ (\text{有限和}) \mid a_i \in I, b_i \in J \bigr\}.$$

R は可換環であるから，$IJ = JI$ が成り立つ．このとき，$\{ab \mid a \in I, b \in J\}$ はイデアル IJ の生成系の一つであることに注意せよ．

問 3.25 環 R のイデアルを I, J, K とする．I の生成系を $\{a_1, \ldots, a_r\}$，J の生成系を $\{b_1, \ldots, b_s\}$ とする．このとき，次が成り立つことを確かめよ．

$$a_i b_j \in K \ (1 \leq i \leq r, 1 \leq j \leq s) \implies IJ \subset K.$$

次に，I_1, I_2, I_3 を R のイデアルとするとき $(I_1 I_2) I_3 = I_1 (I_2 I_3)$ が成り立ち，このイデアルを $I_1 I_2 I_3$ と表す[113]．

$$I_1 I_2 I_3 = \bigl\{ \sum a_i b_i c_i \ (\text{有限和}) \mid a_i \in I_1, b_i \in I_2, c_i \in I_3 \bigr\}.$$

一般に，n 個のイデアルの積 $I_1 I_2 \cdots I_n$ も同様にして定義される．特に，R のイデアル I に対して $I^n = \underbrace{I \cdots I}_{n}$ とおく．

[113) n 個の元の積は帰納法で定義されるが，一般結合律が成り立つので，括弧を付けないで $a_1 a_2 \cdots a_n$ のように書く．3 個の場合は $a_1 a_2 a_3 = a_1(a_2 a_3) = (a_1 a_2)a_3$ である．

$$I^n = \bigl\{ \sum a_{i_1} a_{i_2} \cdots a_{i_n} \ (\text{有限和}) \mid a_{i_j} \in I \bigr\}.$$

また，$I^0 = (1) = R$ と約束する．

例 3.5.3 整数環 $\mathbb{Z}$ のイデアルを $(m) = m\mathbb{Z}, (n) = n\mathbb{Z}$ とするとき，次が成り立つ．

(i) $(m) + (n) = (d)$，d は m と n の最大公約数．
(ii) $(m) \cap (n) = (\ell)$，ℓ は m と n の最小公倍数．
(iii) $(m)(n) = (mn)$．

さらに，

$$(m)(n) = (m) \cap (n) \iff (m, n) = 1$$

が成り立つ．ただし，$(m, n) = 1$ は m と n が互いに素であることを意味している[114]．

[114] 後の命題 4.3.3

例 3.5.4 $R[X_1, \ldots, X_n]$ を環 R 上の n 変数の多項式環とするき，$X_1, \ldots, X_n$ により生成されたイデアルを $I = (X_1, \ldots, X_n)$ とする．このとき，

$$I^m = (\{X_1^{i_1} \cdots X_n^{i_n} \mid i_1 + \cdots + i_n = m,\ i_j \geq 0\}).$$

すなわち，I^m は単項式 $X_1^{i_1} \cdots X_n^{i_n}$ ($i_1 + \cdots + i_n = m$) によって生成されたイデアルである．

たとえば，

$$(X_1, X_2)^2 = (X_1^2, X_1 X_2, X_2^2),$$
$$(X_1, X_2)^3 = (X_1^3, X_1^2 X_2, X_1 X_2^2, X_2^3).$$

イデアル商

命題 3.5.5 I と J を環 R のイデアルとする．このとき，R の部分集合，

$$(I : J) := \{a \in R \mid aJ \subset I\}^{[115]}$$

[115] $aJ = \{ab \mid b \in J\}$

は環 R のイデアルである．

(証明) $0J = \{0\} \subset I$ であるから，$0 \in (I : J)$ である．よって，$(I : J) \neq \emptyset$ である．

(i) 「$a, b \in (I : J) \Rightarrow a + b \in (I : J)$」であること：

$$\begin{aligned} a, b \in (I : J) &\Longrightarrow aJ \subset I, bJ \subset I \\ &\Longrightarrow (a+b)J \subset aJ + bJ \subset I^{[116]} \\ &\Longrightarrow a + b \in (I : J). \end{aligned}$$

[116] 一般に，$(a+b)J \neq aJ + bJ$ である．例として，$(2+3)\mathbb{Z} = 5\mathbb{Z} \subsetneq \mathbb{Z} = 2\mathbb{Z} + 3\mathbb{Z}$．

(ii) 「$a \in R, b \in (I : J) \Rightarrow ab \in (I : J)$」であること：

$$\begin{aligned} a \in R, b \in (I : J) &\Longrightarrow a \in R,\ bJ \subset I \\ &\Longrightarrow (ab)J = a(bJ) \subset aI \subset I \\ &\Longrightarrow ab \in (I : J). \end{aligned}$$

(i),(ii) より，$(I:J)$ は R のイデアルとなる． □

定義 3.5.6 環 R のイデアル I と J に対して，上で定義されたイデアル $(I:J)$ を**イデアル商** (ideal quotient) と言う．また $J=(a)=aR$ のとき，$(I:(a))$ を簡単のため $(I:a)$ と書くことも多い．特に，$I=0$ のときに，$\mathrm{Ann}(J)=(0:J)$ と表し J の**零化イデアル** (annihilator) と言う．さらに，$J=(a)$ のときには $\mathrm{Ann}(a)=(0:a)$ という表現も用いられる．

問 3.26 環 $\mathbb{Z}_{12}$ において，$\mathrm{Ann}(\bar{3}), \mathrm{Ann}(\bar{4}), \mathrm{Ann}(\bar{5})$ を求めよ．

問 3.27 R のイデアル I と J に対して，次が成り立つことを示せ．
$$(I:J)=(1) \iff J\subset I.$$

問 3.28 a を環 R の元とするとき，「a：非零因子 $\iff (0:a)=0$」であることを示せ．上の記号を使えば，「a：非零因子 $\iff \mathrm{Ann}(a)=(0)$」である．

問 3.29 I を環 R のイデアルとするとき，次が成り立つことを示せ．
(1) $(I:I)=(1)$，(2) $I\subset(I:J)$，(3) $(I:1)=I$．

命題 3.5.7 I,J,K を環 R のイデアルとする．このとき，次が成り立つ．
$$K\subset(I:J) \iff JK\subset I.$$
特に，$(I:J)J\subset I$ が成り立つ．すなわち，$(I:J)$ は J に掛けて I に含まれるイデアルの中で最大のイデアルのことである．

(証明)
$$\begin{aligned}
K\subset(I:J) &\iff [b\in K \Rightarrow bJ\subset I] \\
&\iff [b\in K \Rightarrow ab\in I, \forall a\in J] \\
&\iff [b\in K, a\in J \Rightarrow ab\in I] \\
&\iff JK\subset I^{117)}.
\end{aligned}$$
□

117) JK の生成元は ab $(a\in J, b\in K)$．

例題 3.5.8 整数環 $\mathbb{Z}$ において，イデアル (m) と (n) を考える．$m'=m/(m,n)$ とすれば，イデアル商 $((n):(m))$ は次のように表される．

$$((m):(n)) = (m').$$

(証明) m と n の最大公約数を d とする．すなわち，$(m,n) = d$．すると，$m = m'd, n = n'd, (m', n') = 1$ と表される．このとき，

$$
\begin{aligned}
a \in ((m):(n)) &\iff a(n) \subset (m) \\
&\iff an \in (m) \\
&\iff m \mid an \\
&\iff m' \mid an' \quad (m'd \mid an'd \text{ であるから}) \\
&\iff m' \mid a \quad (\because (m', n') = 1).
\end{aligned}
$$

したがって，$((m):(n)) = (m')$ を得る． □

問 3.30 次のそれぞれの環においてイデアル商を求めよ．

(i) 整数環 $\mathbb{Z}$ において：
   (a) $((2):(3))$,   (b) $((6):(12))$,   (c) $((12):(6))$,
   (d) $((12):(15))$.
(ii) 1 変数多項式環 $\mathbb{Q}[X]$ において：
   (a) $((X):(X+1))$,   (b) $((X(X+1)):(X+1))$,   (c) $((X+1):(X(X+1)))$,   (d) $((X(X-1)(X+2)):((X-1)(X+3)))$.

イデアルの諸演算に関して，さらに次の性質が成り立つ．

命題 3.5.9 環 R のイデアルを I, I_i, J, J_i, K などで表すとき，次が成り立つ．

(1) $((I_1 \cap I_2):J) = (I_1:J) \cap (I_2:J)$，一般に，

$$((\bigcap_{\lambda \in \Lambda} I_\lambda):J) = \bigcap_{\lambda \in \Lambda}(I_i:J).$$

(2) $((I:J):K) = (I:JK)$．
(3) $(I:(J_1+J_2)) = (I:J_1) \cap (I:J_2)$，一般に，

$$(I:\sum_{\lambda \in \Lambda} J_\lambda) = \bigcap_{\lambda \in \Lambda}(I:J_\lambda).$$

(4) $(I:J) = (I:(I+J))$．

(証明) (1) $((\bigcap_{\lambda \in \Lambda} I_\lambda):J) = \bigcap_{\lambda \in \Lambda}(I_\lambda:J)$ を示す．

$$\begin{aligned}
a \in (\bigcap_{\lambda \in \Lambda} I_\lambda) : J &\iff aJ \subset \bigcap_{\lambda \in \Lambda} I_\lambda \\
&\iff aJ \subset I_\lambda, \forall \lambda \in \Lambda \\
&\iff a \in (I_\lambda : J), \forall \lambda \in \Lambda \\
&\iff a \in \bigcap_{\lambda \in \Lambda} (I_\lambda : J).
\end{aligned}$$

(2) $((I : J) : K) = (I : JK)$ を示す.

$$\begin{aligned}
a \in (I : J) : K &\iff aK \subset (I : J) \\
&\iff (aK)J \subset I \quad \text{(命題 3.5.7)} \\
&\iff a(KJ) \subset I \\
&\iff a \in (I : KJ).
\end{aligned}$$

(3) $(I : \sum_{\lambda \in \Lambda} J_\lambda) = \bigcap_{\lambda \in \Lambda} (I : J_\lambda)$ を示す.

$$\begin{aligned}
a \in (I : \sum_{\lambda \in \Lambda} J_\lambda) &\iff a(\sum_{\lambda \in \Lambda} J_\lambda) \subset I \\
&\iff \sum_{\lambda \in \Lambda} aJ_\lambda \subset I \\
&\iff \forall \lambda \in \Lambda, aJ_\lambda \subset I \\
&\iff \forall \lambda \in \Lambda, a \in (I : J_\lambda) \\
&\iff a \in \bigcap_{\lambda \in \Lambda} (I : J_\lambda).
\end{aligned}$$

(4) $(I : J) = (I : (I + J))$ を示す. $(I : I) = R$ であるから[118], (3) を用いて,

$(I : (I + J)) = (I : I) \cap (I : J) = R \cap (I : J) = (I : J)$. □

[118] 問 3.29

3.6 イデアルの拡大と縮約

$f : R \longrightarrow R'$ を環準同型写像とする. I を環 R のイデアルとするとき, f が全射ならば $f(I)$ は R' のイデアルである[119]. しかし, 一般に f の像 $f(I)$ は必ずしも環 R' のイデアルになるとは限らない. そこで次のようなイデアルを考える.

[119] 定理 3.3.3

定義 3.6.1 $f : R \longrightarrow R'$ を環準同型写像とする. I を環 R のイデアルとするとき, 環 R' においてイデアル I の像 $f(I)$ により生成されたイデアルを I の R' における**拡大イデアル** (extended ideal) と言う. 定義 3.1.6 より, このイデアルは $f(I)R'$ [120] と表されるが, R と R' が固定されていて明確な場合は計算上, 簡単のため I^e

[120] $IR' = f(I)R'$ とも書く.

という記号を用いて表すと便利である．すなわち，

$$I^e = f(I)R' = \left\{\sum f(x_i)y'_i \text{ (有限和)} \mid x_i \in I,\ y'_i \in R'\right\}.$$

定義 3.6.2 $f: R \longrightarrow R'$ を環準同型写像とする．I' を環 R' のイデアルとするとき，イデアル I' の原像 $f^{-1}(I')$ は環 R のイデアルである[121]．これを，I' の R への**縮約イデアル** (contracted ideal) と言う．定義 3.6.1 と同様に，環 R と R' が明確な場合には $(I')^c$ で表すこともある．すなわち，

[121] 定理 3.3.2

$$(I')^c = f^{-1}(I').$$

また，数式表現を簡単にするため，必要があるときには環 R と R' のすべてのイデアルの集合をそれぞれ $\mathrm{Id}(R)$ と $\mathrm{Id}(R')$ で表すことにする．

（注意）R を R' の部分環とするとき，$\iota: R \longrightarrow R'$ を埋め込み写像とすれば[122]，$\iota^{-1}(I') = I' \cap R$ は R と I' の真の意味の共通部分である．

[122] $x \in R$ に対して $\iota(x) = x$ である．

定理 3.6.3 $f: R \longrightarrow R'$ を環準同型写像とする．I を R のイデアル，I' を R' のイデアルとするとき，次が成り立つ．
(1) $I \subset I^{ec}$, $I' \supset (I')^{ce}$.
(2) $(I')^c = (I')^{cec}$, $I^e = I^{ece}$.
(3) $\mathscr{A}$ を環 R のすべての縮約イデアルの集合，$\mathscr{B}$ を環 R' のすべての拡大イデアルの集合とするとき，次が成り立つ．
  (a) $\mathscr{A} = \{I \in \mathrm{Id}(R) \mid I^{ec} = I\}$.
  (b) $\mathscr{B} = \{I' \in \mathrm{Id}(R') \mid (I')^{ce} = I'\}$.
  (c) $I \longmapsto I^e$ により定まる写像 $\mathscr{A} \longrightarrow \mathscr{B}$ は全単射であり，その逆写像は $I' \longmapsto (I')^c$ により定まる．

（証明）(1) (i) $I \subset I^{ec}$ を示す．

拡大イデアルの定義より，$I^e = f(I)R'$．さらに縮約イデアルの定義より，$I^{ec} = f^{-1}(f(I)R')$ である．ゆえに，

$$I \subset I^{ec} \iff I \subset f^{-1}(f(I)R').$$

したがって，$I \subset f^{-1}(f(I)R')$ を示せばよい．これは次のようで

ある.
$$a \in I \implies f(a) \in f(I) \subset f(I)R'$$
$$\implies f(a) \in f(I)R'$$
$$\implies a \in f^{-1}(f(I)R').$$

(ii) $I' \supset (I')^{ce}$ を示す．縮約イデアルの定義より，$(I')^c = f^{-1}(I')$．さらに拡大イデアルの定義より，$(I')^{ce} = f(f^{-1}(I'))R'$ である．ゆえに，
$$I' \supset (I')^{ce} \iff I' \supset f(f^{-1}(I'))R'.$$

したがって，$I' \supset f(f^{-1}(I'))R'$ を示せばよい．ところが一般に，$f(f^{-1}(I')) \subset I'$ が成り立つ[123]．すると，$f(f^{-1}(I'))R' \subset I'R' = I'$ となり，ゆえに，$f(f^{-1}(I'))R' \subset I'$ が得られる．

[123] $y \in ff^{-1}(I')$
$\Rightarrow y = f(x), \exists x \in f^{-1}(I')$
$\Rightarrow y = f(x) \in I'$
$\Rightarrow y \in I'.$

(2) (i) $(I')^c = (I')^{cec}$ を示す．
(1) より，$I' \supset (I')^{ce}$ である．ゆえに，$(I')^c \supset (I')^{cec}$．一方，$(I')^c$ は R のイデアルであるから，(1) より，
$$(I')^c \subset ((I')^c)^{ec} = (I')^{cec}.$$

したがって，$(I')^c = (I')^{cec}$ が得られる．

(ii) $I^e = I^{ece}$ を示す．
(1) より，$I \subset I^{ec}$ である．ゆえに，$I^e \subset I^{ece}$．一方，I^e は R' のイデアルであるから，(1) より，
$$I^e \supset (I^e)^{ce} = I^{ece}.$$

したがって，$I^e = I^{ece}$ が得られる．

(3) (a) $\mathscr{A} = \{I \in \mathrm{Id}(R) \mid I^{ec} = I\}$ を示す．
(i) $\mathscr{A} \subset \{I \in \mathrm{Id}(R) \mid I^{ec} = I\}$ を示す．$I \in \mathscr{A}$ とする．縮約イデアルの定義より，R' のあるイデアル I' により $I = (I')^c$ と表される．(2) を用いると，
$$I = (I')^c = (I')^{cec} = ((I')^c)^{ec} = I^{ec}.$$

したがって，$I = I^{ec}$ を得る．

(ii) $\mathscr{A} \supset \{I \in \mathrm{Id}(R) \mid I^{ec} = I\}$ を示す．$I^{ec} = I$ とする．する

と，$I = I^{ec} = (I^e)^c$ であるから，I は I^e の縮約イデアルである．
ゆえに，$I \in \mathscr{A}$ となる．
(b) $\mathscr{B} = \{I' \in \mathrm{Id}(R') \mid (I')^{ce} = I'\}$ を示す．
　(i) $\mathscr{B} \subset \{I' \in \mathrm{Id}(R') \mid (I')^{ce} = I'\}$ を示す．$I' \in \mathscr{B}$ とすると，

$$\begin{aligned}
I' \in \mathscr{B} &\implies \exists I \in \mathrm{Id}(R),\ I' = I^e \\
&\implies \exists I \in \mathrm{Id}(R),\ I' = I^e = I^{ece} \quad ((2)\text{ より}) \\
&\implies I' = I^{ece} = (I^e)^{ce} = (I')^{ce} \\
&\implies I' = (I')^{ce}.
\end{aligned}$$

　(ii) $\mathscr{B} \supset \{I' \in \mathrm{Id}(R') \mid (I')^{ce} = I'\}$ を示す．$(I')^{ce} = I'$ とすると，

$$(I')^{ce} = I' \implies ((I')^c)^e = I' \implies I' \in \mathscr{B}.$$

(c) $I \in \mathscr{A}$ に対して $I^e \in \mathscr{B}$ を対応させる写像 $\Phi : \mathscr{A} \longrightarrow \mathscr{B}$ ($\Phi(I) = I^e$) が全単射であることを示す．このために，$I' \in \mathscr{B}$ に対して $(I')^c \in \mathscr{A}$ を対応させる写像を $\Psi : \mathscr{B} \longrightarrow \mathscr{A}$ ($\Psi(I') = (I')^c$) として定義する．Ψ が Φ の逆写像であることを示す．前に示した (b) より，$I' \in \mathscr{B}$ に対して，$(I')^{ce} = I'$ であることに注意すると，

$$\Phi\Psi(I') = \Phi(\Psi(I')) = \Phi((I')^c) = (I')^{ce} = I'.$$

また，$I \in \mathscr{A}$ に対して，(a) より $I^{ec} = I$ であることに注意すると，

$$\Psi\Phi(I) = \Psi(I^e) = I^{ec} = I.$$

以上より，$\Psi \circ \Phi = \mathrm{id}_\mathscr{A}$, $\Phi \circ \Psi = \mathrm{id}_\mathscr{B}$ が証明され，Φ は全単射であることが分かる． □

命題 3.6.4 $f : R \longrightarrow R'$ を環準同型写像とするとき，イデアルの拡大と縮約をとる操作に関して次のような規則が成り立つ．I, J を R のイデアル，I', J' を R' のイデアルとする．

(1) $(I + J)^e = I^e + J^e$,　　(1') $(I' + J')^c \supset I'^c + J'^c$,
(2) $(I \cap J)^e \subset I^e \cap J^e$,　　(2') $(I' \cap J')^c = (I')^c \cap (J')^c$,
(3) $(IJ)^e = I^e J^e$,　　(3') $(I'J')^c \supset (I')^c (J')^c$,
(4) $(I : J)^e \subset (I^e : J^e)$.　　(4') $(I' : J')^c \subset ((I')^c : (J')^c)$.

(証明) 拡大イデアルについては (1) と (4) のみを示す．

(1) $(I+J)^e = I^e + J^e$ を示す.

$$\begin{aligned}(I+J)^e &= f(I+J)R' \\ &= (f(I)+f(J))R' \text{ }^{124)} \\ &= f(I)R' + f(J)R' \\ &= I^e + J^e.\end{aligned}$$

[124] 集合の和の定義は定義 3.1.9 の注参照.

(4) $(I:J)^e \subset (I^e:J^e)$ を示す. すなわち, $f(I:J)R' \subset (f(I)R':f(J)R')$ である. ここで, $\{f(a) \mid a \in (I:J)\}$ がイデアル $f(I:J)R'$ の一つの生成系であるから, このような元 $f(a)$ が $(f(I)R':f(J)R')$ に属することを示せばよい[125]. すなわち,

[125] 問 3.4

$$a \in (I:J) \implies f(a) \in (f(I)R':f(J)R')$$

を示せばよい. これは次のように示される.

$$\begin{aligned}a \in (I:J) &\implies aJ \subset I \\ &\implies f(a)f(J) = f(aJ) \subset f(I) \subset f(I)R' \\ &\implies f(a)f(J)R' \subset f(I)R' \\ &\implies f(a) \in (f(I)R':f(J)R').\end{aligned}$$

縮小イデアルについても $(1')$ と $(4')$ のみを示す.

$(1')$ $(I'+J')^c \supset (I')^c + (J')^c$ を示す. すなわち, $f^{-1}(I'+J') \supset f^{-1}(I') + f^{-1}(J')$ を示す. これは次のようになされる.

$$\begin{aligned}a \in f^{-1}(I') + f^{-1}(J') &\implies a = a_1 + a_2, \exists a_1 \in f^{-1}(I'), \exists a_2 \in f^{-1}(J') \\ &\implies f(a) = f(a_1+a_2), f(a_1) \in I', f(a_2) \in J' \\ &\implies f(a) = f(a_1) + f(a_2) \in I' + J' \\ &\implies a \in f^{-1}(I'+J').\end{aligned}$$

$(4')$ $(I':J')^c \subset ((I')^c:(J')^c)$ を示す. すなわち, $f^{-1}(I':J') \subset (f^{-1}(I'):f^{-1}(J'))$ を示す. $a \in f^{-1}(I':J')$ として, $f^{-1}(J')$ の任意の元を b とする. このとき,

$$a \in f^{-1}(I':J'), b \in f^{-1}(J')$$
$$\implies f(a) \in (I':J'),\ f(b) \in J'$$
$$\implies f(a)J' \subset I',\ f(b) \in J'$$
$$\implies f(ab) = f(a)f(b) \in I'$$
$$\implies ab \in f^{-1}(I')$$
$$(b \text{ は } f^{-1}(J') \text{ の任意の元であるから})$$
$$\implies af^{-1}(J') \subset f^{-1}(I')$$
$$\implies a \in (f^{-1}(I'):f^{-1}(J')). \quad \square$$

問 3.31 命題 3.6.4 の (2),(3) と (2′),(3′) を証明せよ.

イデアルの多項式環への拡大

次に多項式環へのイデアルの拡大，縮約を考える．環 R 上の n 変数多項式環を簡単のため $R[X] := R[X_1, \ldots, X_n]$ と書くことにする．R のイデアルを I とするとき，I の多項式環 $R[X]$ への拡大イデアル $I^e = IR[X]$ は $R[X]$ において I によって生成されたイデアルのことである．

$$IR[X] = \{ \sum a_i f_i(X) \,(\text{有限和}) \mid a_i \in I,\ f_i(X) \in R[X] \}^{126)}.$$

[126)] $f_i(X) := f_i(X_1, \ldots, X_n)$

$I = (a_1, \ldots, a_r)$ ならば，$IR[X] = a_1 R[X] + \cdots + a_r R[X]$ である．

命題 3.6.5 R を環とし，$R[X] := R[X_1, \ldots, X_n]$ を n 変数多項式環とする．I を R のイデアルとするとき，次が成り立つ．

(1) 多項式 $f(X) \in R[X]$ が $IR[X]$ に属するための必要十分条件は，$f(X)$ の係数がすべて I に属することである．このことは，$f(X) = \sum a_{i_1 \ldots i_n} X_1^{i_1} \cdots X_n^{i_n}$ と表せば，次のように書くことができる．ただし，$a_{i_1 \ldots i_n} \in R$ である．

$$f(X_1, \ldots, X_n) \in IR[X_1, \ldots, X_n] \iff \forall a_{i_1 \ldots i_n} \in I.$$

(2) $R \cap IR[X_1, \ldots, X_n] = I$ が成り立つ．すなわち，$I^{ec} = I$ である．

(証明)(1) $f(X)$ のすべての係数が I に属していれば, $f(X_1, \ldots, X_n) \in IR[X]$ となることは, 拡大イデアルの定義より分かる.

逆に, $f(X_1, \ldots, X_n) \in IR[X]$ とすると, 拡大イデアルの定義より,

$$f(X_1, \ldots, X_n) = a_1 f_1(X) + \cdots + a_r f_r(X), \exists a_i \in I, \exists f_r(X) \in R[X]$$

と表される. これより, 右辺の係数はすべて I に属しているので, 左辺のすべての係数もまた I に属する.

(2) 今の場合, R は $R[X]$ の部分集合と考えられるので, $R \cap IR[X] \supset I$ が成り立つ. 逆に, $f(X) \in R \cap IR[X]$ とすると, $f(X) = a \in R$ かつ $f(X) \in IR[X]$ であるが, これは $a \in IR[X]$ であることを意味している. ここで, (1) を適用すれば $a \in I$ を得る. したがって, $R \cap IR[X] \subset I$ が成り立つ. 以上より, $R \cap IR[X] = I$ を得る. □

命題 3.6.6 R を環とし, $R[X] = R[X_1, \ldots, X_n]$ を n 変数多項式環とする. I と $I_1, \ldots, I_r$ を R のイデアルとする. $I = I_1 \cap \cdots \cap I_r$ ならば, 次が成り立つ.

$$IR[X] = I_1 R[X] \cap \cdots \cap I_r R[X].$$

(証明) 環 R と多項式環 $R[X]$ の間で, 拡大イデアルの記号を使うと, 命題 3.6.4,(2) より, 一般には $I^e = (I_1 \cap \cdots \cap I_r)^e \subset I_1^e \cap \cdots \cap I_r^e$ が成り立つ. すなわち,

$$IR[X] \subset I_1 R[X] \cap \cdots \cap I_r R[X].$$

逆の包含関係を示す. $f(X) \in I_1 R[X] \cap \cdots \cap I_r R[X]$ とする. $f(X)$ は $R[X]$ の元であるから, $f(X) = \sum a_{e_1 \ldots e_r} X_1^{e_1} \cdots X_r^{e_r}$ と表される. ただし, $a_{e_1 \ldots e_r} \in R$ である. すると,

$$f(X) \in I_1 R[X] \cap \cdots \cap I_r R[X]$$
$$\implies f(X) \in I_i R[X], (1 \leq \forall i \leq r)$$
$$\implies \forall (e_1 \ldots e_r), a_{e_1 \ldots e_r} \in I_i, (1 \leq \forall i \leq r)$$
$$\implies \forall (e_1 \ldots e_r), a_{e_1 \ldots e_r} \in \bigcap_{i=1}^{r} I_i = I$$

$$\Longrightarrow \quad f(X) \in IR[X]. \qquad \square$$

命題 3.6.7 $\sigma : R \longrightarrow R'$ を環準同型写像とする．R 係数の1変数の多項式 $f(X) = \sum_{i=0}^{n} a_i X^i$ に対して，係数に σ を施して得られる $R[X]$ の多項式，

$$\sigma^*(f(X)) = \sum_{i=0}^{n} \sigma(a_i) X^i \in R'[X]$$

を対応させる写像 $\sigma^* : R[X] \longrightarrow R'[X]$ を考える．このとき，次が成り立つ．

(1) σ^* は環準同型写像である．
(2) σ が単射準同型写像ならば，σ^* もそうである．
(3) σ が全射準同型写像ならば，σ^* もそうである．
(4) 環準同型写像 $\tau : R' \longrightarrow R''$ に対して，$(\tau \circ \sigma)^* = \tau^* \circ \sigma^*$ が成り立つ．
(5) σ が同型写像ならば，σ^* もそうである．

(証明) (1) $f(X) = \sum a_i X^i, g(X) = \sum b_i X^i$ とすれば，$f(X) + g(X) = \sum (a_i + b_i) X^i$ かつ $f(X)g(X) = \sum c_k X^k, c_k = \sum_{i+j=k} a_i b_j$ と表される．このとき，

$$\begin{aligned}
\sigma^*(f(X) + g(X)) &= \sum \sigma(a_i + b_i) X^i \\
&= \sum (\sigma(a_i) + \sigma(b_i)) X^i \\
&= \sum \sigma(a_i) X^i + \sum \sigma(b_i) X^i \\
&= \sigma^*(f(X)) + \sigma^*(g(X)),
\end{aligned}$$

$$\begin{aligned}
\sigma^*(f(X)g(X)) &= \sum \sigma(c_k) X^k \\
&= \sum_k \sigma(\sum_{i+j=k} a_i b_j) X^k \\
&= \sum_k (\sum_{i+j=k} \sigma(a_i) \sigma(b_j)) X^k \\
&= (\sum \sigma(a_i) X^i)(\sigma(b_j) X^j) \\
&= \sigma^*(f(X)) \sigma^*(g(X)).
\end{aligned}$$

さらに，$\sigma^*(1) = \sigma(1) = 1$ である．したがって，σ^* は環準同型写像である．

(4) $(\tau \circ \sigma)^* = \tau^* \circ \sigma^*$ であること：

$$\begin{aligned}(\tau \circ \sigma)^*(f(X)) &= \sum (\tau \circ \sigma)(a_i) X^i \\ &= \sum \bigl(\tau(\sigma(a_i))\bigr) X^i \\ &= \tau^*\bigl(\sigma^*(f(X))\bigr)^{127)}.\end{aligned}$$

[127] $\sigma^*(f) = \sum \sigma(a_i) X^i$

(5) 「σ：同型 $\implies$ σ^*：同型」であること：

$$\begin{aligned}\sigma : \text{同型} &\implies \exists \tau : R' \longrightarrow R,\ \tau \circ \sigma = 1_R,\ \sigma \circ \tau = 1_{R'} \\ &\implies (\tau \circ \sigma)^* = 1_R^*,\ (\sigma \circ \tau)^* = 1_{R'}^* \\ &\implies \tau^* \circ \sigma^* = 1_R^*,\ \sigma^* \circ \tau^* = 1_{R'}^* \quad ((4)\ \text{より}) \\ &\implies \sigma^* : \text{同型}.\end{aligned}$$

(2),(3) は容易に分かるので省略する． $\square$

問 3.32 命題 3.6.7 における，(2),(3) を証明せよ．

命題 3.6.8 $R[X]$ を環 R 上の 1 変数の多項式環とし，I を環 R のイデアルとする．I の多項式環 $R[X]$ への拡大イデアル $IR[X]$ について，次の同型が成り立つ．

$$R[X]/IR[X] \cong (R/I)[X].$$

(証明) 標準全射 $\pi : R \longrightarrow R/I$ の $\pi^* : R[X] \longrightarrow (R/I)[X]$ を考える[128]．π は全射であるから，命題 3.6.7,(3) より，π^* も全射である．そこで，$\operatorname{Ker} \pi^*$ を調べる．$f(X) = \sum_{i=1}^n a_i X^i \in R[X]$ について，

[128] π^* は命題 3.6.7 で定義した環準同型写像である．

$$\begin{aligned}f(X) \in \operatorname{Ker} \pi^* &\iff \pi^*(f(X)) = 0 \\ &\iff \sum \pi(a_i) X^i = 0 \\ &\iff \forall i\,(1 \le i \le n),\ \pi(a_i) = 0 \\ &\iff \forall i\,(1 \le i \le n),\ a_i \in I^{\,129)} \\ &\iff f(X) \in IR[X]^{\,130)}.\end{aligned}$$

[129] $\pi(a_i) = 0$ $\Leftrightarrow a_i + I = I$ $\Leftrightarrow a_i \in I.$

[130] 命題 3.6.5

ゆえに，$\operatorname{Ker} \pi^* = IR[X]$ を得る．したがって，第 1 同型定理 3.3.14 より，$R[X]/IR[X] \cong (R/I)[X]$ が得られる． $\square$

例 3.6.9 整数環 $\mathbb{Z}$ のイデアル (n) を $\mathbb{Z}[X]$ へ拡大したイデアルは $(n)\mathbb{Z}[X]$ と表される．このとき，命題 3.6.8 より次の同型が成り

立つ.
$$\mathbb{Z}[X]/(n)\mathbb{Z}[X] \cong \mathbb{Z}_n[X].$$

第 3 章練習問題

1. R を環とし，I, J, K を R のイデアルとする．このとき，次が成り立つことを示せ．
   (1) $I \supset J \implies (K : I) \subset (K : J)$.
   (2) $I \subset (0 : (0 : I))$.
   (3) $(0 : I) = (0 : (0 : (0 : I)))$.

2. 剰余環 $\mathbb{Z}_n = \mathbb{Z}/n\mathbb{Z}$ において次が成り立つことを示せ．
   (1) $\mathbb{Z}_n$ は単項イデアル環である．
   (2) $\mathbb{Z}_n$ のイデアル I に対して，$(0 : (0 : I)) = I$ が成り立つ．

3. x を環 R の元とするとき，次を証明せよ．
   (1) x が R のベキ零元ならば，$1 + x$ は環 R の単元である．
   (2) ベキ零元と単元の和は単元である．

4. R を環とし，a をその非零因子とする．このとき，任意の正の整数 n に対して，$(a^{n+1}) : (a) = (a^n)$ が成り立つことを証明せよ．

5. R を環とし，a をその非零因子とする．このとき，次が成り立つことを証明せよ．
   (1) $I \cap (a) = a(I : (a))$.
   (2) $(I + (a))/I \cong (a)/(I \cap (a)) \cong R/(I : (a))$. （加群の同型）．

6. $A := k[X, Y]$ を体 k 上の 2 変数の多項式環とし，A のイデアルを $I = (X^2, XY)$，$P_1 = (X)$，$P_2 = (X, Y)$，$Q = (X^2, Y)$ とする．このとき，次が成り立つことを示せ．
   (1) $I = P_1 \cap P_2^2$,　(2) $I = P_1 \cap Q$.

7. $A := k[X, Y, Z]$ を体 k 上の 3 変数の多項式環とし，$I = (XY - Z^2)$ を A のイデアルとする．剰余環，
$$R := A/I = k[X, Y, Z]/(XY - Z^2) = k[x, y, z]$$
を考える．ただし，$x = X + I, y = Y + I, z = Z + I$ である．$P = (x, z)$ を R のイデアルとする．このとき，次が成り立つことを示せ．
   (1) $xy \in P^2$,　(2) $x \notin P^2$,　(3) $y \notin P$.

8. R を環として，S をその部分集合とする．$0 \notin S$, $1 \in S$ かつ，「$s \in S, t \in S \Rightarrow st \in S$」をみたすとき，$S$ は**積閉集合** (multiplicative closed set) であると言う．R のイデアル I に対して，
$$S(I) = \{a \in R \mid \exists s \in S, sa \in I\}$$

と定義する．これを I の S 成分 (component) と言う．このとき，以下のことを示せ．
(1) $I \subset S(I)$ であり，$I \subset J$ ならば $S(I) \subset S(J)$ である．
(2) $S(I)$ は R のイデアルである．
(3) R のイデアル I, J に対して次が成り立つ．
$$S(I) \cap S(J) = S(I \cap J).$$
(4) $S(I) = (1) \iff I \cap S \neq \emptyset$．

9. I と J_1, J_2 を環 R のイデアルとするとき，次の命題は同値であることを証明せよ．
(1) $(I : J_1) = I$ かつ $(I : J_2) = I$ が成り立つ．
(2) $I : (J_1 \cap J_2) = I$．
(3) $(I : J_1 J_2) = I$．

10. (1) 複素数 $\alpha = a + bi\ (a, b \in \mathbb{R})$ に対して，
$$N(\alpha) := \alpha \cdot \bar{\alpha} = |\alpha|^2 = a^2 + b^2, \quad T(\alpha) = \alpha + \bar{\alpha} = 2a$$
とおく．$N(\alpha)$ を α のノルムと言い，$T(\alpha)$ を α のトレースと言う．このとき，α, β に対して次が成り立つことを示せ．
$$N(\alpha\beta) = N(\alpha)N(\beta), \qquad T(\alpha + \beta) = T(\alpha) + T(\beta).$$
(2) $\alpha, \beta \in \mathbb{Z}[i]$ で $\beta \neq 0$ とする．このとき，
$$\alpha = \beta\gamma + \delta, \quad N(\delta) < N(\beta)$$
となるような $\gamma, \delta \in \mathbb{Z}[i]$ が存在することを示せ[131]．

[131] ヒント：$\forall z \in \mathbb{Q}[i], \exists \gamma \in \mathbb{Z}[i], |z - \gamma| \leq 1/\sqrt{2}$．(2) は $\mathbb{Z}[i]$ がユークリッド整域であることを示している．後出の定義 4.7.9 を参照せよ．

4 素イデアル

　環の構造を調べるときに基本的な概念である素イデアルと極大イデアルを定義し，その一般的な性質を調べる．次に，整数環 $\mathbb{Z}$ と体 k 上の 1 変数多項式環 $k[X]$ において，その具体的な形を考察する．さらに，非常に有用な根基イデアルの概念を導入し，第 5 章における準素イデアルによる理論の展開のための準備をする．環はすべて可換環である．

4.1 素イデアルと極大イデアル

素イデアルの概念は整数環 $\mathbb{Z}$ における素数の概念を一般の環に拡張したものである．整数環 $\mathbb{Z}$ における素数と同様に素イデアルはその環において基本的な概念であり，環の構造を考察するときに必要不可欠な概念である．

定義 4.1.1 環 R のイデアル P が次の (i) と (ii) の条件をみたすとき，P を環 R の**素イデアル** (prime ideal) と言う．
  (i) $P \neq (1) = R$,
  (ii) $a \notin P, b \notin P \Longrightarrow a \cdot b \notin P$.

環 R のすべての素イデアルの集合を環 R の**スペクトル**と言い，記号 $\mathrm{Spec}(R)$ で表すことがある．

あるイデアルが素イデアルであることを示すときには，定義 4.1.1 の条件 (ii) は次のような対偶を用いて示すことも多い．すなわち，$a, b \in R$ として，

$$a \cdot b \in P \Longrightarrow a \in P \text{ または } b \in P.$$

問 4.1 P を環 R の素イデアルとするとき，$P \cap U(R) = \emptyset$ であることを示せ．ただし，$U(R)$ は環 R のすべての単元の集合である．

定義 4.1.2 P を環 R のイデアルとする．P を含んでいる R の真のイデアルが存在しないとき，すなわち R のイデアル I に対して，

$$P \subset I \Longrightarrow P = I \text{ または } I = (1) = R$$

をみたすとき，P を環 R の**極大イデアル** (maximal ideal) と言う．環 R のすべての極大イデアルの集合を記号 $\mathrm{Max}(R)$ で表すことがある．

例 4.1.3 整数環 $\mathbb{Z}$ において，自然数 6 によって生成されたイデアル $(6) = 6\mathbb{Z}$ は，

$$2 \notin (6),\ 3 \notin (6)\ \text{であるが},\ 2 \cdot 3 = 6 \in (6)$$

であるから，(6) は素イデアルではない．また，$(6) \subsetneq (2) \subsetneq \mathbb{Z}$ かつ $(6) \subsetneq (3) \subsetneq \mathbb{Z}$ であるから，極大イデアルでもない．

次に，5 によって生成されたイデアル $(5) = 5\mathbb{Z}$ を考える．整数 a, b に対して，$ab \in (5)$ $(a, b \in \mathbb{Z})$ とすると，ある整数 c があって $ab = 5c$ と表される．5 は素数であるから，a か b は 5 で割り切れる[132]．すなわち，

$$ab \in (5) \implies a \in (5)\ \text{または}\ b \in (5).$$

よって，(5) は $\mathbb{Z}$ の素イデアルである．

さらに，イデアル (5) は整数環 $\mathbb{Z}$ の極大イデアルにもなっていることが分かる[133]．

[132] 命題 2.1.6，または問 2.2 の (2)

[133] 後出定理 4.3.4

例 4.1.4 (1) 整数環 $\mathbb{Z}$ において，$(0), (2), (3), (5), \ldots, (p)$ などは素イデアルである．ただし，p は素数である[134]．

(2) 有理数体 $\mathbb{Q}$ 上の多項式環 $\mathbb{Q}[X]$ において，$(0), (X), (X+1), (X^2+1)$ などは素イデアルである．また，$f(X)$ が既約多項式ならば[135]，$(f(X)) = f(X)\mathbb{Q}[X]$ は $\mathbb{Q}[X]$ の素イデアルであることが分かる[136]．

[134] 定理 4.3.4

[135] 定義 4.4.8

[136] 定理 4.4.11

次に，素イデアルと極大イデアルとの関係，またそれらを特徴付ける重要な定理を証明する．

定理 4.1.5 P を環 R のイデアルとするとき，次が成り立つ．

P は R の素イデアルである $\iff$ 剰余環 R/P は整域である．

(証明) $a, b \in R$ とする．素イデアルの定義の対偶，

$$a \cdot b \in P \implies a \in P\ \text{または}\ b \in P$$

を剰余環 R/P の元として書き換えれば[137]，

$$\bar{a} \cdot \bar{b} = \bar{0} \implies \bar{a} = \bar{0}\ \text{または}\ \bar{b} = \bar{0}.$$

これは剰余環 R/P が整域であることを意味している[138]．よって，P が素イデアルであることと剰余環 R/P が整域であることは同値

[137] 命題 3.2.8: $a \in P \iff \bar{a} = \bar{0}$. 右辺は R/P で考えている．

[138] 定義 1.2.4

である. □

定理 4.1.6 P を環 R のイデアルとするとき,次が成り立つ.
P は R の極大イデアルである $\iff$ 剰余環 R/P は体である.

(証明) 対応定理 3.3.9 の系である定理 3.3.11 を用いて証明する.
$P : R$ の極大イデアル
$\iff$ P と R の間に真のイデアルはない
$\iff$ R/P と $(\bar{0})$ の間には真のイデアルはない
$\iff$ R/P のイデアルは $(\bar{1})$ と $(\bar{0})$ だけである
$\iff$ R/P : 体. (命題 3.1.8 より) □

問 4.2 定理 4.1.6 を定理 3.3.11(対応定理の系)を使わないで直接証明せよ.

定理 4.1.7 P を環 R のイデアルとする.P が極大イデアルならば,P は素イデアルである.

(証明) P を極大イデアルとすると,定理 4.1.6 より R/P は体である.体は整域であるから[139],定理 4.1.5 より P は素イデアルである. □

[139] 命題 1.2.7

零イデアル (0) は環 R の重要な性質を反映する.すなわち次の命題によって,環 R は (0) により整域であるか体であるかを判定できる.

命題 4.1.8 環 R について次が成り立つ.
(1) 環 R は整域である $\iff$ (0) は素イデアルである.
(2) 環 R は体である $\iff$ (0) は極大イデアルである.

(証明) $R/(0) = R$ に注意し,定理 4.1.5 を適用すると,(1) は「(0) : 素イデアル $\iff$ $R/(0) = R$: 整域」,また,(2) は定理 4.1.6 より,「(0) : 極大イデアル $\iff$ $R/(0) = R$: 体」であることから分かる. □

極大イデアルの存在を証明するためには,無限集合に関するツォ

ルンの補題 (Zorn'n Lemma) が必要となる．この定理を述べるために，必要な術語をはじめに定義しよう．

定義 4.1.9 集合 A において 関係 $\leq$ が定義されていて，これが以下の三つの条件，

(i) 反射律：$a \leq a$,
(ii) 反対称律[140]：$a \leq b,\ b \leq a \implies a = b$,
(iii) 推移律：$a \leq b,\ b \leq c \implies a \leq c$

[140] anti-symmetric law

をみたすとき，A は**順序集合** (ordered set) であると言う．$a \leq b$ のとき $b \geq a$ と書くこともある．順序集合 A の部分集合 B はまた一つの順序集合である．

順序集合 A は，A のすべての元の組 a, b に対して $a \leq b$ または $b \leq a$ が成り立つとき，**全順序集合** (totally orderd set) または**線形順序集合** (lenearly ordered set) であると言う（一般の順序集合を**半順序集合**, partially ordered set と言うことがある）．

順序集合 A の元 a に対して，$a \leq b$ かつ $a \neq b$ をみたす元 $b \in A$ が存在ししないとき，元 a は集合 A の**極大元** (maximal element) であると言う．同様に，$b \leq a$ かつ $b \neq a$ をみたす元 $b \in A$ が存在しないとき，元 a は集合 A の**極小元** (minimal element) であると言う．

順序集合 A の部分集合 B に対して，A のある元 a がすべての $b \in B$ に対して $b \leq a$ をみたすとき a は B の**上界** (upper bound element) であると言い，B の上界が存在するとき B は上に**有界** (upper bound) であると言う．また，A の空でない任意の全順序部分集合が上に有界であるとき，順序集合 A は**帰納的** (inductive) であると言う．

このとき，ツォルンの補題は次のように述べられる．

定理 4.1.10（ツォルンの補題）[141]　順序集合 A が帰納的ならば，A に極大元が少なくとも一つ存在する．　□

ツォルンの補題は選択公理や整列可能定理と同値であることが知られている．この定理は広く認められているので，本書においても証明なしに公理として用いることにする．

定理 4.1.11 I を環 R の真のイデアルとする．このとき，I を含

[141] Max August Zorn (1906-1993) ドイツで生まれ，ドイツで活躍した数学者であるが，第二次大戦後はアメリカのイェール大学，UCLA，そしてインディアナ大学で教鞭を執った．ツォルンの補題は選択公理，整列可能定理と同値であることが知られている．応用上便利であってほかの二つの定理よりも利用されることが多い．特に，可換環論においては極大イデアルの存在を証明する際に必要である．

む R の極大イデアルが存在する．

(証明) I を含む R のすべての真のイデアルの集合を $\mathscr{A}$ とする．$\mathscr{A}$ を包含関係を順序とする順序集合として考える．$\mathscr{A}$ が帰納的順序集合であることを示せば，ツォルンの補題 4.1.10 より $\mathscr{A}$ に極大元が存在する．

そこで，以下イデアルの集合 $\mathscr{A}$ が帰納的であることを証明する．$\mathscr{A}$ の全順序部分集合を $\{I_\lambda\}_{\lambda \in \Lambda}$ とする．

(1) $I_0 := \bigcup_{\lambda \in \Lambda} I_\lambda$ とおけば，各 I_0 は I を含んでいるので空集合ではない．このとき，命題 3.1.13 より，I_0 は R のイデアルである．

(2) イデアル I_0 は $I_0 \neq (1) = R$ である．

なぜなら，$I_0 = (1)$ とすると，

$$I_0 = (1) \implies 1 \in I_0 \implies 1 \in I_\lambda, \exists \lambda \in \Lambda \implies I_\lambda = (1).$$

一方，$I_\lambda \in \mathscr{A}$ であり，$\mathscr{A}$ は I を含む R の真のイデアルの集合であるから，これは矛盾である．

以上，(1),(2) より，I_0 は I を含む R の真のイデアルであるから，$I_0 \in \mathscr{A}$ となる．このとき，定義の仕方より I_0 は全順序部分集合 $\{I_\lambda\}_{\lambda \in \Lambda}$ の上界である．したがって，$\mathscr{A}$ は帰納的順序集合となり，ツォルンの補題 (定理 4.1.10) より，$\mathscr{A}$ に極大元 P が存在する．この極大元 P は I を含む R の極大イデアルである． □

系 4.1.12 R のすべての非単元はある極大イデアルに含まれる．

(証明) $a \in R$ とする．a が非単元ならば，$(a) \subsetneq R$ である（問 3.5 参照）．すると，定理 4.1.11 よりイデアル (a) はある極大イデアルに含まれる． □

次に，素イデアルが準同型写像によりどのように変化するかを調べてみよう．

命題 4.1.13 $f : R \longrightarrow R'$ を環準同型写像とする．P' が環 R' の素イデアルならば，その逆像 $f^{-1}(P')$ もまた環 R の素イデアルである．

(証明) 命題 3.3.2 より，$f^{-1}(P')$ は環 R のイデアルである．よっ

て，あとはこのイデアルが素イデアルであることを示せばよい．

(i) $f^{-1}(P') \neq (1_R)$ であることを示す．$f^{-1}(P') = (1_R)$ と仮定すると，

$$1_R \in f^{-1}(P') \implies 1_{R'} = f(1_R) \in P' \implies 1_{R'} \in P'.$$

ゆえに，$P' = (1_{P'}) = R'$ となるので，これは P' が R' の素イデアルであることに矛盾する．ゆえに，$f^{-1}(P') \neq (1_R)$ である．

(ii) 「$xy \in f^{-1}(P') \Rightarrow x \in f^{-1}(P')$ または $y \in f^{-1}(P')$」であることを示す．

$$\begin{aligned} xy \in f^{-1}(P') &\implies f(xy) \in P' \\ &\implies f(x)f(y) \in P' \\ &\implies f(x) \in P' \text{ または } f(y) \in P' \text{ [142]} \\ &\implies x \in f^{-1}(P') \text{ または } y \in f^{-1}(P'). \quad \square \end{aligned}$$

[142] P' は素イデアル．

問 4.3 環の第 1 同型定理 3.3.14 を用いて，命題 4.1.13 を証明せよ．

$f : R \longrightarrow R'$ を環準同型写像とする．イデアルの拡大と縮約の観点からみると，P' が環 R' の素イデアルならば，P' の縮約イデアル $(P')^c = f^{-1}(P')$ も P' の素イデアルである[143]．しかし，P が R の素イデアルであっても，その拡大イデアル $P^e = f(P)R'$ は R' の素イデアルであるとは限らない．

[143] 命題 4.1.13

例 4.1.14 $\iota : \mathbb{Z} \longrightarrow \mathbb{Q}$ を標準的な埋め込みとするとき，$(3) = 3\mathbb{Z}$ は $\mathbb{Z}$ の素イデアルであるが，(3) の $\mathbb{Q}$ への拡大イデアルは $(3)^e = \mathbb{Q}$ となり，$\mathbb{Q}$ の素イデアルではない[144]．

[144] この例は前に，命題 3.3.3 の直前で調べている．

$f : R \longrightarrow R'$ を環準同型写像とする．f が全射であるときには R のイデアル I の拡大イデアル I^e は f によるその像に一致する．すなわち，$I^e = f(I)R' = f(I)$ となる[145]．このとき，次の定理が成り立つ．

[145] 命題 3.3.3

命題 4.1.15 $f : R \longrightarrow R'$ を全射である環準同型写像とする．P を $\operatorname{Ker} f \subset P$ をみたすイデアルとする．このとき，P が環 R の素イデアルならば，$f(P)$ もまた環 R' の素イデアルであり，逆もまた

成り立つ.
$$P:環\ R\ の素イデアル \iff f(P):環\ R'\ の素イデアル.$$

(証明) 命題 3.3.3 より, f が全射準同型写像ならば, $f(P)$ は R' のイデアルである. $\pi:R' \longrightarrow R'/f(P)$ を標準全射として, 合成写像 $\pi \circ f:R \longrightarrow R' \longrightarrow R'/f(P)$ を考えると, $\mathrm{Ker}\,f \subset P$ に注意して, 定理 3.3.7,(1) を適用すると,

$$\begin{aligned}
x \in \mathrm{Ker}\,(\pi \circ f) &\iff (\pi \circ f)(x) = \bar{0} \\
&\iff f(x) + f(P) = f(P)\ ^{146)} \\
&\iff f(x) \in f(P)\ ^{147)} \\
&\iff x \in f^{-1}f(P) \\
&\iff x \in P.\ ^{148)}
\end{aligned}$$

[146)] $(\pi \circ f)(x)$
$= \pi(f(x))$
$= f(x) + f(P).$

[147)] 系 3.2.3

[148)] 定理 3.3.7,(1)

ゆえに, $\mathrm{Ker}\,\pi \circ f = P$ が成り立つ. ここで, $\pi \circ f$ は全射であることに注意する. したがって, 第1同型定理 3.3.14 より, $R/P \cong R'/f(P)$ を得る. すると,

$$\begin{aligned}
P:R\ の素イデアル &\iff R/P:整域 \\
&\iff R'/f(P):整域 \\
&\iff f(P):R'\ の素イデアル. \qquad \square
\end{aligned}$$

また, 極大イデアルについても, $f:R \longrightarrow R'$ を環準同型写像とするとき, P' が R' の極大イデアルであっても, その逆像 $f^{-1}(P')$ は R の極大イデアルになるとは限らない.

例 4.1.16 $\iota:\mathbb{Z} \longrightarrow \mathbb{Q}\ (n \longmapsto n)$ を自然な埋め込みとすると, ι は環準同型写像である. $\mathbb{Q}$ は体であるから, (0) は $\mathbb{Q}$ の極大イデアルであるが, (0) は $\mathbb{Z}$ の極大イデアルではない. しかし, $\iota^{-1}(0) = (0)$ である.

問 4.4 $f:R \longrightarrow R'$ を全射である環準同型写像とし, P を $\mathrm{Ker}\,f$ を含む R のイデアルとする. このとき, 次を示せ.
$$P:環\ R\ の極大イデアル \Leftrightarrow f(P):環\ R'\ の極大イデアル.$$

4.2 素イデアルの性質

素イデアルは一般のイデアルと異なり，特別な性質をもつ．それは整数環 $\mathbb{Z}$ における素数 p が果たす役割に似ている．本節で証明する三つの定理はイデアルに関するさまざまな命題において重要な役割を果たす．

定理 4.2.1 $I_1, I_2, \ldots, I_n$ を環 R のイデアル，P を R の素イデアルとする．このとき，イデアルの積 $I_1 I_2 \cdots I_n$ が P に含まれるならば，ある I_i は P に含まれる．すなわち，

$$I_1 I_2 \cdots I_n \subset P \implies \exists i\,(1 \leq i \leq n),\ I_i \subset P.$$

特に，

$$I_1 I_2 \cdots I_n = P \implies \exists i\,(1 \leq i \leq n),\ I_i = P.$$

(証明) 対偶を示す．すなわち，

$$\forall i\,(1 \leq i \leq n),\ I_i \not\subset P \implies I_1 I_2 \cdots I_n \not\subset P$$

を示す．各 I_i について $I_i \not\subset P$ であるから，

$$\exists a_1 \in I_1, \quad a_1 \notin P$$
$$\exists a_2 \in I_2, \quad a_2 \notin P$$
$$\vdots \qquad\qquad \vdots$$
$$\exists a_n \in I_n, \quad a_n \notin P.$$

このとき，P は素イデアルであるから，

$$a_1 a_2 \cdots a_n \in I_1 I_2 \cdots I_n \quad \text{かつ} \quad a_1 a_2 \cdots a_n \notin P$$

であり，これは $I_1 I_2 \cdots I_n \not\subset P$ を示している．

$I_1 I_2 \cdots I_n = P$ のときは，上の結果よりある i について $I_i \subset P$ であるが，逆の包含関係は $P = I_1 \cdots I_n \subset I_i$ より分かるので，$I_i = P$ を得る．□

定理 4.2.1 は次のような形でも用いられる．

定理 4.2.2 $I_1, I_2, \ldots, I_n$ を環 R のイデアル，P を R の素イデアルとする．このとき，$I_1 \cap I_2 \cap \cdots \cap I_n$ が P に含まれるならば，ある I_i は P に含まれる．すなわち，

$$I_1 \cap I_2 \cap \cdots \cap I_n \subset P \implies \exists i \, (1 \leq i \leq n), \, I_i \subset P.$$

特に，

$$I_1 \cap I_2 \cap \cdots \cap I_n = P \implies \exists i \, (1 \leq i \leq n), \, I_i = P.$$

(証明) 一般に，$I_1 I_2 \cdots I_n \subset I_1 \cap I_2 \cap \cdots \cap I_n$ が成り立つので，この定理 4.2.2 は前定理 4.2.1 より成り立つ． □

問 4.5 P を環 R の素イデアル，I, J を R のイデアルとするとき，次が成り立つことを示せ．
$$IJ \subset P \iff I \cap J \subset P.$$

問 4.6 P_1, P_2 を環 R の素イデアルとし，P_1 と P_2 の間にお互いの包含関係がなければ，すなわち，$P_1 \not\subset P_2$ かつ $P_1 \not\supset P_2$ ならば $P_1 \cap P_2$ は素イデアルではないことを証明せよ．

定理 4.2.3 $P_1, P_2, \ldots, P_n$ を環 R の素イデアル，I を R のイデアルとする．このとき，イデアル I が $P_1 \cup P_2 \cup \cdots \cup P_n$ に含まれるならば，I はその中の一つの素イデアル P_i に含まれる．すなわち，

$$I \subset P_1 \cup P_2 \cup \cdots \cup P_n \implies \exists i \, (1 \leq i \leq n), \, I \subset P_i.$$

特に，

$$I = P_1 \cup P_2 \cup \cdots \cup P_n \implies \exists i \, (1 \leq i \leq n), \, I = P_i.$$

(証明) 対偶命題，

$$\forall i \, (1 \leq i \leq n), \, I \not\subset P_i \implies I \not\subset P_1 \cup P_2 \cup \cdots \cup P_n$$

を示す．n についての帰納法を用いる．

$n = 1$ のとき，$I \not\subset P_1 \Rightarrow I \not\subset P_1$ は自明である．

$n > 1$ として，$n - 1$ まで主張が正しいと仮定する．

(1) 帰納法の仮定を使うと，

$$\forall i\,(1 \leq i \leq n),\ \exists a_i \in I,\ a_i \notin P_j\,(j \neq i) \cdots\cdots (*)$$

であることが分かる．なぜなら，$n-1$ 個の素イデアル $P_1,\ldots,\widehat{P_i},$ $\ldots,P_n$ に対して[149]，帰納法の仮定より，

$$I \not\subset P_1, \ldots, \widehat{I \not\subset P_i}, \ldots, I \not\subset P_n$$
$$\Rightarrow\quad I \not\subset P_1 \cup \cdots \cup \widehat{P_i} \cup \cdots \cup P_n$$
$$\Rightarrow\quad \exists a_i \in I,\ a_i \notin P_1 \cup \cdots \cup \widehat{P_i} \cup \cdots \cup P_n$$
$$\Rightarrow\quad \exists a_i \in I,\ a_i \notin P_j\,(j \neq i)$$

[149] ただし，$\widehat{I \not\subset P_i}$ や $\widehat{P_i}$ はハット $\widehat{}$ の下の部分を除いていることを意味する記号として用いている．

ここで，上記で存在した $a_1,\ldots,a_n$ の中にある a_i に対して，$a_i \notin P_i$ ならば $a_i \notin P_j(\forall j \neq i)$ であるから，すべての $j\,(1 \leq j \leq n)$ に対して $a_i \notin P_j$ が成り立つので，$I \not\subset P_1 \cup P_2 \cup \cdots \cup P_n$ が示されたことになる．

(2) したがって，上で選んだ a_i がすべての $i\,(1 \leq i \leq n)$ に対して $a_i \in P_i$ となっている場合にも主張が成り立つことを示さなければならない．

以上まとめると，$(*)$ の条件と $a_i \in P_i$ である場合を考えればよい．

i.e. $\forall i\,(1 \leq i \leq n), \exists a_i \in I, a_i \notin P_j(j \neq i)$ かつ $a_i \in P_i$．

このとき，次のような元 b を考える．

$$b := \sum_{i=1}^{n} a_1 a_2 \cdots \widehat{a_i} \cdots a_n.$$

このとき，

$$b \in I,\quad b \notin P_i\ \ (1 \leq \forall i \leq n)$$

を示せばよい．各 i に対して $a_i \in I$ であるから $b \in I$ であることは明らかである．任意の i に対して $b \notin P_i$ を示すために，b の各項を $b_i := a_1 \cdots \widehat{a_i} \cdots a_n$ とおけば，

$$b = \widehat{a_1} a_2 \cdots a_n + a_1 \cdots \widehat{a_i} \cdots a_n + \cdots + a_1 a_2 \cdots \widehat{a_n}$$
$$= b_1 + b_2 + \cdots + b_n$$

と表される．このとき，

(i) $b_i \notin P_i$．　(ii) $b_i \in P_k\,(i \neq k)$．

であることが次のようにして分かる.

(i) については,

$$a_1 \notin P_i, \ldots, a_i \in P_i, \ldots, a_n \notin P_i \implies b_i = a_1 \cdots \widehat{a_i} \cdots a_n \notin P_i.$$

(ii) については, $k \neq i$ のとき, $a_k (\in P_k)$ が積 $a_1 \cdots \widehat{a_i} \cdots a_n (= b_i)$ の中に現れるから, $b_i = a_1 \cdots \widehat{a_i} \cdots a_n \in P_k$ となる.

すると, 任意の $i\,(1 \leq i \leq n)$ に対して, $b \notin P_i$ となる. なぜなら, $b \in P_i$ とすると, (ii) より $j \neq i$ に対して $b_j \in P_i$ であるから,

$$b_i = b - (b_1 + \cdots + \widehat{b_i} + \cdots + b_n) \in P_i$$

となる. すなわち, $b_i \in P_i$ である. これは (i) に矛盾する.

以上より, $b \in I$ であり, かつ $b \notin P_i\,(\forall i\,(1 \leq i \leq n))$ である. すなわち,

$$I \not\subset P_1 \cup \cdots \cup P_n$$

であることが証明された.

(3) 最後に, $I = P_1 \cup P_2 \cup \cdots \cup P_n$ のときは, 上の結果よりある i について $I \subset P_i$ であるが, 逆の包含関係は $P_i \subset P_1 \cup \cdots \cup P_n = I$ より分かるので, $I = P_i$ を得る. □

問 4.7 $n = 2$ の場合に, 定理 4.2.3 を証明せよ. すなわち, I を R のイデアル, P_1, P_2 を R の素イデアルとするとき, 次のことを証明せよ.

$$I \subset P_1 \cup P_2 \iff I \subset P_1 \text{ または } I \subset P_2.$$

▶ 4.3 有理整数環 $\mathbb{Z}$ のイデアル

最初に, 整数環 $\mathbb{Z}$ を特徴付けている基本的な性質を挙げておこう. これは実質的には整数環が加法群として巡回群であることに起因している.

定理 4.3.1 整数環 $\mathbb{Z}$ の任意のイデアルはすべて単項イデアルである. すなわち, 整数環 $\mathbb{Z}$ は単項イデアル整域 (PID) である.

(証明) $\mathbb{Z}$ のイデアルを I とする. $\mathbb{Z}$ は加法群としては 1 を生成元

とする巡回群で，I はその部分群であるから巡回群である[150]．ゆえに，ある自然数 n があって，$I = n\mathbb{Z}$ と表される．したがって，I は n によって生成される単項イデアルである．　　　　□

[150] 定理 1.1.14

ここで，我々がよく知っている有理整数環 $\mathbb{Z}$ におけるイデアルの性質を振り返ってみよう．a を整数として，a により生成された単項イデアルは，a の倍数の全体であるが，記号で，

$$(a) = a\mathbb{Z} = \{ab \mid b \in \mathbb{Z}\}$$

と表される．また，$a \mid b$ は b が a で割り切れることを表す記号である．

i.e. $a \mid b \iff \exists c \in \mathbb{Z},\ b = ac.$

整数の性質をこのような記号を用いて表現すると，正確に推論することができる．

単項イデアル環の剰余環も単項イデアル環であるから[151]，剰余環 $\mathbb{Z}_n$ も単項イデアル環である．また，p が素数ならば，$\mathbb{Z}_p$ は体となる[152]．

[151] 問 3.19

[152] 定理 3.2.12

命題 4.3.2 整数環 $\mathbb{Z}$ において，整数 a, b について次のことが成り立つ．

(1) $(a) = (b) \iff a = \pm b.$
(2) $a \mid b \iff (a) \supset (b).$

(証明) (1) $(a) = (b)$ と仮定する．

$$a \in a\mathbb{Z} = (a) = (b) = b\mathbb{Z}$$

であるから $a \in b\mathbb{Z}$ となり，ある整数 c が存在して $a = bc$ と表せる．同様にして $b \in a\mathbb{Z}$ より，ある整数 d が存在して $b = ad$ と表せる．

$$\therefore\ a = bc = adc.$$

$\mathbb{Z}$ は整域であるから，命題 1.2.5 より $1 = dc$ を得る．よって，$d = c = 1$ または -1 である．ゆえに，$c = d = 1$ のとき $a = b$ となり，$c = d = -1$ のとき $a = -b$ となる．

逆に, $a = \pm b$ と仮定する. $a = \pm b \in b\mathbb{Z} = (b)$ より $a\mathbb{Z} \subset b\mathbb{Z}$. 同様にして $b\mathbb{Z} \subset a\mathbb{Z}$ が得られるから $a\mathbb{Z} = b\mathbb{Z}$ となる. すなわち $(a) = (b)$ を得る.

(2) $a \mid b \Longleftrightarrow (a) \supset (b)$ であることは次のようである.

$$\because \quad a \mid b \iff b = aa', \ \exists a' \in \mathbb{Z}$$
$$\iff b \in a\mathbb{Z}$$
$$\iff b\mathbb{Z} \subset a\mathbb{Z}. \qquad \square$$

命題 4.3.3 有理整数環 $\mathbb{Z}$ において, 次のことが成り立つ.

(1) $(a,b) = (d), \ d > 0 \iff d$ は a と b の最大公約数である[153].

i.e. $a\mathbb{Z} + b\mathbb{Z} = d\mathbb{Z}, \ d > 0 \iff d = \gcd(a,b)$.

[153] $(a,b) = a\mathbb{Z} + b\mathbb{Z}$. a と b によって生成されたイデアル.

(2) $(a) \cap (b) = (\ell), \ \ell > 0 \iff \ell$ は a と b の最小公倍数である.

i.e. $a\mathbb{Z} \cap b\mathbb{Z} = \ell\mathbb{Z}, \ \ell > 0 \iff \ell = \mathrm{lcm}(a,b)$

(証明) (1) ($\Rightarrow$) $(a,b) = (d)$ と仮定する. d が a と b の最大公約数であることを示す[154].

(i) $d \mid a, \ d \mid b$ であること: $a \in a\mathbb{Z} \subset a\mathbb{Z} + b\mathbb{Z} = d\mathbb{Z}$ であるから, $a \in d\mathbb{Z}$ である. ゆえに $d \mid a$ である. $d \mid b$ であることも同様である.

[154] 定義 2.1.2
$d = \gcd(a,b)$
$\Updownarrow$
(i) $d \mid a, d \mid b$,
(ii) $d' \mid a, d' \mid b$
$\Rightarrow d' \mid d$.

(ii) 「$d' \mid a, d' \mid b \Rightarrow d' \mid d$」であることを示す. d' を a, b の任意の公約数とする. このとき,

$$a = a'd', \ b = b'd', \ \exists a', b' \in \mathbb{Z}.$$

と表される. 一方, $d \in d\mathbb{Z} = a\mathbb{Z} + b\mathbb{Z}$ より $ar + bs = d \ (\exists r, s \in \mathbb{Z})$ と表せるから,

$$d = ar + bs = a'd'r + b'd's = (a'r + b's)d'.$$

これより, $d' \mid d$ が得られる. すると, (i),(ii) が示されたので, 定義 2.1.2 より, d は a, b の最大公約数である.

($\Leftarrow$) d は a,b の最大公約数であると仮定する．すると，$d \mid a, d \mid b$ であるから，$a \in (d), b \in (d)$ である．このとき，イデアル (a,b) の任意の元 c は $c = ra + sb$ ($\exists r, s \in \mathbb{Z}$) と表されるので，$c \in (d)$ を得る．したがって，$(a,b) \subset (d)$ である．

逆の包含関係を示す．$\mathbb{Z}$ は単項イデアル整域であるから[155]，ある自然数 d_1 によって $(a,b) = (d_1)$ と表される．すると，

[155] 定理 4.3.1

$$
\begin{aligned}
(a,b) = (d_1) &\implies a \in (d_1),\ b \in (d_1) \\
&\implies d_1 \mid a,\ d_1 \mid b \\
&\implies d_1 \mid d \quad\quad (d \text{ は } a,b \text{ の最大公約数}) \\
&\implies (d) \subset (d_1) = (a,b).
\end{aligned}
$$

以上より，$(a,b) = (d)$ を得る．

(2) ($\Rightarrow$) $a\mathbb{Z} \cap b\mathbb{Z} = \ell\mathbb{Z}$ と仮定して，ℓ が a と b の最小公倍数であることを示す[156]．

[156] 定義 2.1.3
$\ell = \mathrm{lcm}(a,b)$
$\Updownarrow$
(i) $a \mid \ell, b \mid \ell$,
(ii) $a \mid \ell', b \mid \ell'$
$\Rightarrow \ell \mid \ell'$.

(i) $a \mid \ell,\ b \mid \ell$ であることを示す．これは次のようである．

$$\ell \in \ell\mathbb{Z} = a\mathbb{Z} \cap b\mathbb{Z} \Rightarrow \ell \in a\mathbb{Z},\ \ell \in b\mathbb{Z} \Rightarrow a \mid \ell,\ b \mid \ell.$$

(ii) 「$a \mid \ell', b \mid \ell' \Rightarrow \ell \mid \ell'$」を示す．$a \mid \ell', b \mid \ell'$ と仮定する．すると，

$$a \mid \ell',\ b \mid \ell' \Rightarrow \ell' \in a\mathbb{Z},\ \ell' \in b\mathbb{Z} \Rightarrow \ell' \in a\mathbb{Z} \cap b\mathbb{Z} = \ell\mathbb{Z} \Rightarrow \ell \mid \ell'.$$

すると，定義 2.1.3 より ℓ は a と b の最小公倍数である．

($\Leftarrow$) 逆に，ℓ が a,b の最小公倍数であると仮定する．ℓ は a,b の公倍数であるから $\ell \in (a), \ell \in (b)$ である．したがって，$(\ell) \subset (a), (\ell) \subset (b)$ であるから $(\ell) \subset (a) \cap (b)$ を得る．

一方，$c \in (a) \cap (b)$ とする．$c \in (a)$ であるから $a \mid c$，また $c \in (b)$ であるから $b \mid c$ である．すると，最小公倍数の定義 2.1.3 より $\ell \mid c$ が成り立つ．よって，$c \in (\ell)$ を得る．ゆえに，$(a) \cap (b) \subset (\ell)$ である．以上より，$(a) \cap (b) = (\ell)$ が示された． □

次の定理の証明において，計算の簡単のため剰余環 $\mathbb{Z}_p = \mathbb{Z}/(p)$ の元を，$\bar{a} = a + (p)$ と表す．このとき，$\mathbb{Z}/(p)$ の零元は $\bar{0} = 0 + (p) = (p)$ であるから[157]，

[157] 命題 3.2.9

$$\bar{a} = \bar{0} \iff a \in (p) = p\mathbb{Z}$$

であることに注意しよう[158].

[158] 命題 3.2.8

定理 4.3.4 整数環 $\mathbb{Z}$ において，次の五つの命題は同値である．
(1) p は素数である．
(2) $(p) = p\mathbb{Z}$ は素イデアルである．
(3) $(p) = p\mathbb{Z}$ は極大イデアルである．
(4) $\mathbb{Z}_p = \mathbb{Z}/(p)$ は整域である．
(5) $\mathbb{Z}_p = \mathbb{Z}/(p)$ は体である．

(証明) [159] (1) 定理 3.2.12 より (1),(4),(5) は同値である．また，定理 4.1.5 より (2) $\iff$ (4)，定理 4.1.6 より (3) $\iff$ (5)，命題 4.1.7 より (3) $\implies$ (2) であるから，(1) から (5) はすべて同値となる． □

[159] (1)$\implies$(5)$\implies$(3)
$\implies$(2)$\implies$(4)$\implies$(1)
となるので，(1) から (5) はすべて同値となる．

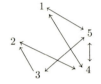

一般に極大イデアルは素イデアルであるから（命題 4.1.7），上でみたように，特に有理整数環 $\mathbb{Z}$ においては逆も成り立ち，素イデアルと極大イデアルは同値な概念である．また後で示すように，体 k 上の 1 変数の多項式環 $k[X]$ においても素イデアルと極大イデアルは一致する（定理 4.4.11）．しかし，一般の環においてこれは成り立たない．すなわち，素イデアルが必ずしも極大イデアルではない．次のような例がある．

例題 4.3.5 体 k 上の 2 変数の多項式環 $R = k[X,Y]$ において，イデアル $(X) = XR$ は素イデアルであるが極大イデアルではない．また，$(X,Y) = XR + YR$ は極大イデアルである．このことを以下で調べてみよう．ここで，

$$f(X,Y) \in (X) \iff f(0,Y) = 0$$

であることに注意する．すると，$k[X,Y]$ は整域であるから，

$$f(X,Y)g(X,Y) \in (X)$$
$$\iff f(0,Y)g(0,Y) = 0$$
$$\iff f(0,Y) = 0 \text{ または } g(0,Y) = 0$$
$$\iff f(X,Y) \in (X) \text{ または } g(X,Y) \in (X).$$

したがって，(X) は $k[X,Y]$ の素イデアルである．
また，
$$f(X,Y) \in (X,Y) \iff f(0,0) = 0$$
である．すると，(X,Y) に属さない多項式の定数項は 0 ではない．
(X,Y) を真に含む $k[X,Y]$ のイデアルを I とする．すなわち，$(X,Y) \subsetneq I$ とする．すると，

$$\begin{aligned}
(X,Y) \subsetneq I &\implies \exists f(X,Y) \in I, f(X,Y) \notin (X,Y) \\
&\implies f(X,Y) = a + f_1(X,Y), \\
&\qquad \exists f_1(X,Y) \in (X,Y), \exists a \in k, a \neq 0 \\
&\implies a = f(X,Y) - f_1(X,Y) \in I \\
&\implies a \in I \\
&\implies I = (1) = k[X,Y]\,^{160)}.
\end{aligned}$$

[160] 問 2.7，例題 3.1.7

これは，(X,Y) が $k[X,Y]$ の極大イデアルであることを示している．
$(X) \subsetneq (X,Y)$ であるから，(X) は素イデアルであるが極大イデアルではない．

命題 4.3.6 (1) 整数環 $\mathbb{Z}$ の素イデアルは (0) であるか，または素数 p により $(p) = p\mathbb{Z}$ と表される．すなわち，$\mathrm{Spec}(\mathbb{Z}) = \{(0)\} \cup \{(p) \mid p \text{ は素数}\}$．

(2) 整数環 $\mathbb{Z}$ において，(0) でないすべての素イデアルは極大イデアルである．すなわち，$\mathrm{Max}(\mathbb{Z}) = \mathrm{Spec}(\mathbb{Z}) \setminus \{(0)\}$．

（証明）(1) (0) は $\mathbb{Z}$ の素イデアルであるから，P を整数環 $\mathbb{Z}$ の零でない素イデアルとする．定理 4.3.1 より，$\mathbb{Z}$ は単項イデアル整域であるから，ある整数 $p \neq 0$ により $P = (p)$ と表される．すると，P が素イデアルであるから，定理 4.3.4 より，p は素数である．逆に p を素数としてイデアル (p) を考えると，同定理より，(p) は素イデアルである．

(2) 定理 4.3.4 より分かる． □

例題 4.3.7 整数環 $\mathbb{Z}$ 上の多項式環 $\mathbb{Z}[X]$ において，$(0), (3), (3, X)$ などは素イデアルである[161]．特に，$(3, X)$ は $\mathbb{Z}[X]$ の極大イデアルである[162]．

(1) (0) は $\mathbb{Z}[X]$ の素イデアルである．

[161] $(3) = 3\mathbb{Z}[X]$, $(3, X) = 3\mathbb{Z}[X] + X\mathbb{Z}[X]$.

[162] $(3, X)$ は単項イデアルではない．第 4 章練習問題 3

$$\mathbb{Z}:整域 \implies \mathbb{Z}[X]:整域 \quad (命題\ 2.2.3)$$
$$\iff (0):素イデアル \quad (命題\ 4.1.8).$$

(2) (3) は $\mathbb{Z}[X]$ の素イデアルである. $f(X) \notin (3), g(X) \notin (3)$ ならば $f(X)g(X) \notin (3)$ であることも容易に示されるが (その場合は命題 3.6.5 を使う), ここでは同型を使って証明しよう. 例 3.6.9 より,

$$\mathbb{Z}[X]/(3)\mathbb{Z}[X] \cong \mathbb{Z}_3[X]$$

なる同型がある. $\mathbb{Z}_3$ は体だから, $\mathbb{Z}_3[X]$ は整域となる[163]. ゆえに, 命題 4.1.5 より $(3) = 3\mathbb{Z}[X] = (3)\mathbb{Z}[X]$ は素イデアルである.

[163] 命題 2.2.3

(3) $(3, X)$ は $\mathbb{Z}[X]$ の極大イデアルである. I を $\mathbb{Z}[X]$ のイデアルとして, $(3, X) \subsetneq I$ と仮定する. すると, $f(X) \notin (3, X)$ をみたす $f(X) \in I$ が存在する. $f(X) = a_0 + a_1 X + a_2 X^2 + \cdots$ と表せば, $a_0 \not\equiv 1$ または $a_0 \not\equiv 2$ となる. $a_0 \equiv 1$ のとき, $a_0 = 3m+1, m \in \mathbb{Z}$ と表され, $f(X) = 1 + g(X), g(X) \in (3, X)$ となるので,

$$1 = f(X) - g(X) \in I.$$

したがって, $I = (1)$ である[164]. $a_0 \equiv 2$ のときも同様である. 以上より, $(3, X)$ は極大イデアルである.

[164] 命題 3.1.7

別証明として, 同型定理を使うと次のようにしてもよい.

$$\begin{aligned}\mathbb{Z}[X]/(3, X) &\cong \mathbb{Z}[X]/(3)/(3, X)/(3) \quad (第\ 3\ 同型定理\ 3.3.15)\\ &\cong \mathbb{Z}_3[X]/(X) \quad (例\ 3.6.9)\\ &\cong \mathbb{Z}_3.\end{aligned}$$

このとき, $\mathbb{Z}_3$ は体であるから, 命題 4.1.6 より $(3, X)$ は極大イデアルである. したがって, 素イデアルでもある[165].

[165] 命題 4.1.7

4.4 体 k 上 1 変数多項式環 $k[X]$ のイデアル

2.2 節において, 多項式環の性質をまとめたが, ここでは特に, 体 k 上の 1 変数多項式環 $k[X]$ のイデアルについて簡単な性質をまと

めておく．$k[X]$ は整数環 $\mathbb{Z}$ と類似の性質をもっている．これはどちらも「除法の定理」が成り立つこと，すなわち，ユークリッド整域という事実に由来している[166]．

[166] 定義 4.7.9

なお，最初に整数環の定理 4.3.1 と同様に次の定理が成り立つ．

定理 4.4.1 体 k 上の 1 変数の多項式環 $k[X]$ のイデアルはすべて単項イデアルである．すなわち，$k[X]$ は単項イデアル整域 (PID) である．

（証明）最初に，k は体であるから，命題 2.2.3 より $k[X]$ は整域である．よって，$k[X]$ のイデアルを I として，I が単項イデアルであることを示せばよい．

$I = (0)$ ならば，I は単項イデアルであるから，$I \neq (0)$ としてよい．I に属する多項式で次数最小の多項式を $f(X)$ とする．このとき，$I = (f(X)) = f(X)k[X]$ であることを示す．逆は明らかであるから，$I \subset (f(X))$ を示せばよい．そこで，$g(X)$ を I の零でない任意の多項式とする．$g(X)$ を $f(X)$ で割ると，除法の定理 2.2.8 [167] によってある多項式 $q(X), r(X) \in k[X]$ が存在して，

[167] 今の場合，定理 2.2.8 において $R = k$ は体である．ゆえに，$g(X)$ の最高次係数は単元である．

$$g(X) = q(X)f(X) + r(X),$$
$$r(X) = 0 \text{ または } \deg r(X) < \deg f(X)$$

と表される．すると，$g(X), f(X) \in I$ なので，

$$r(X) = g(X) - q(X)f(X) \in I.$$

ゆえに，$r(X) \in I$ となる．ここで，$r(X) \neq 0$ とすると，$\deg r(X) < \deg f(X)$ であるから，$f(X)$ の次数最小であることに矛盾する．したがって，$r(X) = 0$ でなければならない．すると，$g(X) = q(X)f(X) \in (f(X))$ となる．以上で，「$g(X) \in I \Rightarrow g(X) \in (f(X))$」を示した．すなわち，$I \subset (f(X))$ が示された． □

問 4.8 $k[X]$ を体 k 上の 1 変数の多項式環とする．$k[X]$ の任意のイデアルは，モニック多項式により生成される単項イデアルであることを確かめよ．

定義 4.4.2 $k[X]$ を体 k 上の多項式環で，$f(X), g(X), p(X), q(X) \in$

$k[X]$ とする. $f(X) = p(X)q(X)$ であるとき $f(X)$ は $p(X)$ で**割り切れる**, あるいは $p(X)$ は $f(X)$ の**因子** (factor, divisor) であると言い, このことを整数の場合と同様に記号で $p(X) \mid f(X)$ と表す[168]. $f(X)$ と $g(X)$ の共通の因子を **共通因子** (common factor) と言う. 多項式 $f(X)$ の最高次の係数が 1 のとき, $f(X)$ を**モニック多項式** (monic polynomial) と言う.

[168] X を省略して $P|f$ と表すこともある.

定義 4.4.3 $k[X]$ を体 k 上の多項式環で, $f(X), g(X) \in k[X]$ とする. このとき, 次の条件をみたす多項式 $d(X) \in k[X]$ を $f(X)$ と $g(X)$ の**最大公約多項式**, または**最大公約因子** (greatest common divisor) と言う.

 (i) $d(X)$ は $f(X)$ と $g(X)$ の共通因子である. すなわち, $d(X) \mid f(X)$ かつ $d(X) \mid g(X)$ が成り立つ.
 (ii) $h(X)$ が $f(X)$ と $g(X)$ の共通因子ならば, $h(X) \mid d(X)$ が成り立つ.
 (iii) $d(X)$ はモニック多項式である.

このとき, 整数の場合と同様に記号で $d(X) = \gcd(f(X), g(X))$ あるいは簡単に $d(X) = (f(X), g(X))$ と表すこともある[169]. 最大公約因子が 1 のとき $f(X)$ と $g(X)$ は**互いに素** (relatively prime) であると言い, $(f(X), g(X)) = 1$ と表す.

[169] 変数 X を省略して表現すると,
$$d = \gcd(f, g)$$
$$\Updownarrow$$
(i) $d \mid f, d \mid g$,
(ii) $h \mid f, h \mid g$
$\Rightarrow h \mid d$,
(iii) $d(X):$ モニック.

$f(X), g(X)$ を $k[X]$ の多項式とする. $g(X)$ が $f(X)$ で割り切れるということは, ある多項式 $q(X)$ があって $g(X) = f(X)q(X)$ ということであるから $g(X) \in (f(X))$ を意味している. すなわち,

$$f(X) \mid g(X) \iff (f(X)) \supset (g(X)).$$

また, $k \ni a \neq 0$ に対して,

$$f(X) = ag(X) \iff (f(X)) = (g(X))$$

が成り立つことが分かる. これらは整数環 $\mathbb{Z}$ においては, $a, b \in \mathbb{Z}$ として, それぞれ,

$$a \mid b \iff (a) \supset (b), \quad (a) = (b) \iff a = \pm b$$

ということに対応している[170].

[170] 命題 4.3.2

問 4.9 $f(X)$ と $g(X)$ の最大公約多項式は存在すれば唯一つであることを示せ.

整数環 $\mathbb{Z}$ において,命題 2.1.5 によれば,$(a,b) = d$, すなわち a と b の最大公約数を d とすると,ある整数 x, y が存在して,$d = ax + by$ が成り立つ. 多項式環 $k[X]$ において,これに対応するものとして次の定理が成り立つ.

命題 4.4.4 k を体として,$f(X), g(X) \in k[X]$ とする. このとき,モニック多項式 $d(X) \in k[X]$ に対して,次は同値である.
 (1) $f(X)$ と $g(X)$ の最大公約多項式は $d(X)$ である.
 (2) $(f(X), g(X)) = (d(X))$[171].

[171] $(f) + (g) = (d)$ を意味している.

(証明) (1) $\implies$ (2). $f(X)$ と $g(X)$ の最大公約多項式を $d(X)$ とする. $d(X)$ は $f(X)$ と $g(X)$ の共通因子であるから,$d(X) \mid f(X), d(X) \mid g(X)$ である.

$$\begin{aligned}
&d(X) \mid f(X), d(X) \mid g(X) \\
&\implies (f(X)) \subset (d(X)),\ (g(X)) \subset (d(X)) \\
&\implies (f(X), g(X)) = (f(X)) + (g(X)) \subset (d(X)) \\
&\implies (f(X), g(X)) \subset (d(X)). \quad \cdots\cdots (*)
\end{aligned}$$

次に,$k[X]$ は単項イデアル整域であるから[172],ある多項式 $d'(X) \in k[X]$ により $(f(X), g(X)) = (d'(X))$ と表される. すると,

[172] 定理 4.4.1

$$\begin{aligned}
&(f(X), g(X)) = (d'(X)) \\
&\implies f(X) \in (d'(X)), g(X) \in (d'(X)) \\
&\implies d'(X) \mid f(X),\ d'(X) \mid g(X) \\
&\implies d'(X) \mid d(X)^{173} \\
&\implies (d(X)) \subset (d'(X)) \\
&\implies (d(X)) \subset (f(X), g(X)). \quad \cdots\cdots (**)
\end{aligned}$$

[173] d は最大公約元.

したがって,$(*)$ と $(**)$ より,$(f(X), g(X)) = (d(X))$ が証明された.

(2) $\implies$ (1). $(f(X), g(X)) = (d(X))$ と仮定する.

$$(f(X), g(X)) = (d(X))$$
$$\implies (f(X)) \subset (d(X)),\ (g(X)) \subset (d(X))$$
$$\implies d(X) \mid f(X),\ d(X) \mid g(X).$$

ゆえに，$d(X)$ は $f(X)$ と $g(X)$ の共通因子である．次に，$d(X) \mid f(X),\ d(X) \mid g(X)$ と仮定する．

$$d'(X) \mid f(X), d'(X) \mid g(X)$$
$$\implies (f(X)) \subset (d'(X)),\ (g(X)) \subset (d'(X))$$
$$\implies (f(X), g(X)) = (f(X)) + (g(X)) \subset (d'(X))$$
$$\implies (d(X)) \subset (d'(X))$$
$$\implies d'(X) \mid d(X).$$

したがって，定義 4.4.2 により $f(X)$ と $g(X)$ の最大公約多項式は $d(X)$ である． □

定義 4.4.5 $k[X]$ を体 k 上の多項式環で，$f(X), g(X) \in k[X]$ とする．このとき，次の条件をみたす多項式 $\ell(X) \in k[X]$ を $f(X)$ と $g(X)$ の**最小公倍多項式** (least common multiple) と言う．$\ell(X) = \mathrm{lcm}\,(f(X), g(X))$ と表すこともある[174]．

(i) $\ell(X)$ は $f(X)$ と $g(X)$ で割り切れる．すなわち，$f(X) \mid \ell(X)$ かつ $g(X) \mid \ell(X)$ が成り立つ．

(ii) $h(X)$ が $f(X)$ と $g(X)$ で割り切れれば，$h(X)$ は $\ell(X)$ で割り切れる．

(iii) $\ell(X)$ はモニック多項式である．

[174] 変数 X を省略して表現すると，
$\ell = \mathrm{lcm}\,(f, g)$
$\Updownarrow$
(i) $f \mid \ell, g \mid \ell$,
(ii) $f \mid h, g \mid h$
$\Rightarrow \ell \mid h$,
(iii) $\ell(x)$: モニック.

最小公倍多項式についても，最大公約多項式と同様に次の命題が成り立つ．

命題 4.4.6 $k[X]$ を体 k 上の多項式環で，$f(X), g(X) \in k[X]$ とする．このとき，モニック多項式 $\ell(X) \in k[X]$ に対して，次は同値である．

(1) $\ell(X)$ は $f(X)$ と $g(X)$ の最小公倍多項式である．
(2) $(f(X)) \cap (g(X)) = (\ell(X))$.

(証明) (1) $\implies$ (2)．$f(X)$ と $g(X)$ の最小公倍多項式を $\ell(X)$ とする．$\ell(X)$ は $f(X)$ と $g(X)$ の公倍多項式であるから，$f(X) \mid$

$\ell(X), g(X) \mid \ell(X)$ である.

$$\begin{aligned}
f(X) \mid \ell(X), g(X) \mid \ell(X) & \\
\implies & (\ell(X)) \subset (f(X)),\ (\ell(X)) \subset (g(X)) \\
\implies & (f(X), g(X)) = (f(X)) + (g(X)) \subset (d(X)) \\
\implies & (\ell(X)) \subset (f(X)) \cap g(X)). \quad \cdots\cdots (*)
\end{aligned}$$

次に, $k[X]$ は単項イデアル整域であるから, ある多項式 $\ell'(X) \in k[X]$ により $(f(X)) \cap (g(X)) = (\ell'(X))$ と表される. すると,

$$\begin{aligned}
(f(X)) \cap (g(X)) = (\ell'(X)) & \\
\implies & \ell'(X) \in (f(X)), \ell'(X) \in (g(X)) \\
\implies & f(X) \mid \ell'(X),\ g(X) \mid \ell'(X) \\
\implies & \ell(X) \mid \ell'(X)^{175)} \\
\implies & (\ell'(X)) \subset (\ell(X)). \quad \cdots\cdots (**)
\end{aligned}$$

175) ℓ : 最小公倍元.

したがって, $(*)$ と $(**)$ より, $(f(X)) \cap (g(X)) = (\ell'(X)) = (\ell(X))$ が証明された.

(2) $\implies$ (1). $(f(X)) \cap (g(X)) = (\ell(X))$ と仮定する. このとき,

$$\begin{aligned}
\ell(X) \in (f(X)) \cap (g(X)) \implies & \ell(X) \in (f(X)),\ \ell(X) \in (g(X)) \\
\implies & f(X) \mid \ell(X),\ g(X) \mid \ell(X).
\end{aligned}$$

したがって, $\ell(X)$ は $f(X)$ と $g(X)$ の公倍多項式である.
次に, $f(X) \mid \ell'(X), g(X) \mid \ell'(X)$ とする.

$$\begin{aligned}
f(X) \mid \ell'(X), g(X) \mid \ell'(X) & \\
\implies & \ell'(X) \in (f(X)),\ \ell'(X) \in (g(X)) \\
\implies & \ell'(X) \in (f(X)) \cap (g(X)) = (\ell(X)) \\
\implies & (\ell'(X)) \subset (\ell(X)) \\
\implies & \ell(X) \mid \ell'(X).
\end{aligned}$$

以上より,「$f(X) \mid \ell'(X), g(X) \mid \ell'(X) \implies \ell(X) \mid \ell'(X)$」が示されたので, 定義 4.4.5 より $\ell(X)$ は $f(X)$ と $g(X)$ の最小公倍多項式である. □

整数環におけるユークリッドの補題, 命題 2.1.6 によれば, 整数環 $\mathbb{Z}$ の元 a, b, c について,

$$a \mid bc, \quad (a, b) = 1 \implies a \mid c$$

が成り立っていた. 多項式環 $k[X]$ において, これに対応しているのが次の定理である.

定理 4.4.7 (ユークリッドの補題, Euclid's Lemma) 体 k 上の 1 変数多項式環を $k[X]$ とし, 多項式 $f(X), g(X), h(X) \in k[X]$ について $\gcd(f(X), g(X)) = 1$ と仮定する. このとき, 次が成り立つ.

$$f(X) \mid g(X)h(X) \implies f(X) \mid h(X).$$

(証明) $\gcd(f(X), g(X)) = 1$ とすると, 命題 4.4.4 より, ある多項式 $\xi(X), \eta(X) \in k[X]$ が存在して,

$$f(X)\xi(X) + g(X)\eta(X) = 1$$

と表される. $h(X)$ を両辺に掛けると,

$$h(X)f(X)\xi(X) + h(X)g(X)\eta(X) = h(X).$$

この式と仮定 $f(X) \mid g(X)h(X)$ より, $f(X) \mid h(X)$ が得られる.

□

定義 4.4.8 $f(X)$ を次数が $n > 0$ の体 k 上の多項式とする. $f(X)$ が, 次数がともに 1 以上の二つの多項式の積に分解されるとき, $f(X)$ は **可約** (reducible) であると言い, そうでないとき **既約** (irreducible) であると言う. 既約な多項式を**既約多項式** (irreducible polynomial) と言う.

問 4.10 $k[X]$ を体 k 上の 1 変数の多項式環とする. $f(X), g(X) \in k[X]$ をモニック多項式とし, $f(X)$ は既約であると仮定する. このとき, 次が成り立つことを示せ.

$$g(X) \mid f(X) \implies g(X) = 1 \text{ または } g(X) = f(X).$$

問 4.11 $k[X]$ を体 k 上の 1 変数の多項式環とする. $f(X), g(X) \in k[X]$ とし, $f(X)$ は既約であると仮定する. このとき, 次が成り立つことを示せ.

$$f(X) \nmid g(X) \implies \gcd(f(X), g(X)) = 1^{176)}.$$

[176)] $f(X) \nmid g(X)$ は $g(X)$ が $f(X)$ で割り切れないことを表す.

命題 4.4.9 体 k 上の多項式 $f(X)$ と $g(X), h(X)$ について, $f(X)$ が既約ならば次が成り立つ.

$$f(X) \mid g(X)h(X) \implies f(X) \mid g(X) \text{ または } f(X) \mid h(X).$$

これは, $f(X)$ が既約多項式ならば, イデアル $(f(X))$ が多項式環 $k[X]$ の素イデアルであることを意味している[177)].

[177)] 定理 4.4.11

(証明) $f(X)$ は既約であるから, $f(X) \nmid g(X)$ と仮定すると, 問 4.11 より,

$$f(X) \nmid g(X) \implies \gcd(f(X), g(X)) = 1.$$

すると, 定理 4.4.7 (ユークリッドの補題) より,

$$f(X) \mid g(X)h(X) \implies f(X) \mid g(X). \qquad \square$$

定理 4.4.10 (1 意分解整域, UFD) 体 k 上の 1 変数多項式環 $k[X]$ は一意分解整域である. すなわち, 体 k 上の 1 変数の多項式は既約多項式の積として, 因子の順序と k の元の積を除いて一意的に分解される[178)].

[178)] 定理 2.1.9

(証明) はじめに, $k[X]$ は定理 2.2.3 より整域である. そこで, 多項式が既約多項式の積として因子の順序と k の元の積を除いて一意的に分解されることを, 多項式 $f(X)$ の次数 $\deg f(X) = n$ に関する帰納法によって示す.

(1) 任意の多項式が有限個の既約多項式の積に分解すること:

$\deg f(X) = n = 1$ のとき, $f(X) = aX + b$ $(a, b \in k, a \neq 0)$ でこれは既約多項式であるから問題はない.

$\deg f(X) = n > 1$ として, 次数が $n - 1$ までの多項式については定理が正しいと仮定する. $f(X)$ が既約多項式ならば問題はないので, 既約ではないと仮定する. このとき, $f(X)$ は次数がともに 1 以上の二つの多項式の積に分解する.

$$f(X) = f_1(X)f_2(X), \quad \exists f_i(X) \in k[X].$$

ところが，$1 \leq \deg f_i(X) < n$ であるから，帰納法の仮定によって各 $f_i(X)$ は有限個の既約多項式の積に分解する．したがって，$f(X)$ も有限個の既約多項式の積に分解する．

(2) 一意性：

$$\begin{aligned} f(X) &= p_1(X)p_2(X)\cdots p_r(X) \\ &= q_1(X)q_2(X)\cdots q_s(X) \quad (p_i(X), q_i(X) \text{ は既約多項式}) \end{aligned}$$

と 2 通りに表されたとする．はじめに，k の元を除いて $p_1(X)$ は $q_1(X),\ldots,q_s(X)$ の中のどれかに等しいことを示す．もし，$p_1(X) \neq q_1(X)$ とすれば，$p_1(X)$ と $q_1(X)$ は既約多項式であるから $(p_1(X), q_1(X)) = 1$ である[179]．したがって定理 4.4.7 より，

[179] 問 4.11

$$\begin{aligned} p_1(X) \mid f(X) &\iff p_1(X) \mid (q_1(X)\cdots q_s(X)) \\ &\implies p_1(X) \mid (q_2(X)\cdots q_s(X)). \end{aligned}$$

同様にして，$p_1(X) \neq q_2(X)$ のとき，$p_1(X) \mid (q_3(X)\cdots q_s(X))$ が得られる．こうして，$q_s(X)$ まで同様にしていけば，$q_1(X)$ から $q_s(X)$ の中にどれか必ず k の元との積を除いて $p_1(X)$ と等しいものがあることになる．

そこで，$p_1(X) = \epsilon_1 q_1(X)$ ($\epsilon_1 \in K$) としてよい．このとき，

$$f_1(X) = p_2(X)\cdots p_r(X) = \epsilon_1 q_2(X)\cdots q_s(X)$$

とおけば，$\deg f(X) > \deg f_1(X)$ であるから，帰納法の仮定によって $r = s$ で $p_2(X),\ldots,p_r(X)$ は並べかえれば $\epsilon_2 q_2(X),\ldots,\epsilon_r q_r(X)$ ($\epsilon_i \in k^\times$) となっている．以上によって，$p_1(X),\ldots,p_r(X)$ は並べかえれば k の元との積を除いて $q_1(X),\ldots,q_r(X)$ となることが証明された． □

整数環 $\mathbb{Z}$ における定理 4.3.4 に対応する定理が次の定理である．

定理 4.4.11 $k[X]$ を体 k 上の多項式環とし，$f(X) \in k[X]$ とするとき，次の五つの命題は同値である．

(1) $f(X)$ は既約多項式である．
(2) $(f(X)) = f(X)k[X]$ は素イデアルである．

(3) $(f(X)) = f(X)k[X]$ は極大イデアルである.
(4) $k[X]/(f(X))$ は整域である.
(5) $k[X]/(f(X))$ は体である.

(証明) 定理 4.1.5 より $(2) \Longleftrightarrow (4)$, 定理 4.1.6 より $(3) \Longleftrightarrow (5)$, 命題 4.1.7 より $(3) \Longrightarrow (2)$ であるから, $(1) \Rightarrow (5)$ と $(4) \Rightarrow (1)$ を示せば, (1) から (5) はすべて同値となる[180].

(i) $(1) \Rightarrow (5)$: $f(X) \in k[X]$ が既約ならば $k[X]/(f(X))$ が体であることを示す. $\overline{g(X)} \in k[X]/(f(X))$ で, $\overline{g(X)} \neq \overline{0}$ とする. $g(X) \notin (f(X))$ であるから[181], 問 4.11 より $(f(X), g(X)) = 1$ である. すると, 命題 4.4.4 によってある多項式 $f_1(X), g_1(X) \in k[X]$ があって,

$$f(X)f_1(X) + g(X)g_1(X) = 1$$

なる関係がある. これを剰余環 $k[X]/(f(X))$ で考えると,

$$\overline{f(X)} \cdot \overline{f_1(X)} + \overline{g(X)} \cdot \overline{g_1(X)} = \overline{1}.$$

ここで, $\overline{f(X)} = \overline{0}$ であるから $\overline{g(X)}\,\overline{g_1(X)} = \overline{1}$ を得る. したがって, $k[X]/(f(X))$ の $\overline{0}$ でない元 $\overline{g(X)}$ は逆元 $\overline{g_1(X)} \neq \overline{0}$ をもつ.

(ii) $(4) \Rightarrow (1)$: $k[X]/(f(X))$ が整域であると仮定する. $f(X)$ が既約でないと仮定すると, ある多項式 $f_1(X), f_2(X) \in k[X]$ が存在して,

$$f(X) = f_1(X)f_2(X), \ 0 < \deg f_i(X) < \deg f(X)$$

と分解される. この式を剰余環 $k[X]/(f(X))$ において考えると,

$$\overline{0} = \overline{f(X)} = \overline{f_1(X)} \cdot \overline{f_2(X)}.$$

このとき, $\overline{f_1(X)} \neq \overline{0}$ かつ $\overline{f_1(X)} \neq \overline{0}$ であるから[182],

$$\overline{f_1(X)} \cdot \overline{f_2(X)} = \overline{0}, \ \overline{f_1(X)} \neq \overline{0}, \ \overline{f_2(X)} \neq \overline{0}$$

と表され, これは $k[X]/(f(X))$ が整域であることに矛盾する (定義 1.2.4). したがって, $f(X)$ は既約多項式である. □

[180] $(1) \Longrightarrow (5) \Longrightarrow (3) \Longrightarrow (2) \Longrightarrow (4) \Longrightarrow (1)$ により, (1) から (5) はすべて同値になる.

[181] $\overline{g} = g + (f)$ であるから, $\overline{g} = \overline{0}$ $\Leftrightarrow g + (f) = (f)$ $\Leftrightarrow g \in (f)$. 系 3.2.3

[182] $\overline{f_1(x)} = \overline{0}$ $\Longleftrightarrow f_1(x) \in (f(x))$

定理 4.4.12（代入の原理，Substitution Principle） R を部分環とするような環を R' とし，α を R' の元とする．このとき，$R[X]$ の多項式 $f(X), g(X)$ について，次が成り立つ．
 (i) $f(X) + g(X) = \xi(X) \Longrightarrow f(\alpha) + g(\alpha) = \xi(\alpha)$,
 (ii) $f(X) \cdot g(X) = \eta(X) \Longrightarrow f(\alpha) \cdot g(\alpha) = \eta(\alpha)$.
 一般に，代入の原理は n 変数の多項式環に対しても成り立つ．1 変数の場合をもとにして帰納法で示すことができる．

（証明）ここでは 1 変数の場合のみ証明する．$f(X) = a_0 + a_1 X + \cdots + a_n X^n$, $g(X) = b_0 + b_1 X + \cdots + b_m X^m$ $(m \leq n)$ とする．
 (i) $f(X) + g(X) = \xi(X)$ とおけば，多項式の加法の定義より，

$$\begin{aligned}\xi(X) =& (a_0 + b_0) + (a_1 + b_1)X + \cdots + (a_m + b_m)X^m \\ & + a_{m+1}X^{m+1} + \cdots + a_n X^n.\end{aligned}$$

ゆえに，

$$\begin{aligned}\xi(\alpha) =& (a_0 + b_0) + (a_1 + b_1)\alpha + \cdots + (a_m + b_m)\alpha^m \\ & + a_{m+1}\alpha^{m+1} + \cdots + a_n \alpha^n \\ =& (a_0 + a_1\alpha + \cdots + a_n\alpha^n) + (b_0 + b_1\alpha + \cdots + b_m\alpha^m) \\ =& f(\alpha) + g(\alpha).\end{aligned}$$

 (ii) $f(X) \cdot g(X) = \eta(X)$ とおけば，多項式の乗法の定義より $\eta(X)$ は，

$$\eta(X) = \sum_{k=0}^{m+n} c_k X^k, \quad c_k = \sum_{i+j=k} a_i b_j.$$

と表せる．したがって，

$$\begin{aligned}f(\alpha)g(\alpha) &= \left(\sum a_i \alpha^i\right)\left(\sum b_j \alpha^j\right) \\ &= \sum_{i=0}^{n}\sum_{j=0}^{m} a_i b_j \alpha^{i+j} \\ &= \sum_{k=0}^{m+n} \left(\sum_{i+j=k} a_i b_j\right) \alpha^k \\ &= \sum_{k=0}^{m+n} c_k \alpha^k\end{aligned}$$

$$= \eta(\alpha).\qquad \square$$

命題 4.4.13 R を部分環とするような環を R' とし，α を R' の元とする．このとき，$\sigma: R[X] \longrightarrow R'$ を $\sigma(f(X)) = f(\alpha)$ により定まる代入写像とすると，σ は多項式環 $R[X]$ から R' への環準同型写像である．

さらに，この命題は n 変数の場合にも成り立つ．

(証明) $f(X), g(X) \in R[X]$ に対して，

$$\sigma(f(X) + g(X)) = \sigma(f(X)) + \sigma(g(X))$$
$$\sigma(f(X)g(X)) = \sigma(f(X))\sigma(g(X))$$
$$\sigma(1) = 1$$

が成り立つことを示せば，σ は $R[X]$ から R' への環準同型写像となる．これは次のように示される．$f(X) + g(X) = \xi(X)$，$f(X)g(X) = \eta(X)$ とおく．このとき，定理 4.4.12 (代入の原理) より，

$$\begin{aligned}
\sigma(f(X) + g(X)) &= \sigma(\xi(X)) \\
&= \xi(\alpha) \\
&= f(\alpha) + g(\alpha) \text{ [183]} \\
&= \sigma(f(X)) + \sigma(g(X)), \\
\sigma(f(X)g(X)) &= \sigma(\eta(X)) \\
&= \eta(\alpha) \\
&= f(\alpha)g(\alpha) \text{ [184]} \\
&= \sigma(f(X))\sigma(g(X)).
\end{aligned}$$

[183] 代入の原理．
[184] 代入の原理．

最後に $\sigma(1) = 1$ は明らかである．$\qquad \square$

命題 4.4.14 R を整域として，$a, b \in R$ とする．このとき，次の同型，

$$R[X, Y]/(X - a, Y - b) \cong R$$

が成り立つ．したがって，$(X - a, Y - b)$ は $R[X, Y]$ の素イデアルである．R が体ならば，極大イデアルである．

(証明) $\sigma(f(X, Y)) = f(a, b)$ によって定まる環 R 上の多項式環 $R[X, Y]$ から環 R への代入写像 $\sigma: R[X, Y] \longrightarrow R$ を考える．命

題 4.4.13 より，σ は準同型写像であり，特に全射であることは明らかである．$\mathrm{Ker}\,\sigma = (X-a, Y-b)$ であることを示せば，第 1 同型定理 3.3.14 より求める同型が得られる．逆の包含関係は明らかなので，$\mathrm{Ker}\,\sigma \subset (X-a, Y-b)$ を示せば十分である．

$f(X,Y) \in \mathrm{Ker}\,\sigma$ として $f(X,Y)$ を $R[X]$ 係数の Y に関する多項式と考える．すなわち，$f(X,Y) \in R[X,Y] = R[X][Y]$ である．このとき，$f(X,Y)$ を多項式 $Y-b$ で割ると，除法の定理（定理 2.2.8 参照）により，ある多項式 $q(X,Y) \in R[X,Y], r(X,Y) \in R[X,Y]$ が存在して，

$$f(X,Y) = q(X,Y)(Y-b) + r(X,Y) \qquad (*)$$

と表される．ただし，$r(X,Y)$ の Y に関する次数は $Y-b$ より小さいから，$r(X,Y)$ は変数 Y は含まない．ゆえに，$r(X,Y) = r(X) \in R[X]$ と書くことができる．そこで，$(*)$ 式における X, Y に a, b を代入すると，$f(a,b) = 0$ であるから，$r(a) = 0$ となる．すると，1 変数の場合の因数定理（命題 2.2.9）により，$r(X) = q_1(X)(X-a), q_1(X) \in R[X]$ と表せる．したがって，

$$f(X,Y) = q(X,Y)(Y-b) + q_1(X)(X-a) \in (X-a, Y-b).$$

以上より，$f(X,Y) \in (X-a, Y-b)$ であることが示された． □

問 4.12 R を整域とする．次の同型を証明せよ．
(i) $R[X,Y]/(Y) \cong R[X]$，ゆえに，(Y) は $R[X,Y]$ の素イデアルである．
(ii) $R[X,Y]/(X,Y) \cong R$．ゆえに，(X,Y) は $R[X,Y]$ の素イデアルである．さらに R が体ならば，(X,Y) は $R[X,Y]$ の極大イデアルである．
(iii) $R[X,Y,Z]/(X,Y) \cong R[Z]$．ゆえに，$(X,Y)$ は $R[X,Y,Z]$ の素イデアルである．

問 4.13 体 k 上の n 変数多項式環 $k[X_1, X_2, \ldots, X_n]$ において，次の昇鎖における各イデアルは素イデアルであることを示せ．また，最後のイデアル $(X_1, X_2, \ldots, X_n)$ は極大イデアルである．

$$(0) \subset (X_1) \subset (X_1, X_2) \subset \cdots \subset (X_1, X_2, \ldots, X_n).$$

例題 4.4.15 $k[X,Y,Z]$ を体 k 上の 3 変数の多項式環とし，$k[T]$ を体 k 上の 1 変数の多項式環とする．$\sigma: k[X,Y,Z] \longrightarrow k[T]$ を

代入 $\sigma(X) = T^3, \sigma(Y) = T^4, \sigma(X) = T^5$ によって定まる環準同型写像とする．このとき，準同型写像 σ の核は，

$$\mathrm{Ker}\,\sigma = (Y^2 - XZ, Z^2 - X^2Y, YZ - X^3)$$

と表され，さらにこれは素イデアルであることが次のようにして分かる．

$f_1(X,Y,Z) = Y^2 - XZ$, $f_2(X,Y,Z) = Z^2 - X^2Y$,
$f_3(X,Y,Z) = YZ - X^3$ とおく．

(1) (i) $\mathrm{Ker}\,\sigma \supset (f_1, f_2, f_3)$ であること：
$\sigma(f_1(X,Y,Z)) = \sigma(Y^2 - XZ) = \sigma(Y)^2 - \sigma(X)\sigma(Z) = (T^4)^2 - T^3 \cdot T^5 = 0$. 同様にして，$\sigma(f_2(X,Y,Z)) = 0, \sigma(f_3(X,Y,Z)) = 0$ であることも分かる．

(ii) $\mathrm{Ker}\,\sigma \subset (f_1, f_2, f_3)$ であること：
はじめに，$P = (Y^2 - XZ, Z^2 - X^2Y, YZ - X^3)$ とおく．このとき，

$$Y^2 \equiv XZ, \quad Z^2 \equiv X^2Y, \quad YZ \equiv X^3 \pmod{P}.$$

すると，任意の多項式 $g \in k[X,Y,Z]$ は帰納法によって，

$$g(X,Y,Z) \equiv g_0(X) + g_1(X)Y + g_2(X)Z \pmod{P} \quad (*)$$

と表すことができる[185]．$g(X,Y,Z) \in \mathrm{Ker}\,\sigma$ とすると，この表現を用いて，

$$\begin{aligned} 0 = \sigma(g) &= \sigma\bigl(g_0(X) + g_1(X)Y + g_2(X)Z\bigr) \\ &= g_0(\sigma(X)) + g_1(\sigma(X))\sigma(Y) + g_2(\sigma(X))\sigma(Z) \\ &= g_0(T^3) + g_1(T^3)T^4 + g_2(T^3)T^5. \end{aligned}$$

ここで，$g_0(T^3)$ と $g_1(T^3)T^4$, $g_2(T^3)T^5$ に現れる項の T のベキは 3 を法として，0, 1, 2 と異なるので，等しい項は現れない．ゆえに，$\sigma(g(X,Y,Z)) = 0$ より，$g_0 = g_1 = g_2 = 0$ となる．すると，$(*)$ 式より，$g(X,Y,Z) \equiv 0 \pmod{P}$, すなわち，$g(X,Y,Z) \in P$ を得る．以上より，$\mathrm{Ker}\,\sigma \subset P$ が示された．

(2) $P = \mathrm{Ker}\,\sigma$ は素イデアルであること：
第 1 同型定理 3.3.14 より，

[185] I を法として，$g(X,Y,Z)$ は $k[X]$ 係数の Y と Z の 1 次式として表せる．

$$k[X,Y,Z]/\operatorname{Ker}\sigma \cong \operatorname{Im}\sigma \subset k[T].$$

ここで，$k[T]$ は整域であるから，$\operatorname{Im}\sigma$ も整域であり，ゆえに $k[X,Y,Z]/\operatorname{Ker}\sigma$ もそうである．したがって，定理 4.1.5 より $P = \operatorname{Ker}\sigma$ は素イデアルである． □

問 4.14 上の例題 4.4.15 において，任意の多項式 $g \in k[X,Y,Z]$ は帰納法によって (∗) 式のように表されることを証明せよ．

4.5 イデアルの根基とベキ零イデアル

本節ではイデアルの根基とベキ零イデアルの性質を調べる．これらの概念とその記号表記は環の性質を調べるときの推論において役に立つ．

定義 4.5.1 I を環 R のイデアルとするとき，I の**根基** (radical) $\sqrt{I}$ を次のように定義する．

$$\sqrt{I} := \{a \in R \mid \text{ある自然数 } n \text{ に対して } a^n \in I\}.$$

明らかに，$I \subset \sqrt{I}$ が成り立つ．次の命題により，これは環 R のイデアルになる．

命題 4.5.2 環 R のイデアル I の根基 $\sqrt{I}$ は R のイデアルである．

(証明) $I \subset \sqrt{I}$ であるから，$\sqrt{I} \neq \emptyset$ である．

(1) 「$a \in R, x \in \sqrt{I} \Rightarrow ax \in \sqrt{I}$」であること：

$$\begin{aligned}
x \in \sqrt{I} &\implies \exists n \in \mathbb{N}, x^n \in I \\
&\implies (ax)^n = a^n x^n \in I \\
&\implies ax \in \sqrt{I}.
\end{aligned}$$

(2) 「$x, y \in \sqrt{I} \Rightarrow x+y \in \sqrt{I}$」であること：
$x, y \in \sqrt{I}$ ならば，ある整数 $r, s \in \mathbb{N}$ が存在して，$x^r \in I, y^s \in I$ となる．そこで，$(x+y)^{r+s}$ の 2 項展開を考えると，

$$(x+y)^{r+s} = \sum_{i+j=r+s} \binom{r+s}{i} x^i y^j.$$

ここで, 各項 $x^i y^j$ について, $i \geq r$ または $j \geq s$ が成り立つ. なぜなら, $i < r$ かつ $j < s$ とすると, $i+j < r+s$ となり, $i+j = r+s$ に矛盾するからである. すると, $i \geq r$ ならば $x^i \in I$, また $j \geq s$ ならば $y^j \in I$ であるから, 上記 2 項展開式のどの項 $x^i y^j$ についても, $x^i y^j \in I$ となるので, $(x+y)^{r+s} \in I$ を得る. すなわち, $x+y \in \sqrt{I}$ を得る.

以上 (i),(ii) より, $\sqrt{I}$ は R のイデアルである. □

問 4.15
(1) 整数環 $\mathbb{Z}$ において, 次のイデアルの根基を求めよ[186]. [186] 例 4.5.16
　(a) $\sqrt{(2^3)}$, 　(b) $\sqrt{(5^7)}$, 　(c) $\sqrt{(p^n)}$, p は素数,
　(d) $\sqrt{(6)}$, 　(e) $\sqrt{(12)}$.
(2) 体 k 上の多項式環 $k[X]$ において次のイデアルの根基を求めよ.
　(a) $\sqrt{(X)}$, 　(b) $\sqrt{(X^3)}$,
　(c) $\sqrt{(X^2-1)}$, 　(d) $\sqrt{(X^3+X^2-5X+3)}$.

次にイデアルの根基をとる操作について次のような性質がある.

命題 4.5.3 環 R のイデアルを I, J とするとき次が成り立つ.
　(1) $I \subset \sqrt{I}$.
　(2) $I \subset J \implies \sqrt{I} \subset \sqrt{J}$.
　(3) $\sqrt{\sqrt{I}} = \sqrt{I}$.
　(4) $\sqrt{IJ} = \sqrt{I \cap J} = \sqrt{I} \cap \sqrt{J}$.
　(5) $\sqrt{I} = (1) \iff I = (1)$.
　(6) $\sqrt{I+J} = \sqrt{\sqrt{I}+\sqrt{J}}$.

(証明)
　(1) $I \subset \sqrt{I}$ を示す. $x \in I \Rightarrow x^1 \in I \Rightarrow x \in \sqrt{I}$.

　(2) $I \subset J$ とすると, $x \in \sqrt{I} \Rightarrow \exists n \in \mathbb{N}, x^n \in I \Rightarrow \exists n \in \mathbb{N}, x^n \in J \Rightarrow x \in \sqrt{J}$.

　(3) $\sqrt{\sqrt{I}} = \sqrt{I}$ を示す. (1) より, $I \subset \sqrt{I}$. さらに (1) より, $\sqrt{I} \subset \sqrt{\sqrt{I}}$ が成り立つ. このとき, 逆の包含関係 $\sqrt{I} \supset \sqrt{\sqrt{I}}$ が成り立つことが次のように示される.

$$x \in \sqrt{\sqrt{I}} \implies \exists n \in \mathbb{N},\ x^n \in \sqrt{I}$$
$$\implies \exists n \in \mathbb{N}, \exists m \in \mathbb{N},\ (x^n)^m \in I$$
$$\implies \exists \ell \in \mathbb{N},\ x^\ell \in I$$
$$\implies x \in \sqrt{I}.$$

(4) $\sqrt{IJ} = \sqrt{I \cap J} = \sqrt{I} \cap \sqrt{J}$ を示す.
(i) $IJ \subset I \cap J$ であるから $\sqrt{IJ} \subset \sqrt{I \cap J}$.
(ii) $I \cap J \subset I$ であるから $\sqrt{I \cap J} \subset \sqrt{I}$ である. 同様にして $\sqrt{I \cap J} \subset \sqrt{J}$ が得られ, $\sqrt{I \cap J} \subset \sqrt{I} \cap \sqrt{J}$ となる.
(iii) $\sqrt{I} \cap \sqrt{J} \subset \sqrt{IJ}$ が成り立つ.

$$x \in \sqrt{I} \cap \sqrt{J} \implies x \in \sqrt{I} \text{ かつ } x \in \sqrt{J}$$
$$\implies \exists n \in \mathbb{N}, x^n \in I, \text{ かつ } \exists m \in \mathbb{N}, x^m \in J$$
$$\implies x^{m+n} \in IJ$$
$$\implies x \in \sqrt{IJ}.$$

以上, (i),(ii),(iii) より $\sqrt{IJ} = \sqrt{I \cap J} = \sqrt{I} \cap \sqrt{J}$ が示された.

(5) $\sqrt{I} = (1) \Leftrightarrow I = (1)$ を示す.

$\sqrt{I} = (1) \Leftrightarrow 1 \in \sqrt{I} \Leftrightarrow \exists n > 0, 1 = 1^n \in I \Leftrightarrow I = (1)$[187].

[187] 命題 3.1.7

(6) $\sqrt{I+J} = \sqrt{\sqrt{I} + \sqrt{J}}$ を示す.
$I + J \subset \sqrt{I} + \sqrt{J}$ より, $\sqrt{I+J} \subset \sqrt{\sqrt{I} + \sqrt{J}}$ が成り立つ.
以下, 逆の包含関係 $\sqrt{I+J} \supset \sqrt{\sqrt{I} + \sqrt{J}}$ が成り立つことを示す.
$x \in \sqrt{\sqrt{I} + \sqrt{J}}$ とすると, ある $n > 0$ により $x^n = y + z, y \in \sqrt{I}, z \in \sqrt{J}$ と表される. このとき, ある $r > 0, s > 0$ により, $y^r \in I, z^s \in J$ となっている. そこで,

$$(x^n)^{r+s} = (y+z)^{r+s} = \sum_{i+j=r+s} \binom{r+s}{i} y^i z^j$$

を考える. このとき, $i \geq r$ であるか, または $j \geq s$ である. すなわち, 上記の和の各項において $y^i \in I$ であるかまたは $z^j \in J$ が成り立つ. したがって, $(x^n)^{r+s} \in I+J$ となり, $x \in \sqrt{I+J}$ が得られる. □

命題 4.5.4 I と P を環 R のイデアルとし，P は R の素イデアルとする．P が I を含むならば，P は I の根基 $\sqrt{I}$ も含んでいる．すなわち，
$$I \subset P \implies \sqrt{I} \subset P.$$

(証明) $x \in \sqrt{I}$ とすると，ある $n > 0$ により $x^n \in I$ となっている．ゆえに，仮定 $I \subset P$ より $x^n \in P$ である．ここで，P は素イデアルであるから，$x \in P$ となる．以上より，$\sqrt{I} \subset P$ が示された．□

命題 4.5.5 P を環 R の素イデアルとすると，$\sqrt{P^n} = P$ が成り立つ．特に，$\sqrt{P} = P$ である．

(証明) 前命題 4.5.4 より，P が素イデアルならば $P^m \subset P$ より $\sqrt{P^m} \subset P$ である．逆に，
$$x \in P \implies x^m \in P^m \implies x \in \sqrt{P^m}.$$
ゆえに，$P \subset \sqrt{P^m}$ が成り立つ．□

次の命題は命題 4.5.3,(4) より得られるが[188]，その有用性のためにここに独立させて命題としておく．

[188] $\sqrt{I \cap J} = \sqrt{I} \cap \sqrt{J}$

命題 4.5.6 $I_1, I_2, \ldots, I_r$ を R のイデアルとするとき，次が成り立つ．
$$\sqrt{I_1 \cap I_2 \cap \cdots \cap I_r} = \sqrt{I_1} \cap \sqrt{I_2} \cap \cdots \cap \sqrt{I_r}\,{}^{[189]}.$$

[189] $\sqrt{\cap I_i} = \cap \sqrt{I_i}$

(証明) 各 i について $I_1 \cap I_2 \cap \cdots \cap I_r \subset I_i$ であるから，$\sqrt{I_1 \cap I_2 \cap \cdots \cap I_r} \subset \sqrt{I_i}$ が成り立つ．ゆえに，
$$\sqrt{I_1 \cap I_2 \cap \cdots \cap I_r} \subset \sqrt{I_1} \cap \sqrt{I_2} \cap \cdots \sqrt{I_r}.$$
したがって，逆の包含関係を示せばよい．

$x \in \sqrt{I_1} \cap \sqrt{I_2} \cap \cdots \cap \sqrt{I_r}$ とすると，各 i についてある $n_i > 0$ により $x^{n_i} \in I_i$ である．$n = \max(n_1, \ldots, n_r)$ とおけば，$x^n \in I_1 \cap \cdots \cap I_r$ となる．ゆえに，$x \in \sqrt{I_1 \cap I_2 \cap \cdots \cap I_r}$ を得る．□

命題 4.5.7 I と J を環 R のイデアルとするとき，次が成り立つ．

$$\sqrt{I} + \sqrt{J} = (1) \iff I + J = (1).$$

(証明) ($\Rightarrow$) $\sqrt{I} + \sqrt{J} = (1)$ と仮定する．命題 4.5.3,(6) を使うと $\sqrt{I+J} = \sqrt{\sqrt{I}+\sqrt{J}} = \sqrt{(1)} = (1)$．ゆえに，$\sqrt{I+J} = (1)$ となる．すると，同命題 4.5.3,(5) より．$I + J = (1)$ を得る．

($\Leftarrow$) 逆に $I + J = (1)$ と仮定すると，

$$\begin{aligned}
I \subset \sqrt{I}, J \subset \sqrt{J} &\implies I + J \subset \sqrt{I} + \sqrt{J} \\
&\implies (1) \subset \sqrt{I} + \sqrt{J} \\
&\implies \sqrt{I} + \sqrt{J} = (1).
\end{aligned}$$
□

命題 4.5.8 $f : R \longrightarrow R'$ を全射である環準同型写像とし，I を環 R のイデアルとする．このとき，$\sqrt{I} \supset \operatorname{Ker} f$ ならば，$f(\sqrt{I}) = \sqrt{f(I)}$ が成り立つ．

(証明) f は全射であるから，命題 3.3.3 より，$f(I)$ は環 R' のイデアルである．このとき，$f(\sqrt{I}) = \sqrt{f(I)}$ を示す．

(i) $f(\sqrt{I}) \subset \sqrt{f(I)}$ であることを示す．

$$\begin{aligned}
y \in f(\sqrt{I}) &\implies y = f(x), \exists x \in \sqrt{I} \\
&\implies y = f(x), x^n \in I, \exists n \in \mathbb{N} \\
&\implies y^n = f(x)^n = f(x^n) \in f(I), \exists n \in \mathbb{N} \\
&\implies y^n \in f(I), \exists n \in \mathbb{N} \\
&\implies y \in \sqrt{f(I)}.
\end{aligned}$$

(ii) $f(\sqrt{I}) \supset \sqrt{f(I)}$ であることを示す．

$y \in \sqrt{f(I)}$ とする．$y \in R'$ で，f は全射であるから，ある元 $x \in R$ が存在して $y = f(x)$ と表される．すると，

$y \in \sqrt{f(I)}$

$$\begin{aligned}
&\implies y^n \in f(I), \exists n \in \mathbb{N} \\
&\implies f(x)^n = f(x^n) \in f(I), \exists n \in \mathbb{N} \\
&\implies f(x^n) = f(a), \exists a \in I, \exists n \in \mathbb{N} \\
&\implies f(x^n - a) = 0, \exists a \in I, \exists n \in \mathbb{N} \\
&\implies x^n - a \in \operatorname{Ker} f, \exists a \in I, \exists n \in \mathbb{N}
\end{aligned}$$

$$\begin{aligned}
&\implies x^n \in a + \operatorname{Ker} f \subset I + \operatorname{Ker} f \subset \sqrt{I}, \\
&\qquad \exists a \in I, \ \exists n \in \mathbb{N} \text{ (仮定より } \operatorname{Ker} f \subset \sqrt{I}, I \subset \sqrt{I}) \\
&\implies x^n \in \sqrt{I}, \ \exists n \in \mathbb{N} \\
&\implies x \in \sqrt{\sqrt{I}} = \sqrt{I} \quad (\text{命題 4.5.3,(3)}) \\
&\implies x \in \sqrt{I} \\
&\implies y = f(x) \in f(\sqrt{I}) \\
&\implies y \in f(\sqrt{I}).
\end{aligned}$$
□

命題 4.5.9 $f : R \longrightarrow R'$ を環準同型写像とし，I を環 R のイデアル，I' を環 R' のイデアルとする．このとき，次が成り立つ．
(1) $\sqrt{f^{-1}(I')} = f^{-1}(\sqrt{I'})$. すなわち，$\sqrt{(I')^c} = (\sqrt{I'})^c$.
(2) $\sqrt{I}R' \subset \sqrt{IR'}$, すなわち，$(\sqrt{I})^e \subset \sqrt{I^e}$.

ただし，$(I')^c$ は I' の R への縮約イデアルを表し，I^e は I の R' への拡大イデアルを表す（定義 3.6.1, 定義 3.6.2 を参照せよ）．

(証明) (1)

$$\begin{aligned}
x \in \sqrt{f^{-1}(I')} &\iff \exists n \in \mathbb{N}, \ x^n \in f^{-1}(I') \\
&\iff \exists n \in \mathbb{N}, \ f(x^n) \in I' \\
&\iff \exists n \in \mathbb{N}, \ f(x)^n \in I' \\
&\iff f(x) \in \sqrt{I'} \\
&\iff x \in f^{-1}(\sqrt{I'}).
\end{aligned}$$

(2) $\sqrt{I}R' = f(I)R'$ の生成系は $f(I)$ である．よって，$f(\sqrt{I}) \subset \sqrt{IR'} = \sqrt{f(I)R'}$ を示せばよい（問 3.4 参照）．$f(\sqrt{I})$ の元は $f(a), a \in \sqrt{I}$ と表されるが，

$$a \in \sqrt{I} \iff \exists n \in \mathbb{N}, a^n \in I.$$

すると，
$$f(a)^n = f(a^n) \in f(I) \subset f(I)R'.$$

ゆえに，$f(a) \in \sqrt{f(I)R'}$ を得る．以上より，$f(\sqrt{I}) \subset \sqrt{f(I)R'}$ が示された． □

定義 4.5.10 環 R の元 x は，ある整数 $n > 0$ に対して $x^n = 0$

となるとき，**ベキ零元** (nilpotent element) であると言う．R のすべてのベキ零元の集合を $\mathrm{nil}(R)$ で表す．

$$\mathrm{nil}(R) := \{x \in R \mid x^n = 0, \exists n \in \mathbb{N}\}.$$

$\mathrm{nil}(R)$ は次の命題 4.5.11 によって R のイデアルになる．このイデアルを環 R の**ベキ零根基** (nilpotent radical) と言う．

定義 4.5.1 の記号 $\sqrt{}$ を用いると，ベキ零根基は次のように表現される．

$$\mathrm{nil}(R) = \sqrt{(0)}.$$

このとき，明らかに $0 \in \mathrm{nil}(R)$ かつ $1 \notin \mathrm{nil}(R)$ である．

問 4.16 環 $\mathbb{Z}_{18}$ のベキ零根基 $\mathrm{nil}(\mathbb{Z}_{18})$ を求めよ．

命題 4.5.11 環 R のベキ零元の集合 $\mathrm{nil}(R)$ について，次が成り立つ．
 (1) $\mathrm{nil}(R)$ は R のイデアルである．
 (2) 剰余環 $R/\mathrm{nil}(R)$ は零と異なるベキ零元をもたない．

(証明) (1) $\mathrm{nil}(R) = \sqrt{(0)}$ であるから，これは命題 4.5.2 より R のイデアルである．
 (2) $\bar{x} = x + \mathrm{nil}(R) \in R/\mathrm{nil}(R)$ とする．

$$\bar{x} : \text{ベキ零元} \implies \bar{x} = \bar{0} \ (R/\mathrm{nil}(R) \text{ において})$$

を示せばよい．これは次のように示される．

$\bar{x}$: ベキ零元
$\implies \exists n \in \mathbb{N}, \ \bar{x}^n = \bar{0}$
$\implies \overline{x^n} = \bar{0}, \ \exists n \in \mathbb{N} \quad (R/\mathrm{nil}(R) \text{ において})$
$\implies x^n \in \mathrm{nil}(R), \ \exists n \in \mathbb{N}$
$\implies (n^n)^m = 0, \ \exists m \in \mathbb{N}, \ \exists n \in \mathbb{N}$
$\implies x^\ell = 0, \ \exists \ell \in \mathbb{N}$
$\implies x \in \mathrm{nil}(R)$

$$\implies \bar{x} = x + \mathrm{nil}(R) = \bar{0}. \qquad \square$$

定理 4.5.12 環 R のベキ零根基 $\mathrm{nil}(R)$ は R のすべての素イデアルの共通集合である．すなわち，

$$\mathrm{nil}(R) = \bigcap_{P \in \mathrm{Spec}(R)} P.$$

(証明) 右辺のイデアルを I とおく．すなわち，$I := \bigcap_{P \in \mathrm{Spec}(R)} P$ とおく．このとき，$\mathrm{nil}(R) = I$ を証明する．

(1) $\mathrm{nil}(R) \subset I$ であること：

$$\begin{aligned} x \in \mathrm{nil}(R) &\implies \exists n \in \mathbb{N},\ x^n = 0 \\ &\implies \exists n \in \mathbb{N}, x^n \in P,\ \forall P \in \mathrm{Spec}(R)^{190)} \\ &\implies x \in P,\ \forall P \in \mathrm{Spec}(R) \\ &\implies x \in \bigcap_{P \in \mathrm{Spec}(R)} P = I \\ &\implies x \in I. \end{aligned}$$

[190) 問 3.2. $0 \in P$.]

(2) $\mathrm{nil}(R) \supset I$ であること，すなわち，「$x \in I \Rightarrow x \in \mathrm{nil}(R)$」を示せばよい．この対偶をとり，

$$x \notin \mathrm{nil}(R) \implies x \notin I$$

を証明する．そこで，$x \notin \mathrm{nil}(R)$ と仮定する．このとき，次のようなイデアルの集合を考える．

$$\mathscr{A} := \{J \mid J は R のイデアル,\ x^n \notin J, \forall n \in \mathbb{N}\}.$$

$\mathscr{A}$ は空集合ではない．なぜなら，

$$x \notin \mathrm{nil}(R) \implies [x^n \neq 0,\ \forall n \in \mathbb{N}] \Rightarrow (0) \in \mathscr{A}$$

となるからである．$\mathscr{A}$ において包含関係による順序を考える．

(a) $\mathscr{A}$ は帰納的集合であることを示す．

$\mathscr{A}$ の任意の全順序部分集合を $\{J_\lambda\}_{\lambda \in \Lambda} \subset \mathscr{A}$ とする．命題 3.1.13 より，$J := \bigcup_{\lambda \in \Lambda} J_\lambda$ は環 R のイデアルであることが分かる．このとき，

$$J \in \mathscr{A}$$

である．すなわち，任意の $n \in \mathbb{N}$ に対して $x^n \notin J$ が成り立つ．な

ぜなら，ある $n \in \mathbb{N}$ に対して $x^n \in J$ とすると，ある $\lambda \in \Lambda$ が存在して $x^n \in J_\lambda$ となる．ところが，これは $J_\lambda \in \mathscr{A}$ であることに矛盾するからである．この J は明らかに $\{J_\lambda\}_{\lambda \in \Lambda}$ の上界である．

以上より，全順序部分集合 $\{J_\lambda\}_{\lambda \in \Lambda}$ は $\mathscr{A}$ において一つの上界をもつ．よって，$\mathscr{A}$ は帰納的順序集合である．すると，ツォルンの補題 (定理 4.1.10) より，$\mathscr{A}$ は極大元をもつ．その極大元の一つを P_0 とする．

P_0 は $P_0 \in \mathscr{A}$ であるから，任意の $n \in \mathbb{N}$ に対して $x^n \notin P_0$ という性質をもつ．特に，$x \notin P_0$ である．

(b) P_0 が環 R の素イデアルであることを示す．すなわち，$a, b \notin P_0$[191] ならば $ab \notin P_0$ であることを示す．$a, b \notin P_0$ と仮定すると，

[191] $a \notin P_0$ かつ $b \notin P_0$ の意味である．

$$\begin{aligned}
a, b \notin P_0 &\implies P_0 + (a) \supsetneq P_0, \ P_0 + (b) \supsetneq P_0 \\
&\implies P_0 + (a) \notin \mathscr{A}, \ P_0 + (b) \notin \mathscr{A} \\
&\quad (P_0 \text{ は } \mathscr{A} \text{ の極大元であるから}) \\
&\implies \exists m, n \in \mathbb{N}, \ x^m \in P_0 + (a), x^n \in P_0 + (b).
\end{aligned}$$

このとき，$x^m = p + ac \ (p \in P_0, c \in R), x^n = q + bd \ (q \in P_0, d \in R)$ と表せば，

$$x^{m+n} = pq + pbd + qac + abcd \in P_0 + (ab).$$

ここで，$pq + pbd + qac \in P_0$, $abcd \in (ab)$ であるから，$x^{m+n} \in P_0 + (ab)$ となる．すると，集合 $\mathscr{A}$ の定義より $P_0 + (ab) \notin \mathscr{A}$ である．ここで，$ab \in P_0$ とすると，$P_0 + (ab) = P_0 \in \mathscr{A}$ となり，矛盾である．したがって，$ab \notin P_0$ でなければならない．

以上より，$a, b \notin P_0 \implies ab \notin P_0$ であることが示されたので，P_0 は素イデアルである[192]．

[192] P_0 が素イデアルであるという証明は局所化という手法を用いるとより簡単に証明することができる．

(c) P_0 は R の素イデアルであり，$x \notin P_0$ であるから，$x \notin \bigcap_{P \in \mathrm{Spec}(R)} P$ となる．

以上より，

$$x \notin \mathrm{nil}(R) \implies x \notin \bigcap_{P \in \mathrm{Spec}(R)} P = I$$

を示した．したがって，(1) と (2) より $\mathrm{nil}(R) = I$ が証明された．□

定義 4.5.13 環 R のすべての極大イデアルの共通集合はイデアルであり，これをジャコブソン根基 (Jacobson radical) [193] と言い，$\mathrm{rad}(R)$ で表す．環 R のすべての極大イデアルの集合を $\mathrm{Max}(R)$ で表すと，ジャコブソン根基は次のように表される．

$$\mathrm{rad}(R) = \bigcap_{P \in \mathrm{Max}(R)} P.$$

このイデアルは次のような性質をもつ．

[193] Nathan Jacobson (1910-1999) ポーランドのワルシャワで生まれ，5 歳のときアメリカに移民．アラバマ大学を卒業し (1930 年)，プリンストン大学で学位を取得した (1934 年)．ジャコブソン根基のほかに，ジャコブソン・ブルバキの定理が有名である．弟子にクレイグ・ヒュネケ (Craig Huneke) がいる．

定理 4.5.14 環 R のジャコブソン根基 $\mathrm{rad}(R)$ は次のように特徴付けられる．

$$\mathrm{rad}(R) = \{x \in R \mid \forall y \in R,\ 1 - xy \in U(R)\}.$$

ただし，$U(R)$ は環 R の単元の全体である．

(証明) 上記右辺の集合を I として，$\mathrm{rad}(R) = I$ を証明する．

(1) $\mathrm{rad}(R) \subset I$ であることを示す．

$x \in \mathrm{rad}(R)$ とする．このとき，$x \notin I$ と仮定すると，ある元 $y \in R$ が存在して $1 - xy \notin U(R)$ となる．すると，系 4.1.12 より，

$$1 - xy \notin U(R) \implies \exists P \in \mathrm{Max}(R),\ 1 - xy \in P$$
$$\implies 1 \in P\,^{[194]}.$$

これは P が極大イデアルであることに矛盾する．したがって，$x \in I$ となり，$\mathrm{rad}(R) \subset I$ であることが示された．

[194] $x \in \mathrm{rad}(R)$
$\Rightarrow x \in P$
$\Rightarrow xy \in P$

(2) $\mathrm{rad}(R) \supset I$ であることを示す．

$x \notin \mathrm{rad}(R)$ と仮定する．すると，

$$x \notin \mathrm{rad}(R) \implies x \notin P,\ \exists P \in \mathrm{Max}(R)$$
$$\implies (P, x) = (1)$$
$$(\because P \subsetneq (P, x),\ P \text{ は極大イデアル})$$
$$\implies p + xy = 1,\ \exists p \in P,\ \exists y \in R$$
$$\implies 1 - xy = p \in P,\ \exists p \in P,\ \exists y \in R$$
$$\implies 1 - xy \in P,\ \exists y \in R$$
$$\implies 1 - xy \notin U(R),\ \exists y \in R\,^{[195]}$$

[195] $1 - xy \in P$
$\Rightarrow 1 - xy \notin U(R)$

$$\implies x \notin I. \quad (I \text{ の定義によって}) \qquad \square$$

以上で, $x \notin \mathrm{rad}(R) \Rightarrow x \notin I$ を示した. すなわち, $\mathrm{rad}(R) \supset I$ であることが示された. $\qquad \square$

定理 4.5.15 環 R のイデアルを I とする. このとき, イデアル I の根基 $\sqrt{I}$ は I を含んでいる R の素イデアルすべての共通集合である. すなわち,

$$\sqrt{I} = \bigcap_{I \subset P, P \in \mathrm{Spec}(R)} P.$$

(証明) はじめに標準全射 $\pi : R \longrightarrow R/I$ を用いると, 根基 $\sqrt{I}$ は,

$$\sqrt{I} = \pi^{-1}(\mathrm{nil}(R/I))$$

と表される. なぜなら, $x \in R$ に対して $\pi(x) = \bar{x} = x + I$ と表せば,

$$\begin{aligned}
x \in \sqrt{I} &\iff \exists n \in \mathbb{N}, x^n \in I \\
&\iff \exists n \in \mathbb{N}, \bar{x}^n = \bar{0} \quad (R/I \text{ において}) \\
&\iff \bar{x} \in \mathrm{nil}(R/I) \\
&\iff x \in \pi^{-1}(\mathrm{nil}(R/I)).
\end{aligned}$$

一方, 定理 4.5.12 より, ベキ零根基 $\mathrm{nil}(R/I)$ は R/I のすべての素イデアルの共通集合,

$$\mathrm{nil}(R/I) = \bigcap_{\overline{P} \in \mathrm{Spec}(R/I)} \overline{P}$$

として表される. ここで, 剰余環 R/I の素イデアルは I を含む R の素イデアルと 1 対 1 に対応 $(P/I \longleftrightarrow P)$ していることに注意しよう[196]. すると, 次のような計算ができる.

[196] 命題 3.3.11

$$\begin{aligned}
\sqrt{I} &= \pi^{-1}(\mathrm{nil}(R/I)) \\
&= \pi^{-1}(\bigcap_{\overline{P} \in \mathrm{Spec}(R/I)} \overline{P}) \\
&= \bigcap_{\overline{P} \in \mathrm{Spec}(R/I)} \pi^{-1}(\overline{P})
\end{aligned}$$

$$= \bigcap_{P \supset I,\ P \in \mathrm{Spec}(R)} P. \qquad \square$$

例 4.5.16 n を自然数とし，

$$n = p_1^{e_1} p_2^{e_2} \cdots p_r^{e_r} \quad (p_i \text{ は相異なる素数})$$

を素因数分解とする．このとき，例 3.4.4 において n により生成された単項イデアル $(n) = n\mathbb{Z}$ は $(n) = \bigcap_{i=1}^{r} (p_i^{e_i})$ と表されることをみた．$(p_i) + (p_j) = (1)\, (i \neq j)$ に注意すれば，その根基 $\sqrt{(n)}$ は次のようになる．

$$\begin{aligned}
\sqrt{(n)} &= \sqrt{(p_1^{e_1} p_2^{e_2} \cdots p_r^{e_r})} \\
&= \sqrt{(p_1^{e_1})(p_2^{e_2}) \cdots (p_r^{e_r})} \\
&= \sqrt{(p_1^{e_1}) \cap (p_2^{e_2}) \cap \cdots \cap (p_r^{e_r})} \quad (\text{命題 3.4.3}) \\
&= \sqrt{(p_1^{e_1})} \cap \sqrt{(p_2^{e_2})} \cap \cdots \cap \sqrt{(p_r^{e_r})} \quad (\text{命題 4.5.6}) \\
&= (p_1) \cap (p_2) \cap \cdots \cap (p_r). \quad (\text{命題 4.5.5})\ .
\end{aligned}$$

4.6 局所環

局所環という概念は代数幾何学に由来している．すなわち，代数多様体の点 P により定まる環で，その点の幾何学的状況を反映している．

定義 4.6.1 環 R が唯一つの極大イデアル P をもつとき，R を局所環 (local ring) と言う．このとき，R を極大イデアル P と組にして (R, P) は局所環であると言う．

たとえば，体のイデアルは (0) と $(1) = R$ だけであり（命題 3.1.8），ゆえに (0) は唯一つの極大イデアルである（命題 4.1.8）．したがって，体は (0) を極大イデアルとする局所環である．

命題 4.6.2 環 R のイデアルを $P \neq (1)$ とする．
(1) R が P を極大イデアルとしてもつ局所環ならば，P に属さ

ない元はすべて単元になり，逆もまた成り立つ．環 R の単元全体の集合を $U(R)$ で表すことにすれば，次のように表される[197]．

$$(R, P) : 局所環 \iff R \setminus P \subset U(R).$$
$$\iff [x \notin P \Longrightarrow x : R の単元].$$

[197)

(2) P を R の極大イデアルとするとき，$1 + P = \{1 + a \mid a \in P\}$ と表せば次が成り立つ．

$$(R, P) : 局所環 \iff 1 + P \subset U(R).$$

(証明) (1) 「$(R, P) :$ 局所環 $\Longrightarrow R \setminus P \subset U(R)$」を示す．

$x \notin U(R) \implies x : 非単元$
$\qquad \implies x \in $ ある極大イデアル （系 4.1.12 より）
$\qquad \implies x \in P.$ （極大イデアルは P だけ）

ゆえに，$x \notin P \Rightarrow x \in U(R)$ である．すなわち，$R \setminus P \subset U(R)$ が証明された．

「$R \setminus P \subset U(R) \implies (R, P) :$ 局所環」を示す．I を R の任意のイデアルとし，$I \neq (1)$ と仮定する．

$I \neq (1) \implies I$ のすべての元は非単元[198]
$\qquad \implies I \subset R \setminus U(R) \subset P$[199]
$\qquad \implies I \subset P.$

198) 命題 3.1.7

199) $R \setminus P \subset U(R)$
$\qquad \Updownarrow$
$R \setminus U(R) \subset P.$

$I \neq (1)$ をみたすすべてのイデアルは P に含まれる．すなわち，R の真のイデアルはすべて P に含まれる．したがって，P は R の唯一つの極大イデアルである．すなわち，(R, P) は局所環である．

(2) ($\Rightarrow$) R を局所環とし，P をその極大イデアルとする．$x \in P$ として元 $1 + x$ を考える．$1 + x$ が非単元とすると，系 4.1.12 より $1 + x$ は極大イデアル P に含まれる．ところが，$x \in P$ であるから，$1 \in P$ となるが，これは矛盾である．よって，$1 + x$ は単元である．すなわち，$1 + P \subset U(R)$ が示された．

($\Leftarrow$) 逆に，P を極大イデアルとして $1 + P \subset U(R)$ と仮定する．このとき，

$$\begin{aligned}
x \in R \setminus P &\implies (P, x) = (1)^{200)} \\
&\implies xy + p = 1, \exists y \in R, \exists p \in P \\
&\implies xy = 1 - p \in 1 + P \subset U(R) \\
&\implies xy \in U(R) \\
&\implies x \in U(R)^{201)}.
\end{aligned}$$

200) $(P, x) = P + xR$

201) xy：単元 $\Rightarrow x$：単元

以上で，「$x \in R \setminus P \Rightarrow x$：単元」，すなわち，$R \setminus P \subset U(R)$ を示した．すると，(1) より，R は P を極大イデアルとする局所環である． □

問 4.17 命題 4.6.2 において，「$R \setminus P \subset U(R) \iff R \setminus P = U(R)$」が成り立つことを確認せよ．

問 4.18 (R, P) を局所環とするとき，R のイデアル I に対して $(R/I, P/I)$ も局所環であることを示せ．

例題 4.6.3 $p \in \mathbb{N}$ を素数とする．イデアル $(p) = p\mathbb{Z}$ は $\mathbb{Z}$ の素イデアルである．このとき，次のような有理数体 $\mathbb{Q}$ の部分集合を考える．
$$\mathbb{Z}_{(p)} := \left\{ \frac{a}{b} \in \mathbb{Q} \mid a, b \in \mathbb{Z}, (p, b) = 1 \right\} \subset \mathbb{Q}.$$
このとき，
(1) $\mathbb{Z}_{(p)}$ は有理数体 $\mathbb{Q}$ の部分環であり，
(2) $\mathbb{Z}_{(p)}$ は $p\mathbb{Z}_{(p)}$ を極大イデアルとする局所環である．
$\mathbb{Z}_{(p)}$ を素イデアル (p) により**局所化** (localization) された局所環と言う．

(証明) (1) $\mathbb{Z}_{(p)}$ が $\mathbb{Q}$ の部分環であることを示すには，次の (i),(ii),(iii) を示せばよい（命題 1.2.9）．

(i) $x, y \in \mathbb{Z}_{(p)} \implies x - y \in \mathbb{Z}_{(p)}$,
(ii) $x, y \in \mathbb{Z}_{(p)} \implies xy \in \mathbb{Z}_{(p)}$,
(iii) $1 \in \mathbb{Z}_{(p)}$.

これは次のように示される．(i), (ii) については，

$$x, y \in \mathbb{Z}_{(p)} \implies x = \frac{a}{b}, y = \frac{c}{d}, \exists a, b, c, d \in \mathbb{Z},$$
$$(b, p) = 1, (d, p) = 1$$
$$\implies x - y = \frac{ad - bc}{bd}, \ xy = \frac{ac}{bd}, \ (bd, p) = 1$$
$$\implies x - y \in \mathbb{Z}_{(p)}, \ xy \in \mathbb{Z}_{(p)}.$$

さらに (iii) については,$1 = \frac{1}{1}$,$(p, 1) = 1$ であるから,$1 \in \mathbb{Z}_{(p)}$ が成り立つ.

(2) 環 $\mathbb{Z}_{(p)}$ において,
$$\frac{a}{b} \in \mathbb{Z}_{(p)} \iff (p, b) = 1$$
であることに注意しよう.すると,
$$\frac{a}{b} \in \mathbb{Q} \ \text{が} \ \mathbb{Z}_{(p)} \ \text{で単元} \iff (p, a) = 1, \ (p, b) = 1$$
が成り立つ.なぜなら,
$$\frac{a}{b} \in \mathbb{Q} : \mathbb{Z}_{(p)} \text{の単元} \implies \exists \frac{c}{d} \in \mathbb{Z}_{(p)}, \ \frac{a}{b}\frac{c}{d} = 1, \ (p, b) = 1$$
$$\implies ac = bd, \ (p, b) = 1, \ (p, d) = 1$$
$$\implies ac = bd, \ (p, bd) = 1$$
$$\implies (p, ac) = 1$$
$$\implies (p, a) = 1.$$

逆に,$(p, a) = 1$ とすると,$\frac{b}{a} \in \mathbb{Z}_{(p)}$ であり,$\frac{b}{a}\frac{a}{b} = 1$ が成り立つので,$\frac{a}{b}$ は $\mathbb{Z}_{(p)}$ で単元である.以上より,
$$U(\mathbb{Z}_{(p)}) = \left\{ \frac{a}{b} \in \mathbb{Z}_{(p)} \mid (p, a) = 1 \right\}$$
であることが分かる.ここで,p は素数であるから,
$$(p, a) \neq 1 \iff (p, a) = p \iff p \mid a.$$
であるから,
$$\mathbb{Z}_{(p)} \setminus U(\mathbb{Z}_{(p)}) = \left\{ \frac{a}{b} \in \mathbb{Z}_{(p)} \mid p \mid a \right\} = p\mathbb{Z}_{(p)}$$

となり，したがって $\mathbb{Z}_{(p)} \setminus U(\mathbb{Z}_{(p)}) = (p)\mathbb{Z}_{(p)}$ が成り立つ．すると，命題 4.6.2 より $\mathbb{Z}_{(p)}$ は極大イデアルを $(p)\mathbb{Z}_{(p)}$ とする局所環である．
□

4.7 1 意分解整域

本節では，以下 特に断らない限り R は整域を表すものとする．

定義 4.7.1 R を整域とする．R の元 a, b に対して，

$$a = b \cdot q$$

となるような元 $q \in R$ が存在するとき，a を b の**倍元** (multiple)，b を a の**約元** (divisor) と言い，$b \mid a$ と書く．またこのとき，a は b で**割り切れる** (divided) と言う．

定義 4.7.2 R を整域とする．R の単元（可逆元）でも 0 でもない元を a とする．

$$a = bc, \ b, c \in R \implies b \text{ または } c \text{ は } R \text{ の単元}$$

が成り立つとき，a を R の**既約元** (irreducible element) と言う．

また，R の元 b, c に対して，

$$a \mid bc \implies a \mid b \text{ または } a \mid c$$

が成り立つとき，a を R の**素元** (prime element) と言う．

問 4.19 体 k 上の多項式環 $k[X]$ において，多項式 $f(X)$ が $k[X]$ の既約多項式であることと，$k[X]$ の既約元であることは同値であることを確かめよ．

問 4.20 R を整域とし，p を R の元とするとき，次を確かめよ．
$$p : \text{素元} \iff (p) : \text{素イデアル}.$$

命題 4.7.3 R を整域とし，p を R の元とする．p が素元ならば，p は既約元である．

(証明) p を素元とし, $p = ab$ $(a, b \in R)$ とする. $p \mid p$ であるから $p \mid ab$ である. すると p は素元であるから, $p \mid a$ または $p \mid b$ である. $p \mid a$ とすると, $a = pa'$ $(a' \in R)$ と表される. これを上の式に代入すると, $p = pa'b$ となる. ゆえに,

$$p(1 - a'b) = 0.$$

R は整域であるから, $a'b = 1$ となり, b は単元である. $p \mid b$ の場合も同様にして a が単元であることが導かれる. よって, $p = ab$ $(a, b \in R)$ のとき, a または b は単元であることが示されたので, p は既約元である. □

命題 4.7.3 より素元は既約元である. しかし, 逆は一般には正しくない. たとえば, 環 $\mathbb{Z}[\sqrt{-5}]$ において $1 + \sqrt{-5}$ は既約元であるが素元ではない（練習問題 7 を参照せよ）.

問 4.21 有理整数環 $\mathbb{Z}$ と有理数体 $\mathbb{Q}$ の素元は何か.

問 4.22 k を体とする. 多項式環 $k[X]$ の素元は何か.

定義 4.7.4 整域 R の 0 と異なる任意の非単元 a について次が成り立つとき, R は **1 意分解整域** (unique factorization domain) または簡単に UFD であると言う.

(i) a は有限個の素元の積として表される.
(ii) $a = p_1 p_2 \cdots p_r = q_1 q_2 \cdots q_s$ (p_i, q_i は素元) と 2 通りに表されるなら, $r = s$ であり, 番号を適当に付け直すと p_i と q_i は単元を除いて一致する[202].

たとえば, 有理整数環 $\mathbb{Z}$ は定理 2.1.9 より一意分解整域である. また, 体 k 上の多項式環 $k[X]$ においては既約多項式と既約元は同義であり[203], 定理 4.4.11 より既約多項式と素元は同値な概念である. したがってこの場合, 既約多項式, 既約元, 素元はすべて同義である. したがって, 定理 4.4.10 において証明したことにより, 1 変数の多項式環 $k[X]$ は定義 4.7.4 により一意分解整域である.

以下の一連の命題は本書で例や問題解法において, 背景にある事実として用いることもあるので, 参考のために述べておいた. 証明

[202] $p_i = u_i q_i$, $\exists u_i \in U(R)$

[203] 問 4.19

は紙数の関係で割愛せざるをえなかったが，他書において参照されたい．

命題 4.7.5 R を一意分解整域 (UFD) とし，p を R の元とする．このとき，p が既約元ならば p は素元である．すなわち，一意分解整域においては既約元と素元は同値な概念である．

定義 4.7.6 整域 R の元を $a_1, \ldots, a_n$ とする．$a_1, \ldots, a_n$ をすべて割り切る R の元 d は $a_1, \ldots, a_n$ の**公約元** (common divisor) と呼ばれる．R の元 d が $a_1, \ldots, a_n$ の公約元でかつ $a_1, \ldots, a_n$ の任意の公約元 d' に対して，$d' \mid d$ が成り立つとき，d を $a_1, \ldots, a_n$ の**最大公約元** (greatest common divisor) と言う（整数環の定義 2.1.2 と多項式環の定義 4.4.3 を参照せよ）．

定理 4.7.7 R を一意分解整域とする．このとき，R の元 $a_1, a_2, \ldots, a_n$ の最大公約元がつねに存在する．

定理 4.7.8 R が一意分解整域ならば，$R[X]$ も一意分解整域である．ゆえに，帰納法により $R[X_1, \ldots, X_n]$ も一意分解整域である．特に，k が体であれば $k[X_1, \ldots, X_n]$ も一意分解整域である．

最後に本書では扱わなかったが，整数環 $\mathbb{Z}$ と 1 変数多項式環 $k[X]$ が一意分解整域であることの証明をみれば分かるように，これらの環はより一般的なユークリッド整域としてとらえることができる．

定義 4.7.9 R を整域とする．$R^\times$ で定義された負でない整数の値をとる関数 $\varphi : R^\times \longrightarrow \mathbb{N}$ で，次の条件を満足するものが存在するとき，R を**ユークリッド整域** (Euclidean domain) と言う[204]． [204] $R^\times = R \setminus \{0\}$

(i) $a \in R^\times$, $b \in R$ ならば，R の元 q, r が存在して，
$$b = aq + r, \ r = 0 \ \text{または} \ \varphi(r) < \varphi(a).$$

(ii) $a, b \in R$, $a \neq 0$, $b \neq 0 \implies \varphi(a) \leq \varphi(ab)$.

例として，有理整数環 $\mathbb{Z}$ の場合は，$a \in \mathbb{Z}$ に対して，$\varphi(a) = |a|$ として定義すれば，(i),(ii) をみたすことは容易に確かめられる．また，体 k 上の多項式環 $k[X]$ に対しても，$f(X) \in k[X]$ に対して $\varphi(f) = \deg f$ として定義すれば，(i),(ii) をみたすことは容易に確

かめられる．したがって，これまで言及してきたように有理整数環 $\mathbb{Z}$ と多項式環 $k[X]$ はユークリッド整域であることが分かる．これら両方に対応して成り立つ定理の証明はほぼ同じ推論で証明できることはこれまで見てきたとおりである．ユークリッド環であるものはこの他にも，ガウスの整数環 $\mathbb{Z}[i]$ などがある[205]．

[205] 第3章練習問題 10

第4章練習問題

1. $f(X) \in \mathbb{Q}[X]$ を有理数係数の既約多項式とする．$\alpha \in \mathbb{C}$ を $f(X)$ の根とする．このとき，任意の多項式 $g(X) \in \mathbb{Q}[X]$ に対して，X に α を代入する写像

$$\sigma : \mathbb{Q}[X] \longrightarrow \mathbb{C}, \quad g(X) \longmapsto g(\alpha)$$

は環準同型写像である．このとき，次を示せ．
   (1) $\operatorname{Ker} \sigma = (f(X))$．
   (2) $\operatorname{Im} \sigma = \{f(\alpha) \mid f(X) \in \mathbb{Q}[X]\}$[206] は体である．これは α と $\mathbb{Q}$ を含む $\mathbb{C}$ の最小の部分体である．

[206] $\operatorname{Im} \sigma = \mathbb{Q}[\alpha]$ と表される．

2. $\mathbb{Z}[X]$ において，次のことを示せ．
   (1) $(X+1), (X^2+1)$ は素イデアルである．
   (2) $(2, X^2+1)$ は素イデアルではない．
   (3) $(2, X+1)$ は極大イデアルである．

3. $(3, X)$ は $\mathbb{Z}[X]$ において極大イデアルであるが，単項イデアルではないことを証明せよ．

4. I を環 R のイデアルとする．このとき，次を示せ．
   I が極大イデアルである $\iff I$ に属さない任意の元 $x \in R$ に対して，ある元 $y \in R, z \in I$ が存在して $xy + z = 1$ をみたす．

5. 単項イデアル整域 R において，与えられた元 $a_1, \ldots, a_n$ の最大公約元が常に存在することを示せ．

6. ガウスの整数環 $\mathbb{Z}[i]$ は単項イデアル整域であることを証明せよ．

7. 環 $\mathbb{Z}[\sqrt{-5}] = \{a + b\sqrt{-5} \mid a, b \in \mathbb{Z}\}$ において，次を示せ．
   (1) $1 + \sqrt{-5}$ は $\mathbb{Z}[\sqrt{-5}]$ において既約元である．
   (2) $1 + \sqrt{-5}$ は $\mathbb{Z}[\sqrt{-5}]$ において素元ではない．

   したがって，環 $\mathbb{Z}[\sqrt{-5}]$ は 1 意分解整域ではない[207]．

[207] 命題 4.7.5

8. R が単項イデアル整域 (PID) であるとする．このとき，R の 0 でない単項イデアルの無限列，

$$(a_1) \subset (a_2) \subset \cdots \subset (a_i) \subset (a_{i+1}) \subset \cdots$$

が存在したとすると，ある番号 n があって $(a_n) = (a_{n+1}) = \cdots$ となることを示せ．

9. R を整域とし，$p \neq 0$ を R の非単元とする．このとき，次の条件を考える．
   (1) p は R の素元である．
   (2) p は R の既約元である．
   (3) $(p) = pR$ は R の極大イデアルである．

   これらの条件について，(1) $\Rightarrow$ (2), (3) $\Rightarrow$ (1) が成り立つことを証明せよ．さらに，R が単項イデアル整域 (PID) のときは，(2) $\Rightarrow$ (3) も成り立ち，(1),(2),(3) はすべて同値となることを示せ．

10. R が単項イデアル整域ならば，R は一意分解整域であることを証明せよ[208]．

[208] PID $\Rightarrow$ UFD

5 準素イデアル

　この章では素イデアルを一般化した準素イデアルの概念を定義する．準素イデアルによるイデアルの準素分解を考えると，代数幾何学への応用を含めて非常に実りある理論が展開できる．

5.1 準素イデアル

準素イデアルは整数環 $\mathbb{Z}$ における素イデアル $(p) = p\mathbb{Z}$ のベキのイデアル $(p)^n = (p^n)$ のもつ性質を，一般の環へ拡張した概念である．しかし，整数の場合とは異なり，これから定義する準素イデアルは有理整数環 $\mathbb{Z}$ における準素イデアルとは多くの面で異なる側面をもつ．

定義 5.1.1 環 R の真のイデアルを Q とする．$x, y \in R$ に対して，$xy \in Q$ かつ $y \notin Q$ ならば，x のある正のベキが Q に属するとき，Q は **準素イデアル** (primary ideal) であると言う．すなわち，

$$xy \in Q, \, y \notin Q \implies \exists n \in \mathbb{N}, \, x^n \in Q.$$

根基イデアルの記号を用いれば，次のように表現できる．

$$xy \in Q, \, y \notin Q \implies x \in \sqrt{Q}.$$

特に，素イデアルは準素イデアルであることに注意しよう．

また，準素イデアルの定義は剰余環のほうに移行して考えると，次のように表現される．

命題 5.1.2 環 R の真のイデアルを Q とする．このとき，次が成り立つ．

Q：準素イデアル $\iff$ R/Q のすべての零因子はベキ零元である．

（証明）$x, y \in R$ に対して，準素イデアルの定義を剰余環の言葉に置き換えれば，剰余環 R/Q においては次のようになる．

$$\bar{x}\bar{y} = \bar{0}, \, \bar{y} \neq \bar{0} \implies \exists n \in \mathbb{N}, \, \bar{x}^n = \bar{0}.$$

これは R/Q において $\bar{x}$ が零因子ならば，$\bar{x}$ がベキ零元であることを意味している． □

命題 5.1.3 Q が環 R の準素イデアルならば，その根基 $\sqrt{Q}$ は R の素イデアルである．さらに，P が R の素イデアルで $Q \subset P$ ならば $\sqrt{Q} \subset P$ が成り立つ[209]．

[209] これは後で定義される (定義 5.2.5) 術語を用いて表現すれば，$\sqrt{Q}$ は Q の極小素イデアルであると言うことができる．

(証明) (1) $\sqrt{Q}$ が素イデアルであることを示す. $xy \in \sqrt{Q}, y \notin \sqrt{Q}$ と仮定する. $xy \in \sqrt{Q}$ より, ある $m > 0$ に対して $(xy)^m \in Q$ となる. 一方, $y \notin \sqrt{Q}$ であるから, $y^m \notin Q$ である. すると, Q は準素イデアルであるから, $x^m y^m \in Q$ より, ある $n \in \mathbb{N}$ により, $(x^m)^n = x^{mn} \in Q$ となる. すなわち, $x \in \sqrt{Q}$ を得る.

(2) Q を含む素イデアルを P とする. このとき, 命題 4.5.4 を使えば, $Q \subset P$ より $\sqrt{Q} \subset P$ となる. □

定義 5.1.4 Q を準素イデアルとし, $P = \sqrt{Q}$ とおく. 命題 5.1.3 より P は素イデアルである. このとき, Q を素イデアル P に**属する準素イデアル**, または P **準素イデアル** (P-primary ideal) と言う. 逆に P のことを準素イデアル Q に**付随した素イデアル**, または簡単に, 準素イデアル Q の素イデアルと言う.

命題 5.1.5 P を環 R の素イデアルとし, Q を P 準素イデアルとする. このとき, $xy \in Q, y \notin P$ ならば, $x \in Q$ である. すなわち,

$$xy \in Q,\ y \notin P \implies x \in Q.$$

(証明) Q を P 準素イデアルとすれば, $P = \sqrt{Q}$ であるから, 準素イデアルの定義 5.1.1 より分かる. □

例題 5.1.6 整数環 $\mathbb{Z}$ における準素イデアルは (0) であるか, または p を素数として $(p^n), n \in \mathbb{N}$ という形をしているイデアルに限る. すなわち,

Q : 準素イデアル $\iff$ $Q = (0)$ または $Q = (p^n)$, $n \geq 1$, p は素数. ((p^n) は (p) 準素イデアル)

(証明) ($\Leftarrow$) (0) は $\mathbb{Z}$ の素イデアルであるから, 準素イデアルである. 次に p が素数ならば, (p^n) は準素イデアルであることを示す.

(i) $(p^n) = p^n \mathbb{Z} \subsetneq \mathbb{Z}$ であることは明らかである.

(ii) $ab \in (p^n)$, $b \notin (p^n) \Rightarrow \exists r \in \mathbb{N}$, $a^r \in (p^n)$ であることを示す.
$$ab \in (p^n), b \notin (p^n) \implies p^n \mid ab,\ p^n \nmid b$$
$$\implies p \mid a$$
$$\implies a^n \in (p^n).$$

以上, (i),(ii) より (p^n) は準素イデアルである.

($\Rightarrow$) $Q \neq (0)$ を $\mathbb{Z}$ の準素イデアルとする. $\mathbb{Z}$ は単項イデアル整域 (PID) であるから[210], $Q = (n), n \in \mathbb{N}$ と表される. 一方, Q は準素イデアルであるから, 命題 5.1.3 より $\sqrt{Q}$ は素イデアルである. すると, 素数 p により, $\sqrt{Q} = (p)$ と表される[211]. すなわち, $\sqrt{(n)} = (p)$ である. すると,

$$\begin{aligned}\sqrt{(n)} = (p) &\implies p \in \sqrt{(n)} \\ &\implies p^r \in (n), \exists r \in \mathbb{N} \\ &\implies n \mid p^r \\ &\implies n = p^s, 1 \le s \le r.\end{aligned}$$

したがって, $Q = (n) = (p^s)$ と表される. □

[210] 定理 4.3.1
[211] 定理 4.3.4

この例によれば, 整数環 $\mathbb{Z}$ のすべての準素イデアル Q はある素イデアル $P = (p)$ のベキで表される. すなわち, $Q = P^n = (p^n)$ である. しかし, 一般の環においては必ずしもこのように単純ではなく, より複雑である.

例題 5.1.7 準素イデアルが必ずしも素イデアルのベキではない例

体 k 上の 2 変数多項式環を $A = k[X,Y]$ として, A のイデアル $Q = (X, Y^2)$ を考える. このとき, Q は準素イデアルであるが, Q に付随した素イデアル $P = (X,Y)$ のベキにはならないことを示す. 剰余環 A/Q を考えると,

$$\begin{aligned}A/Q &= k[X,Y]/(X,Y^2) \\ &\cong (k[X,Y]/(X))/((X,Y^2)/(X))\,^{[212]} \\ &\cong k[Y]/(Y^2)\end{aligned}$$

[212] 第 3 同型定理 3.3.15

なる同型がある. すなわち, $A/Q \cong k[Y]/(Y^2)$ である. ここで, 剰余環 $k[Y]/(Y^2)$ の零因子は $\overline{Y} = Y + (Y^2)$ の倍元であることが分かる[213]. このとき, $\overline{Y}^2 = \overline{Y^2} = \overline{0}$ であるから, 剰余環 A/Q のすべての零因子はベキ零元になる. すると, 命題 5.1.2 より Q は準素イデアルとなる[214]. $P = \sqrt{Q}$ とおけば, P は R の素イデアルである.

[213] 問 5.1
[214] 例 5.1.19

一方, $P = \sqrt{Q} = \sqrt{(X,Y^2)} = (X,Y)$ であり, これは A の極大イデアルである[215]. そして,

[215] 命題 4.4.14

$$P^2 \subsetneq Q \subsetneq P$$
$$(X^2, XY, Y^2) \subsetneq (X, Y^2) \subsetneq (X, Y)$$

ゆえに，イデアル $Q = (X, Y^2)$ は P のベキではない．したがって，P 準素イデアルは必ずしも素イデアル P のベキではないことが分かる．

問 5.1 上の例において，次のことを確かめよ．
(1) $\sqrt{(X, Y^2)} = (X, Y)$ である．
(2) $k[Y]/(Y^2)$ の零因子はすべて $\overline{Y}$ の倍元になる．

例題 5.1.8 素イデアルのベキが準素イデアルではない例

体 k 上の 3 変数多項式環を $A = k[X, Y, Z]$ として，$I = (XY - Z^2)$ を A のイデアルとする．剰余環，

$$R = A/I = k[X, Y, Z]/(XY - Z^2) = k[x, y, z]$$

を考える．ただし，$x = X + I, y = Y + I, z = Z + I$ である．このとき，剰余環 R において，$xy = z^2$ である．

(1) R のイデアル $P = (x, z)$ は素イデアルである．なぜなら，$(X, Z) \supset (XY - Z^2) = I$ であるから，P は $P = (x, z) = (X + I, Z + I) = ((X, Z) + I)/I = (X, Z)/I$ と表される．ゆえに，第 3 同型定理 3.3.15 と問 4.12 より，

$$R/P = (k[X, Y, Z]/I)/((X, Z)/I) \cong k[X, Y, Z]/(X, Z) \cong k[Y].$$

したがって，$R/P \cong k[Y]$ であり，$k[Y]$ は整域であるから P は素イデアルとなる[216]．

(2) 次に，$\sqrt{P^2} = P$ であり[217]，

$$xy \in P^2 \text{ であるが，} x \notin P^2 \text{ かつ } y \notin P$$

となっていることが以下の (i), (ii), (iii) で示される．これは P^2 が準素イデアルではないことを示している．

(i) $xy = z^2 \in P^2$ である．
(ii) $x \notin P^2$ であること：$x \in P^2$ とすると，

[216] 定理 4.1.5
[217] 命題 4.5.5

$$x \in P^2 \implies x \in (x^2, xz, z^2) = (x,z)^2 = P^2$$
$$\implies X + I \in (X^2 + I, XZ + I, Z^2 + I)$$
$$\implies X \in (X^2, XZ, Z^2) + (XY - Z^2)$$
$$\implies \text{これは矛盾である}.$$

(iii) $y \notin P$ であること: $y \in P$ とすると,
$$y \in P \implies y \in (x, z)$$
$$\implies Y + I \in (X + I, Z + I)$$
$$\implies Y \in (X, Z) + (XY - Z^2)$$
$$\implies \text{これは矛盾である}. \qquad \square$$

例題 5.1.9 $\mathbb{Z}[X]$ を整数環 $\mathbb{Z}$ 上の多項式環とする. このとき, イデアル $(X^2, 2X)$ は準素イデアルではない.

(証明) $I := (X^2, 2X)$ とおく. 多項式 $X^2 + 2X$ を考えると, $X(X+2) \in I$ である. I に属している 1 次の多項式は $2X$ の整数倍であるから, $X \notin I$ である. また, 任意の自然数 n に対して, $(X+2)^n$ は定数項が 2^n であり, I の元はすべて X で割り切れるが, $(X+2)^n$ は X で割り切れない. すなわち, $X(X+2) \in I$ であるが, $X \notin I$ かつ $(X+2) \notin \sqrt{I}$ である. ゆえに, 定義 5.1.1 より I は準素イデアルではない. $\qquad \square$

命題 5.1.10 P を環 R の素イデアルとし, Q を P 準素イデアルとする. このとき, R のイデアル I と J に対して, 次が成り立つ.
$$IJ \subset Q, J \not\subset P \implies I \subset Q.$$

(証明) $J \not\subset P$ より, ある元 $y \in J$, $y \notin P$ が存在する. すると,
$$x \in I \implies xy \in IJ \subset Q$$
$$\implies xy \in Q$$
$$\implies x \in Q^{218)}.$$

[218) 命題 5.1.5]

以上より, 「$x \in I \Rightarrow x \in Q$」である. したがって, $I \subset Q$ が証明された. $\qquad \square$

命題 5.1.11 P を環 R の素イデアルとし，Q を P 準素イデアルとする．このとき，R の任意のイデアル I に対して，次が成り立つ．

$$I \not\subset P \implies Q : I = Q.$$

(証明) イデアル商の定義より，$I(Q:I) \subset Q$ であり[219]，仮定より $I \not\subset P$ であるから，命題 5.1.10 より，$(Q:I) \subset Q$ となる．一方，逆の包含関係 $(Q:I) \supset Q$ は明らかであるから，$(Q:I) = Q$ が成り立つ． □

[219] 命題 3.5.7

命題 5.1.12 I と J を環 R の真のイデアルとし，次の条件をみたしていると仮定する．

(i) $I \subset J$． (ii) $J \subset \sqrt{I}$ [220]． (iii) $xy \in I, x \notin I \implies y \in J$．
このとき，I は $\sqrt{I} = J$ をみたす準素イデアルである．すなわち，J は R の素イデアルであり，I は J 準素イデアルである．

[220] (i) と (ii) を合わせると $I \subset J \subset \sqrt{I}$．

(証明) (1) I が準素イデアルであることを示す．$xy \in I, x \notin I$ と仮定する．仮定 (ii) より $J \subset \sqrt{I}$ であるから，条件 (iii) より，

$$xy \in I, x \notin I \implies y \in \sqrt{I}$$

となる．すると定義 5.1.1 により，I は準素イデアルである．

(2) 次に，$J = \sqrt{I}$ を示す．条件 (ii) より $J \subset \sqrt{I}$ であるから，$J \supset \sqrt{I}$ を示せばよい．

$x \in \sqrt{I}$ とすると，ある $m \in \mathbb{N}$ により $x^m \in I$ となる．このとき，m をこのような性質をもつ最小の自然数とする．

$m = 1$ のとき， $x \in I \subset J \implies x \in J$
 ((i) より)
$m > 1$ のとき， $x^m \in I \implies xx^{m-1} \in I$
 (m の最小性より $x^{m-1} \notin I$, すると (iii) より)
 $\implies x \in J.$

以上より，「$x \in \sqrt{I} \Rightarrow x \in J$」が示されたので，$\sqrt{I} \subset J$ である．

(3) (1) より I は準素イデアルである．また，このとき命題 5.1.3 より $J = \sqrt{I}$ は素イデアルとなる．すると，定義 5.1.4 により I は

J 準素イデアルである. □

この命題 5.1.12 は次のような形でよく用いられる.

命題 5.1.13 $P \neq (1)$ と Q を環 R のイデアルとし, $P = \sqrt{Q}$ と仮定する. このとき,
$$xy \in Q, \; y \notin P \implies x \in Q$$
という条件をみたすならば,
  (1) P は R の素イデアルであり,
  (2) Q は P 準素イデアルである.

(証明) $I = Q, J = P$ とすれば, 前命題 5.1.12 の条件 $Q \subset P \subset \sqrt{Q}$ はみたされるので命題 5.1.13 の主張の結果が得られる. □

命題 5.1.14 P を環 R の素イデアルとする. $Q_1, Q_2, \ldots, Q_n$ が P 準素イデアルならば, $Q := Q_1 \cap Q_2 \cap \cdots \cap Q_n$ も P 準素イデアルである.

(証明) 各 Q_i はすべて P 準素イデアルであるから, $\sqrt{Q_i} = P$ である. すると, 命題 4.5.6 より,
$$\sqrt{Q} = \sqrt{\bigcap_{i=1}^{n} Q_i} = \bigcap_{i=1}^{n} \sqrt{Q_i} = \bigcap_{i=1}^{n} P = P$$
すなわち, $\sqrt{Q} = P$ である. そこで, $xy \in Q$ かつ $y \notin P$ と仮定する. すると, 各 $i\,(1 \leq i \leq n)$ について, Q_i は P 準素イデアルであるから,
$$xy \in Q_i, \; y \notin P \implies x \in Q_i.$$
i は任意であるから, $x \in Q_1 \cap \cdots \cap Q_n = Q$ を得る. 以上より, $P = \sqrt{Q}$ で,
$$xy \in Q, \; y \notin P \implies x \in Q$$
であるから, 命題 5.1.13 より, Q は P 準素イデアルである. □

命題 5.1.15 P を環 R の素イデアルとし, Q を P 準素イデアルとする. このとき, R の任意のイデアル I に対して次が成り立つ.

  (1) $I \not\subset Q \implies (Q : I)$ は P 準素イデアルである.

(2) $I \subset Q \implies (Q:I) = (1)$.

(証明) (1) $I \not\subset Q$ とする．明らかに，$Q \subset (Q:I)$ である．命題 5.1.13 を適用して，
  (a) $\sqrt{Q:I} = P$,
  (b) 「$xy \in (Q:I), y \notin P \implies x \in (Q:I)$」
を示せば，$(Q:I)$ は P 準素イデアルとなる．

(a) を示す．はじめに，$Q \subset (Q:I)$ が成り立つから

$$Q \subset (Q:I) \implies \sqrt{Q} \subset \sqrt{Q:I} \implies P \subset \sqrt{Q:I}\text{[221]}.$$

[221] 定義 5.1.4. Q は P 準素イデアルであるから，$\sqrt{Q} = P$ が成り立つ．

次に，逆の包含関係 $P \supset \sqrt{Q:I}$ を示す．

仮定 $I \not\subset Q$ より，$a \in I$ かつ $a \notin Q$ なる元 $a \in R$ が存在する．このとき，

$$\begin{aligned}
x \in \sqrt{Q:I} &\implies \exists n \in \mathbb{N},\ x^n \in (Q:I) \\
&\implies x^n I \subset Q \\
&\implies x^n a \in Q \quad (a \in I \text{ であるから}) \\
&\implies x^n \in \sqrt{Q} = P\ (a \notin Q,\ Q: P \text{ 準素イデアル}) \\
&\implies x \in P.
\end{aligned}$$

上の計算で，「$x \in \sqrt{Q:I} \implies x \in P$」を示した．すなわち，$\sqrt{Q:I} \subset P$ を示した．よって，前半と併せて $\sqrt{Q:I} = P$ が得られる．

(b) 「$xy \in (Q:I), y \notin P \implies x \in (Q:I)$」を示す．$xy \in (Q:I), y \notin P$ と仮定する．$xy \in (Q:I)$ より，任意の元 $a \in I$ に対して $axy \in Q$ である．すると，Q が P 準素イデアルであるから，もう一つの仮定 $y \notin P$ より，$ax \in Q$ となる．以上で，任意の元 $a \in I$ に対して $ax \in Q$ を示した．これは $xI \subset Q$ を意味している．したがって，$x \in Q:I$ である．
上の推論は次のように論理計算できる．

$$\begin{aligned}
xy \in (Q:I),\ y \notin P &\implies \forall a \in I,\ axy \in Q,\ y \notin P \\
&\implies \forall a \in I,\ ax \in Q \\
&\implies xI \subset Q \\
&\implies x \in Q:I.
\end{aligned}$$

(2) 「$I \subset Q \Rightarrow (Q:I) = (1)$」を示す．$I \subset Q$ と仮定する．こ

のとき, $(1) = R \subset Q$ であることが次のようにして分かる.

$$x \in R \implies xI \subset I \subset Q \implies xI \subset Q \implies x \in (Q:I).$$

ここで, x は任意であるから $R \subset (Q:I)$ が示された. ゆえに, $R = (Q:I)$ となる. □

次に, 準同型写像による準素イデアルの像と原像 (逆像) がどうなるかを考える. はじめに, 準素イデアルの像について調べる.

命題 5.1.16 $f : R \longrightarrow R'$ を全射である環準同型写像とする. P と Q を R のイデアルとし, Q は $\mathrm{Ker}\, f \subset Q$ をみたしていると仮定する. このとき, 次が成り立つ.

(1) Q は準素イデアルである $\iff f(Q)$ は準素イデアルである.
(2) Q は P 準素イデアルである $\iff f(Q)$ は $f(P)$ 準素イデアルである.

(証明) (1) f は全射であるから, 問 3.21 より, $R/Q \cong R'/f(Q)$ が成り立つ. すると, 命題 5.1.2 を使えば,

Q : 準素イデアル
$\iff [\bar{x} : 零因子 \implies \bar{x} : ベキ零元 \ (R/Q \text{ において})]$
$\iff [\bar{x}' : 零因子 \implies \bar{x}' : ベキ零元 \ (R'/f(Q) \text{ において})]$
$\iff f(Q) :$ 準素イデアル.

(2) はじめに, 「$\sqrt{Q} = P \iff \sqrt{f(Q)} = f(P)$」が成り立つことを示す.

($\implies$) を示す. $\mathrm{Ker}\, f \subset Q$ に注意する.

$$\sqrt{Q} = P \implies f(\sqrt{Q}) = f(P)$$
$$\implies \sqrt{f(Q)} = f(P). \quad (\text{命題 4.5.8})$$

($\impliedby$) を示す.

$$\sqrt{f(Q)} = f(P) \implies f^{-1}(\sqrt{f(Q)}) = f^{-1}f(P)$$
$$\implies \sqrt{f^{-1}f(Q)} = f^{-1}f(P) \quad (\text{命題 4.5.9})$$
$$\implies \sqrt{Q} = P. \quad\quad\quad (\text{定理 3.3.7})$$

このとき, (2) は今上で示したことと, (1) より,

$Q : P$ 準素イデアル
$\iff Q$：準素イデアル, $\sqrt{Q} = P$
$\iff f(Q)$：準素イデアル, $\sqrt{f(Q)} = f(P)$
$\iff f(Q) : f(P)$ 準素イデアル.

以上より，Q が P 準素イデアルであることと，$f(Q)$ が $f(P)$ 準素イデアルであることは同値であることが示された． □

次に準素イデアルの逆像について調べる．

問 5.2 I を環 R のイデアルとし，I を含んでいる R のイデアルを P, Q とする．このとき，次は同値であることを示せ．
(1) Q は P 準素イデアルである．
(2) 剰余環 R/I において，Q/I は P/I 準素イデアルである．

命題 5.1.17 $f : R \longrightarrow R'$ を環準同型写像とし，P' を R' の素イデアル，Q' を P' 準素イデアルとする．このとき，$f^{-1}(Q')$ は $f^{-1}(P')$ 準素イデアルである．

(証明) はじめに，$f^{-1}(Q') \neq R = (1)$ である．なぜなら，$f^{-1}(Q') = (1)$ とすると，

$$f^{-1}(Q') = (1_R) \implies 1_R \in f^{-1}(Q') \implies 1_{R'} = f(1) \in Q'$$

となり，Q' が準素イデアルであることに矛盾する．

次に，命題 4.5.9 より，$\sqrt{f^{-1}(Q')} = f^{-1}(\sqrt{Q'}) = f^{-1}(P')$ が成り立つ．そこで，

$$xy \in f^{-1}(Q'),\ y \notin f^{-1}(P') \implies x \in f^{-1}(Q')$$

を示せば，命題 5.1.13 より，$f^{-1}(Q)$ は $f^{-1}(P')$ 準素イデアルとなる．ここで，$y \notin f^{-1}(P')$ より $f(y) \notin P'$ であることに注意すれば，

$$\begin{aligned} xy \in f^{-1}(Q') &\implies f(xy) \in Q' \\ &\implies f(x)f(y) \in Q' \\ &\implies f(x) \in Q'\ ^{222)} \\ &\implies x \in f^{-1}(Q'). \end{aligned}$$

□

[222] $f(y) \notin P'$

次に，極大イデアルを用いた便利な準素イデアル判定法がある．

命題 5.1.18 I を環 R のイデアルとし，$I \neq R$ とする．このとき，次が成り立つ．
- (1) I の根基 $\sqrt{I}$ が極大イデアルならば，I は準素イデアルである．すなわち，$P = \sqrt{I}$ とおけば，I は P 準素イデアルである．
- (2) P を極大イデアルとして，ある自然数 n に対して $P^n \subset I$ ならば I は P 準素イデアルである．
- (3) P が極大イデアルならば，P^n $(n \in \mathbb{N})$ は P 準素イデアルである．

（証明）(1) $P = \sqrt{I}$ を極大イデアルとする．当然，$I \subset \sqrt{I} = P$ である．I が P 準素イデアルではないと仮定する．このとき，ある元 $b, c \in R$ が存在して，

$$bc \in I, \quad b \notin P, \quad c \notin I$$

が成り立つ．ここで，イデアル商 $(I : c)$ を考える．

$bc \in I$ より $b \in (I : c)$，また $b \notin P$ より $b \notin I$ である．ゆえに，$I \subsetneq (I : c)$．さらに，$c \notin I$ であるから $1 \notin (I : c)$，ゆえに $(I : c) \subsetneq R$ である．以上より，

$$I \subsetneq (I : c) \subsetneq R.$$

$(I : c) \neq (1)$ であるから，$(I : c)$ を含む極大イデアル P_1 が存在する[223]．ここで，$b \in (I : c) \subset P_1$ であるが，$b \notin P$ であるから，$P \neq P_1$ である．一方，$I \subset P_1$ より $P = \sqrt{I} \subset P_1$，ゆえに，$P \subsetneq P_1$ となる．これは，P が極大イデアルであることに矛盾する．以上より，I が P 準素イデアルでないと仮定して矛盾を得たのであるから，I は P 準素イデアルでなければならない．

[223] 定理 4.1.11

(2) P を極大イデアルとして，$P^n \subset I$ と仮定すると，

$$\begin{aligned}
P^n \subset I \subsetneq R &\implies \sqrt{P^n} \subset \sqrt{I} \subsetneq R \quad (\text{命題 4.5.3, (2) と (5)}) \\
&\implies P \subset \sqrt{I} \subsetneq R \quad (\text{命題 4.5.5}) \\
&\implies P = \sqrt{I}. \quad (P : \text{極大イデアル})
\end{aligned}$$

ゆえに，$P = \sqrt{I}$ が得られ，(1) より I は P 準素イデアルとなる．

(3) (2) より分かる． □

例題 5.1.19 例題 5.1.7 において，体 k 上の多項式環 $k[X,Y]$ のイデアルを $Q = (X, Y^2)$ と $P = (X,Y)$ とした．P は極大イデアルであり，$\sqrt{Q} = P$ であるから，上の命題 5.1.18 を使えば，ただちに Q が P 準素イデアルであることが分かる．

命題 5.1.20 P を環 R の素イデアルとし，Q を P 準素イデアルとする．このとき，元 $x \in R$ に対して次のことが成り立つ．
 (1) $x \in Q \implies (Q : x) = (1)$．
 (2) $x \notin Q \implies (Q : x)$ は P 準素イデアルである．
 (3) $x \notin P \implies (Q : x) = Q$．

（証明）(1) と (2) は命題 5.1.15 を，(3) は命題 5.1.11 を用いればよい． □

5.2 準素分解をもつイデアル

整数環 $\mathbb{Z}$ は単項イデアル整域（PID）であるから[224]，その任意のイデアル I はある自然数 n により $I = (n) = n\mathbb{Z}$ と表される．n の素因数分解を $n = p_1^{e_1} \cdots p_r^{e_r}$ とすると，例 3.4.4 においてみたように，

[224] 定理 4.3.1

$$(n) = (p_1^{e_1}) \cap (p_2^{e_2}) \cap \cdots \cap (p_r^{e_r})$$

と表される．ここで，各 $(p_i^{e_i})$ は (p_i) 準素イデアルである．すなわち，$\mathbb{Z}$ の任意のイデアルは準素イデアルの共通集合として表される．

以下において，一般の環 R において，R のイデアルを準素イデアルの共通集合として表すことを考える．

定義 5.2.1 環 R のイデアル I を有限個の準素イデアルの共通集合として表したものを I の**準素分解** (primary decomposition) と言う．すなわち，次のようである．

$$I = Q_1 \cap Q_2 \cap \cdots \cap Q_n, \quad Q_i \text{ は準素イデアル}.$$

各 Q_i をこの準素分解の**準素成分** (primary component) と言う．一般に，イデアル I に対してこのような準素分解が存在するとは限らない．イデアル I が準素分解をもつとき，I は**準素分解可能** (decomposable) であると言う．

上で見たように，整数環 $\mathbb{Z}$ の任意のイデアルは準素分解可能である．6.3 節において，R がネーター環ならば，R の任意のイデアルは準素分解可能であることを示す．

定義 5.2.2 準素分解 $I = Q_1 \cap Q_2 \cap \cdots \cap Q_n$ が次の条件をみたすとき，**正規分解** (normal decomposition)，または**無駄のない準素分解** (irredundant primary decomposition) と言う．
(i) 素イデアル $\sqrt{Q_1}, \sqrt{Q_2}, \ldots, \sqrt{Q_n}$ はすべて相異なる．
(ii) $Q_i \not\supset Q_1 \cap \cdots \cap \widehat{Q_i} \cap \cdots \cap Q_n$ $(1 \leq \forall i \leq n)$．
ただし，記号 $\widehat{Q_i}$ は準素成分 Q_i を除いていることを表す．

(ii) の条件は次のことを意味している．
$Q_i \supset Q_1 \cap \cdots \cap \widehat{Q_i} \cap \cdots \cap Q_n$ と仮定すると，

$$\begin{aligned} I &= Q_1 \cap \cdots \cap Q_i \cap \cdots \cap Q_n \\ &= (Q_1 \cap \cdots \cap \widehat{Q_i} \cap \cdots \cap Q_n) \cap Q_i \\ &= Q_1 \cap \cdots \cap \widehat{Q_i} \cap \cdots \cap Q_n. \end{aligned}$$

となり，I は $n-1$ 個の準素イデアル $Q_1, \ldots, \widehat{Q_i}, \ldots, Q_n$ の共通集合で表せてしまう．ゆえに，(ii) の条件は $Q_1, \ldots, Q_i, \ldots, Q_n$ のどの一つが欠けても I を準素分解として表現することはできない，すなわち，$I = Q_1 \cap Q_2 \cap \cdots \cap Q_n$ が最短の分解であることを意味している．

$I = Q_1 \cap Q_2 \cap \cdots \cap Q_n$ を準素分解とし，各 Q_i は P_i 準素イデアルとする．このとき，$P_1, P_2, \ldots, P_n$ の中であるものが同じになっていることが起こりうる $(P_i = P_j, i \neq j)$．そこで，

$$P := P_{i_1} = P_{i_2} = \cdots = P_{i_r}$$

と仮定し，

$$Q := Q_{i_1} \cap Q_{i_2} \cap \cdots \cap P_{i_r}$$

とおけば，命題 5.1.14 より Q は P 準素イデアルである．このとき，

$Q_{i_1} \cap Q_{i_2} \cap \cdots \cap Q_{i_r}$ を唯一つの Q により置き換えることができる．また，Q_i が残りの Q_j の共通集合を含むとき，それらはすべて省くことができる．以上より，次の命題が得られる．

命題 5.2.3 任意の準素分解は正規分解にすることができる．

(証明) すなわち，はじめに同じ素イデアルに属するすべての準素イデアルの共通集合をとり，それから余分な項を 1 個ずつ省略すればよい． □

定理 5.2.4 (一意性定理，Uniquness Theorem) I を R の準素分解可能なイデアルとし，$I = Q_1 \cap Q_2 \cap \cdots \cap Q_n$ をその正規分解とする．$P_i = \sqrt{Q_i}\ (1 \leq i \leq n)$ とおく．このとき，素イデアルの集合 $P_1, P_2, \ldots, P_n$ はイデアルの集合 $\sqrt{I:x}\ (x \in R)$ の中で素イデアルになる集合と一致する．すなわち，

$$\{P_1, P_2, \ldots, P_n\} = \{\sqrt{I:x} \in \mathrm{Spec}(R) \mid x \in R\}.$$

(証明) $x \in R$ について，命題 3.5.9,(1) より，

$$(I : x) = (\bigcap_{i=1}^n Q_i) : x = \bigcap_{i=1}^n (Q_i : x)$$

が成り立つ．すると，

$$\begin{aligned}
\sqrt{I:x} &= \sqrt{\bigcap_{i=1}^n (Q_i : x)} \\
&= \bigcap_{i=1}^n \sqrt{Q_i : x} \quad (\text{命題 4.5.6 より})\\
&\quad \Big(\text{命題 5.1.20 より } x \notin Q_j \Rightarrow \sqrt{Q_j : x} = P_j, \\
&\qquad\qquad x \in Q_j \Rightarrow \sqrt{Q_j : x} = (1)\Big) \\
&= \bigcap_{x \notin Q_j} P_j.
\end{aligned}$$

したがって，次の等式が得られた．

$$\sqrt{I:x} = \bigcap_{x \notin Q_j} P_j. \qquad (*)$$

この式を用いて，$\{P_1, \ldots, P_n\} = \{\sqrt{I:x} \in \mathrm{Spec}(R) \mid x \in R\}$ を示す．

(1) 最初に，$\{\sqrt{I:x} \in \mathrm{Spec}(R) \mid x \in R\} \subset \{P_1, P_2, \ldots, P_n\}$ であることを示す．
ある $x \in R$ に対して $\sqrt{I:x}$ が R の素イデアルであると仮定する．すると，等式 (∗) を使えば命題 4.2.2 より，次のようになる．

$$\sqrt{I:x} = \bigcap_{x \notin Q_j} P_j \implies \sqrt{I:x} = P_j, 1 \leq \exists j \leq n$$

(2) 次に，$\{\sqrt{I:x} \in \mathrm{Spec}(R) \mid x \in R\} \supset \{P_1, P_2, \ldots, P_n\}$ であることを示す．
$I = Q_1 \cap \cdots \cap Q_n$ は正規分解であるから，任意の $i\,(1 \leq i \leq n)$ に対して，

$$Q_i \not\supset Q_1 \cap \cdots \cap \widehat{Q_i} \cap \cdots \cap Q_n{}^{225)}$$

[225] $\widehat{Q_i}$ は Q_i を除くことを意味する．

が成り立つ．すると，各 i に対して，

$$x_i \notin Q_i, \quad x_i \in \bigcap_{j \neq i} Q_j$$

なる元 $x_i \in R$ が存在する．この x_i に対して式 (∗) を用いると，

$$\sqrt{I:x_i} = \bigcap_{x_i \notin Q_j} P_j = P_i$$

を得る．すなわち，任意の $i\,(1 \leq i \leq n)$ に対して，P_i は $x_i \notin Q_i, x_i \in \bigcap_{j \neq i} Q_j$ なる x_i が存在して $P_i = \sqrt{I:x_i}$ と表される．これより逆の包含関係が示された． □

(注意) $I = Q_1 \cap \cdots \cap Q_n$ を正規分解とする．各 Q_i は P_i 準素イデアルである．任意の $i\,(1 \leq i \leq n)$ に対して，$I_i = Q_1 \cap \cdots \cap \widehat{Q_i} \cap \cdots \cap Q_n$ とおく．上の分解は正規分解であるから，$Q_i \not\supset I_i$ である．このとき，次が成り立つ．

$$x_i \in I_i, x_i \notin Q_i \implies P_i = \sqrt{I:x_i}.$$

定義 5.2.5 I を環 R のイデアルとし，P を I を含んでいる素イデアルとする．$I \subset P' \subsetneq P$ をみたす素イデアル P' が存在しないとき，P は I の**極小素イデアル** (minimal prime ideal) であると言う．

定義 5.2.6 I を R の準素分解可能なイデアルとし，$I = Q_1 \cap Q_2 \cap \cdots \cap Q_n$ を I の正規分解とする．$P_i = \sqrt{Q_i}$ $(1 \leq i \leq n)$ とおく．このとき，定理 5.2.4 により素イデアルの集合 $P_1, P_2, \ldots, P_n$ は I の準素分解の仕方によらずイデアル I のみによって一意的に定まる．このとき，P_i を I の**素因子** (prime divisor)，あるいは P_i は I の**随伴素イデアル** (associated prime ideal) と言う．

I の素因子のうちで極小なものを**極小素因子** (minimal prime ideal)，または**孤立素因子** (isolated prime ideal) と言い，それ以外の素因子を**埋没素因子** (embedded prime ideal) あるいは**非孤立素因子**とも言う．

5.2 節の冒頭にあげた準素分解 $(n) = (p_1^{e_1}) \cap \cdots \cap (p_r^{e_r})$ は正規分解であり，$(p_1), \ldots, (p_r)$ はイデアル (n) の素因子である．さらに，これらはすべて (n) の極小素因子でもある．

命題 5.2.7 環 R のイデアル I が準素分解可能であるとする．このとき，I が準素イデアルであるための必要十分条件は，I の素因子が唯一つの P になることである．このとき，I は P 準素イデアルである．

(証明) 定義より分かる． □

例題 5.2.8 $A = k[X, Y]$ を体 k 上 2 変数の多項式環とする．A のイデアル $I = (X^2, XY)$ を考える．$P_1 = (X)$, $P_2 = (X, Y)$ とおけば，P_1 は A の素イデアルであり[226]，P_2 は A の極大イデアルである[227]．

[226] 問 4.12
[227] 命題 4.4.14

このとき，$I = P_1 \cap P_2^2$ は正規分解であり，I の素因子は $\{P_1, P_2\}$ である．I の素因子は二つなので，$\sqrt{I} = P_1$ であるが，I は準素イデアルではない．また，$P_1 \subset P_2$ であるから，P_1 は I の極小素因子であり，P_2 は埋没素因子である．以上のことを，以下において調べてみよう．

(1) $I = P_1 \cap P_2^2$ が成り立つことを示す．$P_2^2 = (X, Y)^2 = (X^2, XY, Y^2)$ であるから，

$$(X^2, XY) = (X) \cap (X^2, XY, Y^2)$$

と表されることは次のようにして示される．

$(X^2, XY) \subset (X) \cap (X^2, XY, Y^2)$ であることは明らかである.
よって, $(X^2, XY) \supset (X) \cap (X^2, XY, Y^2)$ を示せばよい.

$f(X,Y) \in (X) \cap (X^2, XY, Y^2)$
$\implies f = Xf_1, f = X^2 g_1 + XY g_2 + Y^2 g_3, \exists f_1, \exists g_i \in k[X,Y]$
$\implies Xf_1 - X^2 g_1 - XY g_2 = Y^2 g_3$
$\implies Xh = Y^2 g_3, h := f_1 - Xg_1 - Yg_2 \in k[X,Y]$
$\implies Y^2 g_3 \in (X)$
    $((X)$ は A の素イデアル, $Y^2 \notin (X))$
$\implies g_3 \in (X).$

したがって, $g_3(X,Y) = Xg'_3(X,Y), g'_3(X) \in k[X,Y]$ とおけば,

$f(X,Y) = X^2 g_1 + XY g_2 + Y^2 X g'_3 \in (X^2, XY) = X(X,Y).$

(2) $P_1 = (X)$ は $A = k[X,Y]$ の素イデアルであるから[228], 準素イデアルである. また, $P_2 = (X,Y)$ は A の極大イデアルであるから[229], P_2^2 は命題 5.1.18 より P_2 準素イデアルである. ゆえに, $I = P_1 \cap P_2^2$ は準素分解であり, I の素因子は P_1, P_2 で, かつ $P_1 \neq P_2$ である. したがって, これは正規分解である.

[228] 問 4.12
(X) は $A = k[X,Y]$ の素イデアルである.
[229] 問 4.12

(3) ここで, $P_1 \subset P_2$ であることに注意すると,

$$\sqrt{I} = \sqrt{P_1 \cap P_2^2} = \sqrt{P_1} \cap \sqrt{P_2^2} = P_1 \cap P_2 = P_1 \, [230].$$

[230] 命題 4.5.6

ゆえに, $\sqrt{I} = P_1$ が成り立つ. しかし, I の素因子は二つあるので, I は準素イデアルではない[231].

[231] 命題 5.2.7

命題 5.2.9 環 R のイデアル I が準素分解可能であるとし, P を R の素イデアルとする. このとき, 次が成り立つ.
(1) $I \subset P$ ならば, P は I の極小素因子を含む.
(2) P が I の極小素イデアルならば, P は I の極小素因子である.
(3) I の極小素イデアルは有限個である.
(4) I の根基 $\sqrt{I}$ は I の極小素イデアルの共通集合である.

(証明) (1) $I = Q_1 \cap Q_2 \cap \cdots \cap Q_n$ を正規分解とする. Q_i は P_i

準素イデアルである．すると，I の素因子は $\{P_1,\ldots,P_n\}$ である．このとき，

$$
\begin{aligned}
P \supset I &\implies P \supset Q_1 \cap Q_2 \cap \cdots \cap Q_n \\
&\implies P \supset Q_i,\ 1 \leq \exists i \leq n \quad (\text{命題 4.2.2 より}) \\
&\implies P \supset P_i \quad (\sqrt{Q_i} = P_i) \quad (\text{命題 4.5.4 より}) \\
&\implies P \text{ は } I \text{ の素因子を含む．}
\end{aligned}
$$

(2) P を I の極小素イデアルとすると，(1) より，ある i に対して $P \supset P_i$ であるが，P の極小性より $P = P_i$ となる．

(3) (2) より分かる．

(4) $I = Q_1 \cap \cdots \cap Q_n$ を準素分解とする．Q_i は P_i 準素イデアルである．すると，

$$
\begin{aligned}
\sqrt{I} &= \sqrt{Q_1 \cap \cdots \cap Q_n} \\
&= \sqrt{Q_1} \cap \cdots \cap \sqrt{Q_n} \quad (\text{命題 4.5.6 より}) \\
&= P_1 \cap \cdots \cap P_n.
\end{aligned}
$$

I の極小素イデアルはすべて $P_1,\ldots,P_n$ の中に現れ，それ以外のものは取り除くことができる． □

例 5.2.10 例 5.2.8 と同様に $A = k[X,Y]$ を体 k 上 2 変数の多項式環とする．A のイデアル $I = (X^2, XY)$ と $P_1 = (X)$，$P_2 = (X,Y)$，$Q = (X^2, Y)$ を考える．このとき，P_1 と P_2 は素イデアルである．さらに，P_2 は極大イデアルであり，$\sqrt{Q} = P_2$ が成り立つので (問 5.1)，命題 5.1.18 より Q は P_2 準素イデアルである．ゆえに，$I = P_1 \cap Q$ [232] は正規分解であり，I の素因子は $\{P_1, P_2\}$ である．一方，例題 5.2.8 で示した正規分解 $I = P_1 \cap P_2^2$ と $I = P_1 \cap Q$ は異なる二つの正規分解であり，したがって I の正規分解は一意的ではないことが分かる．

[232] 第 3 章練習問題 6

命題 5.2.11 $f: R \longrightarrow R'$ を全射である環準同型写像とする．I を R のイデアルで，$\operatorname{Ker} f \subset I$ をみたしていると仮定する．また，$Q_i\ (1 \leq i \leq n)$ は R のイデアルとする．このとき，

(1) 次の (i) と (ii) は同値である．

　(i) $I = Q_1 \cap Q_2 \cap \cdots \cap Q_n$ は環 R における正規分解である．

(ii) $f(I) = f(Q_1) \cap f(Q_2) \cap \cdots \cap f(Q_n)$ は環 R' における正規分解である．

(2) さらに，R のイデアル P に対して次が成り立つ．

$$P : I \text{ の素因子} \iff f(P) : f(I) \text{ の素因子}.$$

(証明) (1) はじめに，次のことに注意しよう．

(i) $\quad I = \bigcap_1^n Q_i \iff f(I) = \bigcap_1^n f(Q_i).$

($\Rightarrow$) は命題 3.5.2 を，($\Leftarrow$) は命題 3.5.1 と定理 3.3.7 を用いて示される．

次に，同様にして，

(ii) $\quad Q_i \supset \bigcap_{j \neq i} Q_j \iff f(Q_i) \supset \bigcap_{j \neq i} f(Q_j)$

が成り立つ．($\Rightarrow$) は命題 3.5.2 を，($\Leftarrow$) は命題 3.5.1 と定理 3.3.7 を用いて示される．

(i) $\Rightarrow$ (ii): $I = \bigcap_{i=1}^n Q_i$ が正規分解であると仮定する．ここで，$P_i = \sqrt{Q_i}$ とおけば，Q_i は P_i 準素イデアルである．正規分解であるから，$P_1, \ldots, P_n$ は相異なる．このとき，命題 5.1.16 より，$f(Q_i)$ は $f(P_i)$ 準素イデアルであるから，$f(I) = \bigcap_{i=1}^n f(Q_i)$ は準素分解であり，$f(P_1), \ldots, f(P_n)$ は対応定理 3.3.9 よりすべて相異なる．さらに，(ii) よりこれらは無駄のない準素分解であることが分かる．したがって，$f(I) = \bigcap_{i=1}^n f(Q_i)$ は正規分解である．このとき，$f(P_1), \ldots, f(P_n)$ は $f(I)$ の素因子である．

(ii) $\Rightarrow$ (i): 逆に，$f(I) = \bigcap_{i=1}^n f(Q_i)$ は正規分解であると仮定する．$P_i = \sqrt{Q_i}$ とおく．$f(Q_i)$ は準素イデアルであるから，$\sqrt{f(Q_i)}$ は素イデアルである[233]．ここで，命題 4.5.8 より，$\sqrt{f(Q_i)} = f(\sqrt{Q_i}) = f(P_i)$ が成り立つ．すると，$f(Q_i)$ は $f(P_i)$ 準素イデアルであるから，再び命題 5.1.16 より，Q_i は P_i 準素イデアルである．よって，$I = \bigcap_{i=1}^n Q_i$ は準素分解である．これが無駄のない分解であることは同値条件 (ii) より，また素イデアル $P_1, \ldots, P_n$ が相異なることは対応定理 3.3.9 より分かる．したがって，この分解は正規分解である．このとき，$P_1, \ldots, P_n$ は I の素因子である．

[233] 命題 5.1.3

(2) (1) より導かれる。　　　　　　　　　　　　　　　　□

第 5 章練習問題

1. $R = k[X, Y, Z]$ を体 k 上 3 変数の多項式環とする．R のイデアルを，
$$P = (X, Y, Z), \qquad I = (X, Y, Z)^2,$$
$$I_1 = (X, Y^2, YZ, Z^2), \quad I_2 = (Y, X^2, XZ, Z^2),$$
$$I_3 = (Z, X^2, XY, Y^2)$$
とする．このとき，次を示せ．
   (1) P は R の極大イデアルである．
   (2) I_1, I_2, I_3 はすべて P 準素イデアルである．
   (3) $I = I_1 \cap I_2 = I_1 \cap I_3 = I_2 \cap I_3$ が成り立つ．

2. $\mathbb{Z}[X]$ を整数環 $\mathbb{Z}$ 上の多項式環とし，$Q = (4, X)$, $P = (2, X)$ をそのイデアルとする．このとき，Q は P 準素イデアルであることを証明せよ．

3. $\mathbb{Z}[X]$ を整数環 $\mathbb{Z}$ 上の多項式環とする．このとき，イデアル $(9, 3X)$ を準素分解せよ．

4. $R = k[X, Y]$ を体 k 上 2 変数の多項式環として，次の R のイデアルを考える．
$$I = (X^2, XY).$$
$P_1 = (X), P_2 = (X, Y)$ とするとき，$a \in k$ に対して次を示せ．
   (1) $I = (X) \cap (Y + aX, X^2)$ が成り立つ．
   (2) $Q_2 = (Y + aX, X^2)$ は P_2 準素イデアルである．
   (3) (1) は I の正規分解である．
   (4) I の正規分解は唯一つではない．

5. Q_1, Q_2 を環 R の準素イデアルとし，$P_1 = \sqrt{Q_1}, P_2 = \sqrt{Q_2}$ とおく．$Q_1 \not\subset Q_2, Q_1 \not\supset Q_2$ であるとき，次が成り立つことを示せ．
   (1) $P_1 = P_2$ ならば，$Q_1 \cap Q_2$ は P_1 準素イデアルである．
   (2) $P_1 \neq P_2$ ならば，$Q_1 \cap Q_2$ は準素イデアルではない．

6. P は環 R の素イデアルであり，かつ単項イデアルと仮定する．このとき，Q が P 準素イデアルならば，$Q = P^s$ をみたす正の整数 s が存在することを示せ．

7. $k[X]$ を体 k 上の 1 変数多項式環とする．$p(X) \in k[X]$ を既約多項式とし，$P = (p(X))$ を $p(X)$ により生成された $k[X]$ のイデアルとする．このとき，次のような有理関数体 $k(X)$ の部分集合を考える．
$$k[X]_P := \{f(X)/g(X) \in k(X, Y) \mid f(X), g(X) \in k[X], p(X) \nmid g(X)\}$$
このとき，次を示せ．

(1) $k[X]_P$ は有理関数体 $k(X)$ の部分環である．
(2) $k[X]_P$ は $Pk[X]_P$ を極大イデアルとする局所環である．

8. S を環 R の積閉集合とする．第3章の練習問題 8 で積閉集合 S によるイデアル I の S 成分 $S(I) = \{x \in R \mid \exists s \in S,\ sx \in I\}$ を定義した．ここでは同じ記号を用いる．このとき，次を示せ．
   (1) $S(\sqrt{I}) = \sqrt{S(I)}$．
   (2) Q を P 準素イデアルとするとき，
       (i) $P \cap S = \emptyset \iff Q \cap S = \emptyset$．
       (ii) $P \cap S = \emptyset \implies S(Q) = Q$．
       (iii) $P \cap S \neq \emptyset \implies S(Q) = (1)$．
   (3) $I = Q_1 \cap \cdots \cap Q_r \cap Q_{r+1} \cap \cdots \cap Q_n$ をイデアル I の正規分解とする．ただし，Q_i は P_i 準素イデアルであり，$P_i \cap S = \emptyset\ (1 \leq i \leq r)$，$P_i \cap S \neq \emptyset\ (r+1 \leq i \leq n)$，とする．このとき，$S(I) = Q_1 \cap \cdots \cap Q_r$ が成り立つ．

9. $k[X]$ を体 k 上の 1 変数の多項式環として，$f(X)$ を $k[X]$ の多項式とする．今，$f(X)$ が相異なる既約多項式 $f_1(X), f_2(X), \ldots, f_n(X)$ によって，
$$f(X) = f_1(X)^{s_1} f_2(X)^{s_2} \cdots f_n(X)^{s_n}$$
と表されたとする．このとき，イデアル $(f(X))$ の正規分解を求めよ．

10. $k[X, Y, Z]$ を体 k 上 3 変数の多項式環とし，$k[T]$ を体 k 上の 1 変数の多項式環とする．$\sigma : k[X, Y, Z] \longrightarrow k[T]$ を代入 $\sigma(X) = T^3, \sigma(Y) = T^4, \sigma(X) = T^5$ によって定まる環準同型写像とする．このとき，$f_1(X, Y, Z) = Y^2 - XZ, f_2(X, Y, Z) = Z^2 - X^2Y, f_3(X, Y, Z) = YZ - X^3$ とおけば，この準同型写像の核 P は $P := \operatorname{Ker}\sigma = (f_1, f_2, f_3)$ として与えられることを例 4.4.15 で示した．このとき，P は素イデアルであるが，P^2 は準素イデアルではないことを証明せよ（ヒント：$f_3 - f_1f_2 \in P^2$ を考えよ）．

6 ネーター環

　本章においてネーター環の概念を導入する．ネーター環においては，すべてのイデアルを準素分解することが可能である．また，ネーター環のもっとも基本的な例として，ネーター環上の多項式環が再びネーター環になるという，ヒルベルトの基底定理を証明する．最後に，素イデアルや準素イデアルの多項式環への拡大イデアルを考察する．

6.1 ネーター環

定義 6.1.1 環 R において次の条件が成り立つとき,**昇鎖律** (ascending chain condition) あるいは**昇鎖条件**が成り立つと言う. すなわち, 次のような環 R のイデアルの昇鎖,

$$I_1 \subset I_2 \subset \cdots \subset I_n \subset \cdots$$

が与えられたとき, ある自然数 m が存在して, すべての $n \geq m$ に対して $I_n = I_m$ が成り立つ. このとき, 上記イデアルの昇鎖は**停留**する (stationary) と言う.

定義 6.1.2 環 R の空でない任意のイデアルの集合族 $\mathscr{A}$ に対して, つねに $\mathscr{A}$ に属するあるイデアル I が存在して, $\mathscr{A}$ のイデアル J に対して $I \subset J$ ならば $I = J$ となる性質をみたすとき, 言い換えると, 任意のイデアルの族 $\mathscr{A}$ は必ず極大元をもつとき R において**極大条件** (maximal condition) が成り立つと言う.

定理 6.1.3 R を環とする. このとき, R のイデアルに関して次の三つの条件は同値である.

(1) R の任意のイデアルは有限生成である[234].

(2) R のイデアルに対して昇鎖律が成り立つ.

(3) R のイデアルに対して極大条件が成り立つ.

[234] 定義 3.1.6

(証明)[235] (1) $\Rightarrow$ (2). R のイデアルの昇鎖を $I_1 \subset I_2 \subset \cdots$ とする. $I = \bigcup_{i=1}^{\infty} I_i$ とおけば, I は R のイデアルである (系 3.1.14). すると, 仮定より I は有限生成である. ゆえに, ある元 $a_1, \ldots, a_s \in I$ によって,

$$I = a_1 R + \cdots + a_s R$$

と表される. 各生成元 a_i に対して, ある自然数 m_i が存在して $a_i \in I_{m_i}$ となっている. ここで, $m = \max(m_1, m_2, \ldots, m_s)$ とおけば, $a_1, a_2, \ldots, a_s \in I_m$ である. このとき, $n \geq m$ に対して,

$$I = a_1 R + \cdots + a_s R \subset I_m \subset I_n \subset I$$

であるから, $I_n = I_m$ が成り立つ.

[235] (1)$\Rightarrow$(2)$\Rightarrow$(3)$\Rightarrow$(1) を証明すると, (1) から (3) はすべて同値となる.

(2) ⇒ (3). $\mathscr{A}$ を R のイデアルの族とし，$\mathscr{A} \neq \emptyset$ とする．$\mathscr{A}$ が極大元をもたないと仮定する．$\mathscr{A} \neq \emptyset$ であるから，$\mathscr{A}$ にあるイデアルが存在する．これを I_1 とする．仮定により I_1 は極大元ではない．ゆえに，$\mathscr{A}$ に属するイデアル I_2 で $I_1 \subsetneq I_2$ をみたすものが存在する．I_2 も極大元ではないから，同様にして，$\mathscr{A}$ に属するイデアル I_3 で $I_2 \subsetneq I_3$ をみたすものが存在する．このようにして R のイデアルの無限昇鎖，

$$I_1 \subsetneq I_2 \subsetneq \cdots \subsetneq I_n \subsetneq \cdots$$

が存在することになる．これは昇鎖律に矛盾する．

(3) ⇒ (1). I を R のイデアルとする．このとき，I に含まれる R のすべての有限生成イデアルの集合 $\mathscr{A}$ を考える．すなわち，

$$\mathscr{A} := \{J \mid J \subset I, J \text{ は } R \text{ の有限生成イデアル}\}.$$

$(0) \in \mathscr{A}$ であるから，$\mathscr{A} \neq \emptyset$ である．仮定により，$\mathscr{A}$ には極大元 I^* が存在する．I^* は $I^* \in \mathscr{A}$ でかつ $I^* \subset I$ をみたす有限生成イデアルである．I^* は有限生成であるから $I^* = a_1 R + \cdots + a_s R, a_i \in I$ と表されることに注意しよう．このとき，実は $I^* = I$ となることを以下で示す．

そこで，$I^* \neq I$ と仮定して矛盾を導く．$I^* \subsetneq I$ であるから，$b \in I, b \notin I^*$ なる元 b が存在する．このとき，$J := I^* + (b) = a_1 R + \cdots + a_s R + bR \subset I$ なるイデアルを考えると，$I^* \subsetneq J$ である．J は有限生成で $J \subset I$ であるから，$J \in \mathscr{A}$ である．ところが，これは I^* が $\mathscr{A}$ における極大元であることに矛盾する．したがって，$I^* = I$ となり，I は有限生成となる． □

問 6.1 上の証明において，$I^* \subsetneq J$ であることを確かめよ．

定義 6.1.4 環 R が定理 6.1.3 の同値条件の一つをみたすとき，R は**ネーター環** (Noetherian ring) [236] であると言う．

命題 6.1.5 環 R に対して次の二つの条件は同値である．
(1) R のイデアルに対して**降鎖律** (descending chain condition) が成り立つ．すなわち，R のイデアルの降鎖，

[236] Amalie Emmy Noether (1882-1935) 数学者の M. Noether の娘としてドイツ帝国のエルランゲンで生まれた．P. ゴルダンのもとで博士号をとり，ヒルベルトに招かれてゲッチンゲン大学に移った．しかし，当時のドイツでは女性は正式に職に就くことは難しく無給のポストしか得ることができなかった．ネーターは劣悪な環境のもとで抽象代数学の建設に携わり，多くの数学者を育てた．彼女の講義のもとに集まった学生には，「ヒルベルトの問題」を解いた E. アルティン，ネーターのアイデアを『現代代数学』という本で世に広めたファン・デル・ヴェルデン，そして日本人の正田健次郎などがいた．彼らはネーターボーイズと呼ばれた．その後，ナチスが政権をとるとゲッチンゲンを追われ，1933 年にアメリカへ渡り，ペンシルベニア州のブリン・モア・カレッジで教鞭を執りながら，プリンストン高等研究所で研究を続けた．1935 年，脳腫瘍の手術の失敗により急死した．

$$I_1 \supset I_2 \supset \cdots \supset I_n \supset \cdots \qquad (*)$$

はある自然数 n が存在して $I_n = I_{n+1} = \cdots$ となる．このとき，降鎖律が成り立つと言い，降鎖は**停留**すると言う [**降鎖条件**]．

(2) R の任意のイデアルの族は極小元[237]をもつ [**極小条件**, minimal condition]．

[237] 定義 4.1.9

（証明）(1) $\Rightarrow$ (2)．定理 6.1.3 の (2) $\Rightarrow$ (3) と同様である．

(2) $\Rightarrow$ (1)．R のイデアルの降鎖を $(*)$ とする．このとき，仮定よりイデアルの族 $\{I_i\}_{i\in\mathbb{N}}$ は極小元をもつ．これを I_n とすれば，$n \geq m$ に対して $I_n = I_m$ となる．□

問 6.2 命題 6.1.5 において，実際に (1) $\Rightarrow$ (2) を証明せよ．

定義 6.1.6 環 R が命題 6.1.5 の同値条件の一つをみたすとき，R は**アルティン環** (Artinian ring) [238] であると言う．

例 6.1.7 整数環 $\mathbb{Z}$ はイデアルに対して，昇鎖律を満足するが降鎖律は満足しない．すなわち，$\mathbb{Z}$ はネーター環であるが，アルティン環ではない．

(1) 昇鎖律を満足すること：
整数環 $\mathbb{Z}$ は単項イデアル整域であるから（定理 4.3.1），すべてのイデアルは有限生成である．ゆえに，定理 6.1.3 より，$\mathbb{Z}$ において昇鎖律が成り立つ．

(2) 降鎖律を満足しないこと：
たとえば，次のようなイデアルの無限の降鎖がある．

$$(2) \supsetneq (2^2) \supsetneq \cdots \supsetneq (2^n) \supset \cdots.$$

例 6.1.8 体はイデアルが (0) と (1) しかないので（命題 3.1.8），ネーター環であり，アルティン環である．

問 6.3 有理整数環 $\mathbb{Z}$ のイデアル (n) による剰余環 $\mathbb{Z}_n = \mathbb{Z}/(n)$ はネーター環であり，かつアルティン環であることを示せ．

[238] Emil Artin (1898-1962) オーストリアのウィーンで生まれた．20世紀のもっとも優れた数学者の一人．ハンブルク大学の教授．第二次世界大戦でナチスに追われ，1937 年にアメリカへ移り（ノートルダム大学，インディアナ大学，プリンストン大学），1958 年に再びハンブルクに戻り，1962 年に同地で亡くなった．彼の業績は代数的整数論で，中でも類体論への貢献と（一般相互法則），L 関数の建設に寄与した（アルティンの L 関数）．また，群や環，体の純粋理論にも大きく貢献した．弟子は，Serge Lang, John Tate, Hans Zassenhaus, Max Zorn などがいる．

例 6.1.9 任意の単項イデアル整域はネーター環である．しかし，アルティン環であるとは限らない．例として 有理整数環 $\mathbb{Z}$ がある．

命題 6.1.10 ネーター環の準同型像はネーター環であり，同様に，アルティン環の準同型像もまたアルティン環である．すなわち，R を環とし，I をそのイデアルとするとき，次が成り立つ．

(1) R がネーター環ならば，R/I もネーター環である．
(2) R がアルティン環ならば，R/I もアルティン環である．

（証明）ネーター環についてのみ証明する．剰余環 R/I のイデアルは I を含む R のイデアル J によって J/I と表される（系 3.3.12）．そこで，R/I のイデアルの昇鎖，

$$J_1/I \subset J_2/I \subset \cdots \quad (*)$$

を考える．J_i は $J_i \supset I$ をみたす R のイデアルである．これより，R のイデアルの昇鎖，

$$J_1 \subset J_2 \subset \cdots \quad (**)$$

が得られる．ここで，仮定より R はネーター環であるから，昇鎖 $(**)$ は停留する．すなわち，ある番号 n があって，$J_n = J_{n+1} = \cdots$ となる．ゆえに，$J_n/I = J_{n+1}/I = \cdots$ となるので，R/I においてイデアルの昇鎖 $(*)$ は停留する．したがって，剰余環 R/I はネーター環である．

さらに，$f : R \longrightarrow R'$ を環準同型写像とするとき，第 1 同型定理 3.3.14 より $R/\mathrm{Ker}\, f \cong f(R)$ であるから，上記のことは R がネーター環ならば，その準同型像 $f(R)$ もネーター環であることを意味している． □

問 6.4 命題 6.1.10 の (2) を証明せよ．

6.2 ヒルベルトの基底定理

次にさまざまな場面で，ネーター環の拡大された環が再びネーター環になるかどうかを調べることが必要になってくる．そのための基本的な定理がヒルベルトによって証明された次の定理である．

定理 6.2.1 (ヒルベルトの基底定理, Hilbert Basis Theorem) [239]

R がネーター環ならば,多項式環 $R[X]$ もネーター環である.

(証明) I を $R[X]$ のイデアルとして,I が有限生成でないと仮定して矛盾を導く.

$I \neq (0)$ としてよい. $f_1(X) \neq 0$ を I の中で最小次数の多項式とする.このとき,仮定より $(f_1) \subsetneq I$ である.次に,f_2 を $I \setminus (f_1)$ の最小次数の多項式とする.これを続けて,$(f_1, \ldots, f_i) \subsetneq I$ のとき,f_{i+1} を $I \setminus (f_1, \ldots, f_i)$ の中で最小次数の多項式とする.I は有限生成でないから,この操作を無限に続けることができる.各 $f_i(X)$ に対して $f_i(X) = a_i X^{r_i} +$ (低次の項) として,$f_i(X)$ の最高次係数 a_i により生成された R のイデアルの昇鎖,

$$(a_1) \subset (a_1, a_2) \subset \cdots \subset (a_1, \ldots, a_i) \subset \cdots$$

を考える.R はネーター環であるから,ある $n \in \mathbb{N}$ が存在して,

$$(a_1, \ldots, a_n) = (a_1, \ldots, a_{n+1}) = \cdots$$

となる.すると,

$$j \geq n \implies a_j \in (a_1, \ldots, a_n).$$

f_{n+1} は $I \setminus (f_1, \ldots, f_n)$ の最小次数の多項式である.このとき,$f_{n+1}(X) = a_{n+1} X^{r_{n+1}} +$ (低次の項) と表され,この最高次係数 a_{n+1} は $a_{n+1} \in (a_1, \ldots, a_n)$ であるから,

$$a_{n+1} = \sum_{i=1}^{n} c_i a_i, \quad c_i \in R$$

と表される.このとき,$f_1, \ldots, f_n$ に対して,

$$r_i = \deg f_i \leq \deg f_{n+1} = r_{n+1}$$

である.なぜなら,定義より f_{n+1} は $f_{n+1} \in I \setminus (f_1, \ldots, f_n)$ であるから,

$$f_{n+1} \in I \setminus (f_1, \ldots, f_n) \implies f_{n+1} \in I \setminus (f_1, \ldots, f_{i-1}).$$

ところが,ここで f_i は $I \setminus (f_1, \ldots, f_{i-1})$ の中で最小次数の多項式

[239] David Hilbert (1862-1943) 東プロイセンのケーニヒスベルクで生まれた.19世紀から20世紀半ばにかけて活躍し,20世紀数学の発展に大きな影響を与えた.不変式論の研究から多項式環の性質を明確にし,それが可換環論の基礎的な研究の契機となった.彼はまたガロア理論を数体の拡大に適用して代数的整数論を発展させ,類体論の構想を提出し数論の発展に大きく寄与した.さらに,1900年のパリにおける国際数学者会議において,「ヒルベルトの23の問題」を発表した.多くの数学者がこの問題に取り組んだことで,ヒルベルトの講演は20世紀の数学の方向性をかたちづくるものになった.

であるから，$\deg f_i \le \deg f_{n+1}$ でなければならない．

したがって，各 $i\,(1 \le i \le n)$ に対して $r_{n+1} - r_i \ge 0$ であるから，
$$g = f_{n+1} - \sum_{i=1}^{n} c_i X^{r_{n+1}-r_i} f_i \in I \qquad (*)$$
を考えることができる．このとき f_{n+1} の最高次の係数は消えるから，
$$\deg g < r_{n+1} = \deg f_{n+1}, \quad g \in I$$
となっている．f_{n+1} は $I \setminus (f_1, \ldots, f_n)$ の中で最小次数の多項式であるから，g は $g \in (f_1, \ldots, f_n)$ でなければならない．すなわち，
$$f_{n+1} \in I \setminus (f_1, \ldots, f_n),\text{最小次数} \implies g \in (f_1, \ldots, f_n).$$
すると，$(*)$ より，
$$f_{n+1} = g + \sum_{i=1}^{n} c_i X^{r_{n+1}-r_i} f_i \in (f_1, \ldots, f_n).$$
これは $f_{n+1} \notin (f_1, \ldots, f_n)$ であることに矛盾する．

以上より，I は有限生成でないと仮定して矛盾を導いたので，多項式環 $R[X]$ のイデアル I は有限生成でなければならない． □

系 6.2.2 R がネーター環ならば，$R[X_1, X_2, \ldots, X_n]$ もネーター環である．

(証明) $R[X_1, X_2] = R[X_1][X_2]$ であり，一般に $R[X_1, X_2, \ldots, X_i] = R[X_1, X_2, \ldots, X_{i-1}][X_i]$ が成り立つので，ヒルベルトの基底定理 6.2.1 と n に関する帰納法により証明される． □

系 6.2.3 R をネーター環とする．このとき，R 上有限個の元で生成された環，すなわち，有限生成 R 代数はネーター環である．

(証明) 環 R' が環 R 上に n 個の元 $x_1, x_2, \ldots, x_n$ により生成されているとする．このとき，$R' = R[x_1, \ldots, x_n]$ と書く．不定元 $X_1, X_2, \ldots, X_n$ の多項式環 $R[X_1, \ldots, X_n]$ を考える．$R[X_1, \ldots, X_n]$ の元 $\sum a_{i_1 i_2 \ldots i_n} X_1^{i_1} X_2^{i_2} \cdots X_n^{i_n}$ に $\sum a_{i_1 i_2 \ldots i_n} x_1^{i_1} x_2^{i_2} \cdots x_n^{i_n}$ を対応させる写像，
$$\varphi : R[X_1, \ldots, X_n] \longrightarrow R[x_1, \ldots, x_n] = R'$$

を考えると，φ は環の全射準同型写像となる[240]．すると，系 6.2.2 より，多項式環 $R[X_1,\ldots,X_n]$ はネーター環であり，R' はその準同型像であるから，命題 6.1.10 より，R' もネーター環である．□

[240] 命題 4.4.13

例 6.2.4 (1) 体 k 上の 1 変数の多項式環 $k[X]$ や n 変数多項式環 $k[X_1,\ldots,X_n]$ はネーター環である．
(2) 体 k 上無限個の変数をもつ多項式環 $k[X_1, X_2,\ldots, X_n,\ldots]$ はネーター環ではない．

6.3 ネーター環における準素分解

一般の環において，イデアルは必ずしも準素分解できるとは限らないが，ネーター環においてはすべてのイデアルが準素分解できることを示す（定理 6.3.6）．まず最初に，このことを証明するために必要な術語を定義しよう．

定義 6.3.1 環 R のイデアルを I とする．このとき，R のイデアル J, K に対して，
$$I = J \cap K \implies I = J \text{ または } I = K$$
が成り立つとき，イデアル I は**既約** (irreducible) であると言い，そうでないとき**可約** (reducible) であると言う．

命題 6.3.2 環 R のイデアルを P とする．P が素イデアルならば，P は既約である．

(証明) P を R の素イデアルとする．R のイデアル I と J に対して，定理 4.2.2 より，$P = I \cap J$ ならば $P = I$ または $P = J$ である．したがって，素イデアル P は既約である．□

命題 6.3.3 R をネーター環とするとき，すべてのイデアルは有限個の既約イデアルの共通集合として表される．すなわち，
$$I : R \text{ のイデアル} \implies I = I_1 \cap I_2 \cap \cdots \cap I_n,$$
$$I_1,\ldots,I_n \text{ は既約イデアル}.$$

（証明）命題を証明するために，

　　$\mathscr{A}:=$ 有限個の既約イデアルの共通集合として表されない
　　　　　イデアルの集合

とおき，$\mathscr{A} = \emptyset$ であることを示せばよい．既約イデアルは $\mathscr{A}$ に属さないことに注意しよう．そこで，$\mathscr{A} \neq \emptyset$ と仮定する．

$\mathscr{A} \neq \emptyset \implies \exists J \in \mathscr{A}, J$ は $\mathscr{A}$ で極大
　　　　　　　（∵ R はネーター環であるから極大元が存在する）
　　　$\implies J$ は既約ではない
　　　$\implies J = J_1 \cap J_2, \exists J_1 \supsetneq J, \exists J_2 \supsetneq J$ [241]
　　　$\implies J_1 \notin \mathscr{A}, J_2 \notin \mathscr{A}$
　　　　　　（∵ J の極大性より）
　　　$\implies J_1$ と J_2 は既約イデアルの有限個の共通集合で表される
　　　$\implies J = J_1 \cap J_2$ も既約イデアルの有限個の共通集合で表される
　　　$\implies$ これは $J \in \mathscr{A}$ に矛盾する．

[241] J_i は R のイデアル．

以上より，$\mathscr{A} = \emptyset$ であることが分かった．したがって，R のすべてのイデアルは既約イデアルの有限個の共通集合として表される．□

補題 6.3.4 [242]　R をネーター環とするとき，イデアル (0) が既約イデアルならば，(0) は準素イデアルである．すなわち，

$$(0):\text{既約イデアル} \implies (0):\text{準素イデアル}.$$

[242] 正しくは補助命題と言う．ある定理または命題を証明するときに，その証明に必要な命題を別にして述べておくときに用いられる表現である．

（証明）(0) が既約イデアルであると仮定する．また，(0) が準素イデアルであることは，定義 5.1.1 により，

$$xy = 0 \implies [y = 0 \text{ または } \exists n \in \mathbb{N}, x^n = 0]$$

である．したがって，$xy = 0, y \neq 0$ と仮定し，ある $n \in \mathbb{N}$ が存在して $x^n = 0$ であることを示せばよい．そこで，$\text{Ann}(x) = (0:x)$ という記号を用いて[243]，イデアルの昇鎖，

$$\text{Ann}(x) \subset \text{Ann}(x^2) \subset \cdots$$

[243] 定義 3.5.6

を考える．R はネーター環であるから，この昇鎖は停留する．すなわち，
$$\exists n \in \mathbb{N}, \text{Ann}(x^n) = \text{Ann}(x^{n+1}) = \cdots.$$
このとき，$(x^n) \cap (y) = (0)$ が成り立つ．なぜなら，$xy = 0$ に注意すると，

$$a \in (x^n) \cap (y) \implies \begin{cases} a \in (x^n) \implies a = bx^n, \exists b \in R \\ a \in (y) \implies a = a_1 y, \exists a_1 \in R \end{cases}$$
$$\implies a = bx^n,\ ax = a_1(yx) = 0$$
$$\implies bx^{n+1} = bx^n \cdot x = ax = 0$$
$$\implies b \in \text{Ann}(x^{n+1}) = \text{Ann}(x^n)$$
$$\implies b \in \text{Ann}(x^n)$$
$$\implies a = bx^n = 0.$$

仮定より，(0) は既約イデアルであるから，
$$(0) = (x^n) \cap (y), (y) \neq (0) \implies (x^n) = (0) \implies x^n = 0$$

となる．以上より，「$xy = 0, y \neq 0 \Rightarrow \exists n \in \mathbb{N}, x^n = 0$」が示されたので，$(0)$ は準素イデアルである． □

問 6.5 上の証明で用いた関係 $\text{Ann}(x^i) \subset \text{Ann}(x^{i+1})$ を確認せよ．

補題 6.3.5 R をネーター環とするとき，既約イデアルならば，準素イデアルである．すなわち，R のイデアル I に対して，

$$I : \text{既約イデアル} \implies I : \text{準素イデアル}.$$

(証明) I を既約イデアルとする．剰余環 $\overline{R} = R/I$ で考えると，$(\overline{0})$ は $\overline{R}$ で既約である．なぜなら，J, K を I を含む R のイデアルとして $(\overline{0}) = J/I \cap K/I$ と仮定する．このとき，$(\overline{0}) = J/I \cap K/I = (J \cap K)/I$ であるから[244]，$(\overline{0}) = I/I$ に注意すると，

$$(\overline{0}) = (J \cap K)/I \implies I/I = (J \cap K)/I$$
$$\implies I = J \cap K\ ^{245)}$$
$$\implies I = J\ \text{または}\ I = K\ ^{246)}$$
$$\implies (\overline{0}) = \overline{J}\ \text{または}\ (\overline{0}) = \overline{K}\ ^{247)}.$$

ゆえに，$(\overline{0})$ は $\overline{R}$ で既約である．すると，補題 6.3.4 より $(\overline{0})$ は $\overline{R}$ で

[244] 問 6.6
[245] 対応定理 3.3.11
[246] I は既約イデアル．
[247] $\overline{J} = J/I$, $\overline{K} = K/I$.

準素イデアルになる．ここで，標準全射 $\pi : R \longrightarrow R/I$ を考えると，命題 5.1.17 より，$\overline{R} = R/I$ の準素イデアル $(\overline{0})$ の逆像 $\pi^{-1}(\overline{0}) = I$ もまた R における準素イデアルとなる． □

問 6.6 上の補題 6.3.5 の証明において，$J/I \cap K/I = (J \cap K)/I$ が成り立つことを確かめよ．

以上の準備のもとに，ネーター環における準素分解を証明することができる．

定理 6.3.6 R をネーター環とするとき，R のすべてのイデアルは準素分解をもつ．

(証明) I を R のイデアルとする．R はネーター環であるから，命題 6.3.3 より，I は既約イデアルの共通集合として表される．また，補題 6.3.5 より，各既約イデアルは準素イデアルなので，I は準素イデアルの共通集合として表される． □

命題 6.3.7 R をネーター環とする．R の任意のイデアル I に対して，ある自然数 n が存在して $I \supset (\sqrt{I})^n$ が成り立つ．すなわち，

$$I : R \text{ のイデアル} \implies \exists n \in \mathbb{N},\ I \supset (\sqrt{I})^n.$$

(証明) $I \neq (0)$ としてよい．$\sqrt{I}$ は R のイデアルである[248]．すると，R はネーター環であるから，ある $x_1, \ldots, x_k \in R$ が存在して $\sqrt{I} = (x_1, \ldots, x_k)$ と表される．各 $i\ (1 \leq i \leq k)$ について，

[248] 命題 4.5.2

$$x_i \in \sqrt{I} \implies \exists n_i \in \mathbb{N},\ x_i^{n_i} \in I$$

となっている．ここで，

$$n := n_1 + \cdots + n_k$$

とおく．このとき，イデアル $(\sqrt{I})^n = (x_1, \ldots, x_k)^n$ は $r_1 + \cdots + r_k = n$ をみたす単項式 $x_1^{r_1} x_2^{r_2} \cdots x_k^{r_k}$ により生成されている．

$$(\sqrt{I})^n = (x_1, \ldots, x_k)^n = (\{x_1^{r_1} x_2^{r_2} \cdots x_k^{r_k}\}_{r_1 + \cdots + r_k = n}).$$

$\sqrt{I}$ の各生成元 $x_1^{r_1} x_2^{r_2} \cdots x_k^{r_k}$ に対して，n の定義より，ある番号

i ($1 \leq i \leq k$) が存在して $r_i \geq n_i$ である. なぜなら, すべての i に対して $r_i < n_i$ と仮定すると,

$$n = r_1 + \cdots + r_k < n_1 + \cdots + n_k = n \Rightarrow n < n$$

となり, 矛盾が生じるからである. すると, $\sqrt{I}$ を生成しているすべての単項式 $x_1^{r_1} \cdots x_k^{r_k}$ で, ある番号 i ($1 \leq i \leq k$) に対して $r_i \geq n_i$ である. このとき, $x_i^{r_i} \in I$ となるので, $x_1^{r_1} \cdots x_i^{r_i} \cdots x_k^{r_k} \in I$ が成り立つ. したがって, $(\sqrt{I})^n$ のすべての生成元が I に属するので, $(\sqrt{I})^n \subset I$ が得られる. □

系 6.3.8 R をネーター環とするとき, R のベキ零根基 $\mathrm{nil}(R)$ はベキ零である. すなわち, ある自然数 n が存在して $\mathrm{nil}(R)^n = (0)$ [249] となる.

[249] $\mathrm{nil}(R)^n = (\mathrm{nil}(R))^n$

(証明) 定義 4.5.10 より, $\mathrm{nil}(R) = \sqrt{(0)}$ である. ゆえに, 命題 6.3.7 より, ある自然数 n が存在して $(0) \supset (\sqrt{(0)})^n = \mathrm{nil}(R)^n$ となる. したがって, $\mathrm{nil}(R)^n = (0)$ が成り立つ. □

R がネーター環ならば, 極大イデアルを P とするとき, 命題 5.1.18 より強い形での P 準素イデアルに対する次の特徴付けが得られる.

命題 6.3.9 R をネーター環とし, P を R の極大イデアルとする. このとき R の真のイデアル Q に対して, 次は同値である.

 (i) Q は P 準素イデアルである.
 (ii) $P = \sqrt{Q}$.
 (iii) ある自然数 n が存在して, $Q \supset P^n$ が成り立つ.

(証明) [250] (i) $\Rightarrow$ (ii). Q が P 準素イデアルならば, 定義 5.1.4 より $P = \sqrt{Q}$ が成り立つ. (ii) $\Rightarrow$ (iii) は命題 6.3.7 より, (iii) $\Rightarrow$ (i) は命題 5.1.18 の (2) より得られる. □

[250] (i) $\Rightarrow$ (ii) $\Rightarrow$ (iii) $\Rightarrow$ (i) を証明すれば, (i) から (iii) はすべて同値となる.

系 6.3.10 P をネーター環 R の極大イデアル, Q を P 準素イデアルとする. R のイデアル Q_1 に対して, $Q \subset Q_1 \subset P$ ならば Q_1 は P 準素イデアルである.

(証明) Q が P 準素イデアルであるから, 命題 6.3.9 より, ある自然数 n が存在して, $P^n \subset Q$ が成り立つ. ゆえに, $P^n \subset Q \subset Q_1$

が成り立つ．したがって，$P^n \subset Q_1$ であるから，再び命題 6.3.9 を用いて，Q_1 は P 準素イデアルである． □

（注意）P が極大イデアルならば，命題 6.3.9 より，P^n は P 準素イデアルである．しかし，P が極大イデアルでない場合には，P が素イデアルであっても P^n は必ずしも準素イデアルであるとは限らない[251]．

[251) 例 5.1.8

定理 5.2.4（一意性定理）において，イデアル I が準素分解可能であるとき，I の素因子は正規分解の仕方にかかわらず一意的に定まることを示した．ネーター環においてはさらに強い形の定理 6.3.12 が成り立つ．最初に，次の補題を証明する．

補題 6.3.11 R をネーター環とする．このとき，次が成り立つ．

(0) のすべての素因子の集合 $= \{\mathrm{Ann}(x) \in \mathrm{Spec}(R) \mid x \in R\}$．

（証明）イデアル (0) のすべての素因子の集合を $\mathscr{A}$ として，

$$\mathscr{A} = \{\mathrm{Ann}(x) \in \mathrm{Spec}(R) \mid x \in R\}$$

を証明する．

(1) $\mathscr{A} \subset \{\mathrm{Ann}(x) \in \mathrm{Spec}(R) \mid x \in R\}$ を示す．
$P \in \mathscr{A}$ とする．P は (0) の素因子であるから，(0) の正規分解，

$$(0) = Q_1 \cap Q_2 \cap \cdots \cap Q_n, \quad Q_i \text{ は } P_i \text{ 準素イデアル} \quad (*)$$

において現れる素イデアル P_i の中の一つ，すなわち，$P = P_i$ である．このとき，$P = P_i = \sqrt{Q_i}$ である．ここで，

$$I_i = Q_1 \cap \cdots \cap \widehat{Q_i} \cap \cdots \cap Q_n \text{[252)}$$

[252) $\widehat{Q_i}$ は Q_i を除くということを表している．

とおく．このとき，$I_i \cap Q_i = 0$ である．そして，正規分解であることより $Q_i \not\supset I_i$ であり，さらに $(*)$ における分解は最短であるから，$I_i \neq (0)$ である．このとき，一意性定理 5.2.4 の後の注意より[253)，I_i の任意の $x \neq 0$ に対して $\sqrt{\mathrm{Ann}(x)} = P_i$ となる．ゆえに，$\mathrm{Ann}(x) \subset P_i$ が成り立つ．

[253) 今の場合，$I = 0$ で，$x \in I_i, x \neq 0 \Rightarrow x \notin Q_i$ となっている．

次に，Q_i は P_i 準素イデアルであるから，命題 6.3.7 より，ある

自然数 m により $Q_i \supset \sqrt{Q_i}^m = P_i^m$ $(i=1,\ldots,n)$ が成り立つ．すると，
$$I_i P_i^m \subset I_i \cap P_i^m \subset I_i \cap Q_i = (0)$$
となる．ゆえに，$I_i P_i^m = (0)$ である．ここで，m を $I_i P_i^m = (0)$ をみたす最小の自然数とする．このとき，$I_i P_i^{m-1} \neq (0)$ である．すると，

$$
\begin{aligned}
I_i P_i^{m-1} \neq (0) &\implies \exists x \in I_i P_i^{m-1},\ x \neq 0 \\
&\implies P_i x \subset P_i I_i P_i^{m-1} = I_i P_i^m = (0) \\
&\implies P_i x = (0) \\
&\implies P_i \subset (0:x) = \mathrm{Ann}(x) \\
&\implies P_i \subset \mathrm{Ann}(x).
\end{aligned}
$$

したがって，$x \in I_i P_i^{m-1} \subset I_i$ かつ $x \neq 0$ をみたす x に対して $P_i \subset \mathrm{Ann}(x)$ が成り立つ．一方，前半で，任意の $x \in I_i, x \neq 0$ に対して $P_i \supset \mathrm{Ann}(x)$ が成り立つことを示しているので，$P_i = \mathrm{Ann}(x)$ が成り立つ．以上で，$\mathscr{A} \subset \{\mathrm{Ann}(x) \in \mathrm{Spec}(R) \mid x \in R\}$ であることを示した．

(2) 次に逆の包含関係 $\mathscr{A} \supset \{\mathrm{Ann}(x) \in \mathrm{Spec}(R) \mid x \in R\}$ を示す．$\mathrm{Ann}(x) = (0:x)$ は素イデアルであるから，$(0:x) = \sqrt{0:x}$ で，定理 5.2.4（一意性定理）より，$(0:x)$ は (0) の素因子の一つに一致する．ゆえに，$(0:x) \in \mathscr{A}$ となる． □

定理 6.3.12 $I \neq (1)$ をネーター環 R のイデアルとする．このとき，I のすべての素因子の集合は，$(I:x)$ $(x \in R)$ という形のすべてのイデアルの集合の中に現れる素イデアルの集合と一致する．すなわち，

I のすべての素因子の集合 $= \{(I:x) \in \mathrm{Spec}(R) \mid x \in R\}$．

（証明）左辺，すなわち I のすべての素因子の集合を $\mathscr{A}$ とおき，

$$\mathscr{A} = \{(I:x) \in \mathrm{Spec}(R) \mid x \in R\} \qquad (*)$$

であることを上で証明した補題 6.3.11 を用いて証明する．

$P \in \mathscr{A} \iff P$ は I の素因子

$$\iff \overline{P} = P/I \text{ は } \overline{I} = I/I = (\overline{0}) \text{ の素因子}^{254)}$$

$$\iff \overline{P} = \mathrm{Ann}(\bar{x}) = (\overline{0}:\bar{x}) \in \mathrm{Spec}(R/I), \ \exists x \in R^{255)}$$

$$\iff P/I = (I:x)/I \in \mathrm{Spec}(R/I), \ \exists x \in R$$

$$\iff P = (I:x) \in \mathrm{Spec}(R), \ \exists x \in R.^{256)}$$

254) 命題 5.2.11
255) 補題 6.3.11
256) 命題 4.1.15
　　 定理 3.3.11

上記同値変形の中で，$(\overline{0}:\bar{x}) = (I:x)/I$ が成り立つのは次のようである．

$$\bar{a} \in (\overline{0}:\bar{x}) \iff \overline{ax} = \overline{0} \iff ax \in I \iff a \in (I:x).$$

ゆえに，$(\overline{0}:\bar{x}) = \{\bar{a} \mid a \in (I:x)\} = (I:x)/I$ と表現されるからである．

以上より，等式 $(*)$ が証明された． □

定理 6.3.13 R をネーター環とし，I と J を R のイデアルとする．I のすべての素因子を $P_1, \ldots, P_r$ とするとき，次が成り立つ．

$$I:J = I \iff J \not\subset P_i, \ \forall i \, (1 \leq i \leq r).$$

(証明) $I = Q_1 \cap \cdots \cap Q_r$ をイデアル I の正規分解とし，Q_i は P_i 準素イデアルとする．

($\Leftarrow$)：任意の $i \, (1 \leq i \leq r)$ に対して $J \not\subset P_i$ であると仮定する．すると，命題 5.1.11 を用いて，

$$J \not\subset P_i \Rightarrow Q_i : J = Q_i, \ (1 \leq \forall i \leq r)$$

である．ゆえに，命題 3.5.9, (1) により，

$$\begin{aligned} I:J &= (Q_1 \cap \cdots \cap Q_r) : J \\ &= (Q_1 : J) \cap \cdots \cap (Q_r : J) \\ &= Q_1 \cap \cdots \cap Q_r = I. \end{aligned}$$

($\Rightarrow$)：ある $i \, (1 \leq i \leq r)$ に対して $J \subset P_i$ であると仮定する．このとき $I:J \supsetneq I$ を示す．

簡単のために，

$$\underbrace{P_1, \ldots, P_s,}_{J \subset P_i} \underbrace{P_{s+1}, \ldots, P_r,}_{J \not\subset P_i}$$

としても一般性を失わない[257]．仮定より $s > 0$ である．命題 6.3.7 を使うと，各 $i\,(1 \leq i \leq s)$ に対して Q_i は P_i 準素イデアルであるから，ある $n_i \in \mathbb{N}$ が存在して $P_i^{n_i} \subset Q_i$ が成り立つ[258]．すると，

$$J \subset P_i \implies J^{n_i} \subset P_i^{n_i} \subset Q_i$$

である．$n = \max(n_1, \ldots, n_s)$ とおけば $i = 1, \ldots, s$ に対して $J^n \subset Q_i$ となり，

$$Q_i : J^n = (1), \quad i = 1, 2, \ldots, s$$

が成り立つ[259]．一方，$i = s+1, \ldots, r$ に対しては，

$$J \not\subset P_i \implies J^n \not\subset P_i \quad \text{（定理 4.2.1）}$$
$$\implies Q_i : J^n = Q_i \quad \text{（命題 5.1.11）}.$$

ゆえに，再び命題 3.5.9 の (1) を使えば，

$$\begin{aligned}
I : J^n &= (Q_1 \cap \cdots \cap Q_r) : J^n \\
&= (Q_1 : J^n) \cap \cdots \cap (Q_s : J^n) \cap (Q_{s+1} : J^n) \cap \cdots \cap (Q_r : J^n) \\
&= R \cap \cdots \cap R \cap Q_{s+1} \cap \cdots \cap Q_r \\
&= Q_{s+1} \cap \cdots \cap Q_r
\end{aligned}$$

したがって，$I : J^n = Q_{s+1} \cap \cdots \cap Q_r$ が得られる．このことより，$I : J \supsetneq I$ でなければならないことが分かる．なぜなら，$I : J = I$ と仮定すると，命題 3.5.9,(2) を繰り返し適用すれば次が得られる．

$$\begin{aligned}
I : J^2 &= (I : J) : J = (I : J), \\
I : J^3 &= (I : J^2) : J = (I : J) : J = I : J.
\end{aligned}$$

帰納法により，$I : J^n = I$ が成り立つ．すると，上の結果より，

$$Q_{s+1} \cap \cdots \cap Q_r = Q_1 \cap \cdots \cap Q_r$$

となるが，$s > 0$ であるから，これは $I = Q_1 \cap \cdots \cap Q_r$ が正規分解の最短性に矛盾する． □

命題 6.3.14 ネーター環 R の元を a とする．元 a が R の零因子であるための必要十分条件は，a が零イデアル (0) のある素因子に

---

[257] そうでない場合に，このように番号をつけ替えて証明しても十分であるとき，証明は「一般性を失わない」と言う．

[258] R：ネーター環

[259] 問 3.27

含まれることである.

(証明) R の元 a に対して,

$$a : 零因子 \iff (0):(a) \neq (0)^{260)}$$
$$\iff (a) \subset P, P \text{ は } (0) \text{ のある素因子}^{261)} \qquad \square$$

260) 問 3.27
261) 命題 6.3.13

6.4 素イデアルの多項式環への拡大

ネーター環 R 上の n 変数多項式環 $R[X] := R[X_1,\ldots,X_n]$ を考える.ヒルベルトの基底定理の系 6.2.2 より,$R[X]$ はネーター環である.したがって,ネーター性を仮定した多くの命題が多項式環 $R[X]$ においても成り立つ.R のイデアルを I とするとき,I の $R[X]$ への拡大イデアル $I^e = IR[X]$ は $R[X]$ において I によって生成されたイデアルのことである.命題 3.6.5 によれば,多項式を $f(X) = \sum a_{i_1 \ldots i_n} X_1^{i_1} \cdots X_n^{i_n} \in R[X]$ と表せば,次が成り立つ.

$$f(X_1,\ldots,X_n) \in IR[X] \iff \forall a_{i_1 \ldots i_n} \in I.$$

命題 6.4.1 R を環とし,$R[X_1,\ldots,X_n]$ を n 変数多項式環とする.P が R の素イデアルならば,その拡大イデアル $PR[X_1,\ldots,X_n]$ もまた $R[X_1,\ldots,X_n]$ の素イデアルであり,逆もまた成り立つ.

(証明) n についての帰納法を使えば,$n=1$ の場合を示せば十分である.たとえば,$PR[X_1,X_2] = (PR[X_1])R[X_1,X_2]$ が成り立つからである.したがって,以下の本命題の証明において $R[X]$ は 1 変数多項式環を表すものとする.

P が R の素イデアルならば,$PR[X]$ は $R[X]$ の素イデアルであることを示す.ただし,今の場合 $R[X]$ は 1 変数の多項式環である.
命題 3.6.8 より,

$$R[X]/PR[X] \cong (R/P)[X]$$

が成り立つ.仮定より,P は R の素イデアルであるから,R/P は整域である[262)].すると,命題 2.2.3 より,$(R/P)[X]$ も整域である.ゆえに,上の同型より $R[X]/PR[X]$ も整域となる.したがっ

262) 定理 4.1.5

て，再び定理 4.1.5 より $PR[X]$ は素イデアルである．

逆に，$PR[X]$ を $R[X]$ の素イデアルとすると，上の同型より $(R/P)[X]$ は整域である．ゆえに，その部分環 R/P もまた整域であるから，P は環 R の素イデアルである． □

問 6.7 命題 6.4.1 において，$PR[X_1, X_2] = (PR[X_1])R[X_1, X_2]$ が成り立つことを確かめよ．

命題 6.4.2 R をネーター環とし，$R[X] = R[X_1, \ldots, X_n]$ を n 変数多項式環とする．また，P と Q を R のイデアルとし，P を素イデアルとする．このとき，Q が P 準素イデアルならば，拡大イデアル $QR[X]$ は $PR[X]$ 準素イデアルである．

(証明) 命題 6.4.1 と同様に n についての帰納法を使えば，$n = 1$ の場合を示せば十分である．したがって，以下の証明において $R[X]$ は 1 変数多項式環を表すものとする．

命題 6.4.1 より，$PR[X]$ は $R[X]$ の素イデアルである．Q が P 準素イデアルならば，$QR[X]$ は $PR[X]$ 準素イデアルであることを示せばよい．

$QR[X]$ の素因子が $PR[X]$ 唯一つであることを示せば，命題 5.2.7 より，$QR[X]$ は $PR[X]$ 準素イデアルとなる[263]．このために，P' を $QR[X]$ の任意の素因子としたとき，$P' = PR[X]$ となることを示せばよい．

[263] $R[X]$ はネーター環である．

(1) はじめに，$PR[X] \subset P'$ であることを示す．Q は P 準素イデアルであるから，$P = \sqrt{Q}$ であり，また P' は $R[X]$ の素イデアルであるから，$P' \cap R$ は R の素イデアルである[264]．このことに注意すると，P' は $QR[X]$ の素因子であるから次のように推論できる．

[264] 命題 4.1.13

$$
\begin{aligned}
QR[X] \subset P' &\Longrightarrow QR[X] \cap R \subset P' \cap R \\
&\Longrightarrow Q \subset P' \cap R \,{}^{[265]} \\
&\Longrightarrow P = \sqrt{Q} \subset \sqrt{P' \cap R} = P' \cap R \,{}^{[266]} \\
&\Longrightarrow P \subset P' \cap R \subset P' \\
&\Longrightarrow P \subset P'
\end{aligned}
$$

[265] 命題 3.6.5,(2) より $QR[X] \cap R = Q$．

[266] $P' \cap R$ は素イデアル．

$$\implies PR[X] \subset P'R[X] = P' \,^{267)}.$$

[267) P' は $R[X]$ のイデアル.]

以上より，$PR[X] \subset P'$ であることが示された．

(2) 逆の包含関係 $PR[X] \supset P'$ を示す．$f(X) \in P'$ とする．イデアル $(f(X)) \subset R[X]$ を考えると，$f(X) \in P'$ であるから $(f(X)) \subset P'$ である．すると，P' は $QR[X]$ の素因子であるから，次のように推論できる．イデアル $QR[X]$ と $(f(X))$ に対して，

$(f(X)) \subset P'$
$\implies (QR[X] : (f(X))) \supsetneq QR[X]\,^{268)}$
$\implies \exists g(X) \in (QR[X] : (f(X))),\ g(X) \notin QR[X]$
$\implies \exists g(X) \in R[X],\ f(X)g(X) \in QR[X],\ g(X) \notin QR[X].$

[268) 定理 6.3.13]

このとき，$f(X), g(X)$ を次のように表す．

$$f(X) = a_h X^h + a_{h+1} X^{h+1} + \cdots + a_k X^k \in P'$$
$$g(X) = b_r X^r + b_{r+1} X^{r+1} + \cdots + b_s X^s.$$

ここで，$b_r, \ldots, b_{r+j} \in Q$ であるとき，$b_r X^r, b_{r+1} X^{r+1}, \ldots, b_{r+j} X^{r+j}$ なる項を $g(x)$ から除いても，本質的な条件 $f(X)g(X) \in QR[X], g(X) \notin QR[X]$ を損なうことはない．また $g(X) \notin QR[X]$ であるから，$b_r, \ldots, b_s$ の少なくとも一つは $\notin Q$ である．ゆえに，$g(X)$ の先頭の項が $\notin Q$ であると仮定することができる．そこで，先頭の項の係数を $b_r \notin Q$ とする．すると，命題 3.6.5 より，

$f(X)g(X) \in QR[X] \implies f(X)g(X)$ のすべての係数は Q に属する
$ \implies a_h b_r \in Q.$

ここで，Q は P 準素イデアルであるから，

$$a_h b_r \in Q,\ b_r \notin Q \implies a_h \in P.$$

ゆえに，$a_h \in P$ である．すると，$a_h X^h \in PR[X] \subset P'$ であるから[269)]，

[269) (1) より．]

$$a_{h+1} X^{h+1} + \cdots + a_k X^k = f(X) - a_h X^h \in P'$$

となる[270]．次に，$a_{h+1}X^{h+1}+\cdots+a_kX^k \in P'$ に対して，上の推論を繰り返すと，$a_{h+1} \in P$ が得られる．このようにして，$f(X)$ のすべての係数が P に属することが分かる．したがって，$f(X) \in PR[X]$ となる．ここで，$f(X)$ は P' の任意の元であったから，$P' \subset PR[X]$ を証明したことになる． □

[270] $f(X) \in P'$ と仮定している．

命題 6.4.3 R をネーター環とし，$R[X] = R[X_1,\ldots,X_n]$ を n 変数多項式環とする．このとき，次が成り立つ．

(1) $I = Q_1 \cap \cdots \cap Q_n$ が R における準素分解ならば，$IR[X] = Q_1R[X] \cap \cdots \cap Q_nR[X]$ は $R[X]$ における準素分解である．

(2) $I = Q_1 \cap \cdots \cap Q_n$ が R における正規分解ならば，$IR[X] = Q_1R[X] \cap \cdots \cap Q_nR[X]$ は $R[X]$ における正規分解である．

(証明) (1) 命題 3.6.6 より，$I = Q_1 \cap \cdots \cap Q_n$ ならば，$IR[X] = Q_1R[X] \cap \cdots \cap Q_nR[X]$ である．また，命題 6.4.2 より，Q_i が P_i 準素イデアルならば，$Q_iR[X]$ は $P_iR[X]$ 準素イデアルであるから，主張は成り立つ．

(2) $I = Q_1 \cap \cdots \cap Q_n$ を正規分解とする．Q_i が P_i 準素イデアルとすれば，$P_1,\ldots,P_n$ は相異なる I の素因子である．(1) より，$IR[X] = Q_1R[X] \cap \cdots \cap Q_nR[X]$ は $IR[X]$ の準素分解であり，$Q_iR[X]$ は $P_iR[X]$ 準素イデアルである．

(i) このとき，拡大イデアル $P_1R[X],\ldots,P_nR[X]$ は $IR[X]$ の相異なる素因子である．なぜなら，命題 3.6.5,(2) に注意すれば，

$$P_iR[X] = P_jR[X] \Rightarrow P_iR[X] \cap R = P_jR[X] \cap R \Rightarrow P_i = P_j$$

となるからである．

(ii) 無駄がないこと：$Q_1R[X] \supset Q_2R[X] \cap \cdots \cap Q_nR[X]$ と仮定すると，再び命題 3.6.5,(2) を使えば，

$$\begin{aligned}
\Longrightarrow \quad & Q_1R[X] \cap R \supset (Q_2R[X] \cap \cdots \cap Q_nR[X]) \cap R \\
& \qquad\qquad\quad = (Q_2R[X] \cap R) \cap \cdots \cap (Q_nR[X] \cap R) \\
\Longrightarrow \quad & Q_1 \supset Q_2 \cap \cdots \cap Q_n.
\end{aligned}$$

これは $I = Q_1 \cap \cdots \cap Q_n$ が正規分解であることに矛盾する．他の $i \neq 1$ についても同様に $Q_iR[X] \not\supset \cap_{j \neq i} Q_jR[X]$ であることを証明

できる.

以上 (i), (ii) より $IR[X] = \bigcap_{i=1}^{n} Q_i R[X]$ は正規分解である. □

系 6.4.4 R をネーター環とし, $R[X] = R[X_1, \ldots, X_n]$ を n 変数多項式環とする. このとき, $R[X]$ における (0) の素因子はすべて R における (0) の素因子の拡大イデアルである.

(証明) $(0) = Q_1 \cap \cdots \cap Q_n$ を R における正規分解とし, Q_i を P_i 準素イデアルとする. P_i は R における (0) の素因子である. 命題 6.4.3 より, この正規分解を $R[X]$ へもち上げると, $(0) = 0R[X] = Q_1 R[X] \cap \cdots \cap Q_n R[X]$ は (0) の正規分解であり, $Q_i R[X]$ は $P_i R[X]$ 準素イデアルである. ゆえに, $P_1 R[X], \ldots, P_n R[X]$ は $R[X]$ における (0) の素因子である[271]. □

[271] ネーター環においては正規分解の仕方によらずイデアル (0) によってのみ素因子は一意的に定まる (一意性定理 5.2.4).

命題 6.4.5 R をネーター環とし, $R[X] = R[X_1, \ldots, X_n]$ を n 変数多項式環とする. $f(X) \in R[X]$ が $R[X]$ の零因子ならば, R のある元 $a \neq 0$ が存在して, $af(X) = 0$ となる.

(証明) $f(X)$ を $R[X]$ の零因子と仮定すると, 命題 6.3.14 より, $f(X)$ は $R[X]$ における (0) のある素因子に含まれる. さらに, ここで, 系 6.4.4 より, $R[X]$ における (0) の素因子は R における (0) の素因子の拡大イデアルであるから, R における (0) のある素因子を P として $f(X) \in PR[X]$ となる. ゆえに, 命題 3.6.5 より, $f(X)$ のすべての係数は P に属する.

すると P は (0) の素因子であるから, 定理 6.3.13 を使えば, $P \subset P$ より $(0 : P) \neq (0)$ となる. したがって,

$$(0 : P) \neq 0 \implies \exists a \in (0 : P), \, a \neq 0$$
$$\implies \exists a \neq 0, \, aP = (0),$$
$$\implies \exists a \neq 0, \, af(X) = 0 \,^{[272]}. \quad \square$$

[272] $f(X)$ のすべての係数 $\in P$.

第 6 章練習問題

1. R は唯一つの素イデアル P をもつネーター環であるとする. このとき, R のすべてのイデアルは P 準素イデアルであることを証明せよ.

2. ネーター環 R のイデアルを I, J とする. このとき $J \subset IJ$ ならば, ある元 $a \in I$ が存在して $(1-a)J = (0)$ が成り立つことを証明せよ.

3. R を局所環とし, P をその極大イデアルとする. このとき, $P \subset P^2$ ならば $P = 0$ となることを証明せよ.

4. P をネーター環 R の素イデアルとし, $S = R \setminus P$ とする. S は積閉集合である. 第 3 章練習問題 8 で用いた記号により,

$$P^{(n)} := S(P^n) = \{x \in R \mid \exists s \in S, \ sx \in P^n\}$$

と定義する. すなわち, $P^{(n)}$ はイデアル P^n の S 成分である. このイデアル $P^{(n)}$ を素イデアル P の記号的 n 乗 (symbolic n-th power) と言う. このとき, $P^{(n)}$ について次を証明せよ[273].

(1) $P^{(n)}$ は P 準素イデアルである.
(2) $P^{(n)}$ は P^n の P 準素成分である.
(3) $P^{(n)} = P^n \iff P^n$ は P 準素イデアルである.

[273] 第 5 章練習問題 8 も参照せよ.

5. (1) R がアルティン環ならば, R のすべての素イデアルは極大イデアルであることを証明せよ.
 (2) R を整域とする. R がアルティン環ならば, R は体であることを証明せよ.

6. 環 R のイデアルを I とする. 剰余環 R/I がネーター環であり, I に含まれる R の任意のイデアルが有限生成であるならば, 環 R はネーター環であることを証明せよ.

7. $R_1, R_2, \ldots, R_n$ がネーター環ならば, その直積環 $R_1 \times R_2 \times \cdots \times R_n$ もネーター環であることを証明せよ.

8. R がネーター環ならば, $\mathrm{Ann}(a), a \in R$ という形の素イデアルが存在することを証明せよ.

9. R がアルティン環ならば, ベキ零根基とジャコブソン根基は一致することを証明せよ. すなわち,

$$\mathrm{nil}\,(R) = \mathrm{rad}\,(R).$$

10. R がアルティン環ならば, ベキ零根基 $\mathrm{nil}\,(R)$ はベキ零であることを証明せよ.

問題の略解

第1章の問題

問 1.1 e と f を R の単位元とする．e が単位元であるから，$ef = f$．一方，f も単位元であるから，$ef = e$ である．ゆえに，$f = e$ を得る．

問 1.2 たとえば，(i) $m = 0$ または $n = 0$, (ii) $m > 0, n > 0$, (iii) $m < 0, n < 0$, (iv) $mn < 0$ の四つの場合に分け，帰納法で示す．

問 1.3 a を単元として「$ab = 0 \Rightarrow b = 0$」を示せばよい．

問 1.4 演算が定義されること，群の公理 (G1),(G2),(G3) が成り立つことを確かめる．

問 1.5 「$a + b\sqrt{2} = 0 \Rightarrow a = b = 0$」を示せば $1, \sqrt{2}$ は $\mathbb{Q}$ 上 1 次独立となる．

第1章練習問題

1. (1) f が全射であること：$y \in G$ を任意の元とする．このとき，$y^{-1} \in G$ であり $f(y^{-1}) = y$ となる．f が単射であること：$f(x_1) = f(x_2) \Rightarrow x_1^{-1} = x_2^{-1} \Rightarrow x_1 = x_2$．
   (2) ℓ_a が全射であること：$y \in G$ とする．このとき，$a^{-1}y \in G$ で，$\ell_a(a^{-1}y) = y$ となる．ℓ が単射であること：$\ell_a(x) = \ell_a(y) \Rightarrow ax = ay \Rightarrow x = y$（簡約律 1.1.6）．
   (3) は (2) と同様である．

2. (1) 「$a, b \in S \Longrightarrow a * b \in S$」であることを示す．
   (2) $(S, *)$ が群であること：
      (G1) 結合律：$a * (b * c) = (a + 1)(b + 1)(c + 1) - 1 = (a * b) * c$．
      (G2) 0 が S の単位元である．
      (G3) $a \in S$ の逆元は $-a/(a + 1)$ である．
   (3) $x = 5$．

3. e を G の単位元とする．必要条件は明らかなので，十分条件を示す．部分群の判定定理 1.1.8 を用いる．「$a \in H \Rightarrow a^{-1} \in H$」を示せばよい．演算に関して閉じているので，$aH \subset H$ である．一方，簡約律 1.1.6 により H と aH の濃度は一致する．すると，H は有限集合であるから，$aH = H$ となる．$a \in H = aH$ より，$a = ac, \exists c \in H$ と表される．このとき再び簡約律 1.1.6 より，$e = c \in H$ を得る．すると，$e \in aH$ より $e = ab, \exists b \in H$．これより，$a^{-1} = b \in H$ が得られる．

4. (1) $G = \langle a \rangle$ として，n と k の最大公約数を d とする．すると，$n = n'd, k = k'd, (n', k') = 1$ で表すことができ，$n/(n, k) = n/d = n'$ である．このとき，(i) $(a^k)^{n'} = e$ と (ii)

「$(a^k)^\ell = e \ (\ell \in \mathbb{N}) \Rightarrow n'|\ell$」を示せばよい．(2) $a^k : G$ の生成元 $\Leftrightarrow \langle a^k \rangle = G \Leftrightarrow |\langle a^k \rangle| = |G| = n \Leftrightarrow n/(n,k) = n \Leftrightarrow (n,k) = 1$．

5. 単位元でない G の元を a とすると，$G = \langle a \rangle$ となり，G は巡回群であることが分かる．また G の位数が有限でないとすると，$\{e\} \subsetneq \langle a^2 \rangle \subsetneq \langle a \rangle = G$ となり，これは矛盾である．さらに，$G = \langle a \rangle$ の位数 n が素数でないとすると，n のある約数 $d(1 < d < n)$ が存在して $\langle a^d \rangle$ は G の真部分群になる．これは G が真部分群をもたないことに矛盾する．

6. たとえば，(1) $\Rightarrow$ (2) $\Rightarrow$ (3) $\Rightarrow$ (4) $\Rightarrow$ (5) $\Rightarrow$ (1) を示せばよい．

7. (1) $HK = \cup_{k \in K} Hk = \cup_{k \in K} kH = KH$．(2) HK が部分群であること：$H^{-1} := \{h^{-1} \mid h \in H\}$ と表せば，$(HK)^{-1} = K^{-1}H^{-1}$ が成り立つ．また，H は部分群であるから，$H^{-1} = H$ が成り立つ．これを使うと $(HK)(HK)^{-1} = HK(K^{-1}H^{-1}) = HKKH = HKH = HHK = HK$．部分群の判定定理 1.1.8 より，$HK$ は G の部分群となる．

8. 例題 1.2.11 と同様にする．$\mathbb{Z}[i], \mathbb{Q}[i]$ どちらの場合にも，最初に演算に関して閉じていることを確認することが必要である．$\mathbb{Z}[i]$ の可逆元は $\{1, -1, i, -i\}$ である．$\mathbb{Q}[i]$ が体であることは，$a + bi \neq 0$ のとき，$(a + bi)^{-1} = a/(a^2 + b^2) - ib/(a^2 + b^2) \in \mathbb{Q}[i]$ と表されることより分かる．

9. (1) $bb = (1-a)(1-a) = 1 - 2a + a^2 = 1 - 2a + a = 1 - a = b$．
   (2) $ab = a(1-a) = a - a^2 = a - a = 0$．
   (3) 「$x \in aR \cap bR \Rightarrow x = 0$」を示す．
   (4) 環の条件をチェックする．aR の単位元は a であり，R の単位元 1 とは異なるので，aR は R の部分環ではない．
   (5) $bR \subset f^{-1}(0)$: $x \in bR \Rightarrow x = br, \exists r \in R \Rightarrow f(x) = ax = a(br) = (ab)r = 0 \cdot r = 0$．$f^{-1}(0) \subset bR$: $x \in f^{-1}(0) \Rightarrow f(x) = 0 \Rightarrow ax = 0$．すると，$x = 1 \cdot x = (a+b)x = ax + bx = bx \in bR$．
   (6) (i) $R = aR + bR$: $x \in R \Rightarrow f(x) = ax \in aR$．すると，$f(x - ax) = f(x) - f(ax) = ax - a(ax) = ax - ax = 0$．ゆえに，$x - ax \in f^{-1}(0) = bR$．これより，$\exists r \in R, x = ax + br \in aR + bR$．
   (ii) 一意的：$x = ar_1 + br_2 = as_1 + bs_2, r_i, s_i \in R$ として，$ar_1 = as_1, bs_2 = br_2$ を示せばよい．

10. 環の条件 (R1) から (R4) を確かめればよい．零元は $(0,0)$，単位元は $(1,1)$ であり，零因子は $(1,0)(0,1) = (0,0)$ より分かる．

第 2 章の問題

問 2.1 命題 2.1.5 を使うと，$(m,n) = 1 \Rightarrow \exists x, y \in \mathbb{Z}, mx + ny = 1 \Rightarrow (ma)x + (na)y = a$．ここで，$mn|ma, mn|na$ より，$mn|a$ を得る．

問 2.2 (1) $(p, a) = d$ とすると，$d \mid p$ より $d = 1$ または $d = p$ である．$d = p$ とすると矛盾するので $d = 1$．
(2) ユークリッドの補題である命題 2.1.6 を使う．

問 2.3 (1) $ax \equiv ay \pmod{n} \Leftrightarrow n|a(x-y) \Leftrightarrow n|(x-y) \Leftrightarrow x \equiv y \pmod{n}$. 命題 2.1.6 を使う.
(2) これは問 2.1 を合同式を用いて表しただけである.
(3) (2) より得られる.

問 2.4 (1) $\mathbb{Z}_5$ は定理 2.1.6 より可換環である. また, $\bar{1}^{-1} = \bar{1}$, $\bar{2}^{-1} = \bar{3}$, $\bar{3}^{-1} = \bar{2}$, $\bar{4}^{-1} = \bar{4}$ であるから, 定義 1.2.6 より $\mathbb{Z}_5$ は体である.
(2) $\bar{2} \cdot \bar{3} = \bar{0}$.
(3) 命題 2.1.5 を使う.

問 2.5 (1) $\mathbb{Z}_{12}$ の可逆元は $\{\bar{1}, \bar{5}, \bar{7}, \overline{11}\}$. (2) $\mathbb{Z}_{12}$ の非零因子は $\{\bar{1}, \bar{5}, \bar{7}, \overline{11}\}$.

問 2.6 $U(R[X]) = U(R)$.

問 2.7 $U(R[X,Y]) = U(R)$.

第 2 章練習問題

1. 存在すること: 命題 2.1.5 を使うと, $(a,n) = 1$ より $ax_0 + ny_0 = 1, \exists x_0, y_0 \in \mathbb{Z}$. ゆえに, $ax_0 b + ny_0 b = b$. したがって, $ax_0 b \equiv b \pmod{n}$. 一意性: $ax \equiv b \pmod{n}, ax' \equiv b \pmod{n}$ と仮定する. すると, $ax \equiv ax' \pmod{n}$ より $a(x-x') \equiv 0 \pmod{n}$ となる. ここで, $(a,n) = 1$ より $x - x' \equiv 0 \pmod{n}$ を得る.

2. 唯一つであること: $x \equiv a \pmod{n_1}, x \equiv a \pmod{n_2}$ かつ $y \equiv a \pmod{n_1}, y \equiv a \pmod{n_2}$ と仮定する. すると, $x \equiv y \pmod{n_1}, x \equiv y \pmod{n_2}$ となり, $(n_1, n_2) = 1$ であるから, $x \equiv y \pmod{n_1 n_2}$ を得る (問 2.3).
存在すること: $x \equiv a \pmod{n_1}$ は $x = a + n_1 t, t \in \mathbb{Z}$ と表される. $x \equiv b \pmod{n_2}$ に代入し, $a + n_1 t \equiv b \pmod{n_2}$ をみたす t が存在すればよい. $n_1 t \equiv b - a \pmod{n_2}$ と変形すると, $(n_1, n_2) = 1$ であるから, 練習問題 1 よりこのような t は存在する.

3. (1) $x \equiv 23 \pmod{30}$, (2) $x \equiv 7 \pmod{51}$.

4. $d := (c,n) > 1$ と仮定する. $b, c \in C_a \Rightarrow b \equiv c \pmod{n} \Rightarrow n|(b-c) \Rightarrow b - c = nt, \exists t \in \mathbb{Z} \Rightarrow b = c + nt \Rightarrow d | b \Rightarrow d | (b,n) \Rightarrow d|1 \Rightarrow d = 1$ で矛盾.

5. (1) C_a を n を法とする既約剰余類, C'_a を n_1 を法とする既約剰余類, C''_a を n_2 を法とする既約剰余類とする. このとき, $C_a \mapsto (C'_a, C''_a)$ により定まる写像 $U(\mathbb{Z}_n) \longrightarrow U(\mathbb{Z}_{n_1}) \times U(\mathbb{Z}_{n_2})$ が全単射であることを示す. 練習問題 2 を使えばよい.
(2) p が素数のとき, $(a,p) > 1 \Longleftrightarrow p | a$ であることに注意する.
(3) s に関する帰納法を使う. $s = 1$ のとき, (2) より成り立つ.

6. 練習問題 5 を使う.
(1) 第 1 章練習問題 4 より, 「$\bar{a} \in \mathbb{Z}_{pq}$: 生成元 $\Leftrightarrow (a, pq) = 1$」である. これを使うと, $\mathbb{Z}_{pq}$ の生成元の個数はオイラーの関数により $\varphi(pq) = (p-1)(q-1)$.
(2) 同様にして, $p^{r-1}(p-1)$.

7. 演算が well defined であること, すなわち, $\bar{a}, \bar{b} \in U(\mathbb{Z}_n) \Rightarrow \overline{ab} \in U(\mathbb{Z}_n)$ を示し,

$\bar{a}, \bar{b} \in U(\mathbb{Z}_n)$ に対して $\overline{ab} \in U(\mathbb{Z}_n)$ を対応させる対応が写像になることを示す．それから，群の公理 (G1),(G2),(G3) を確かめる．(G3) のみ示す．$\bar{a} \in U(\mathbb{Z}_n) \Rightarrow (a,n) = 1 \Rightarrow$ 命題 2.1.5 より $ab + nc = 1 (\exists b, c \in \mathbb{Z}) \Rightarrow \bar{a}\bar{b} = \bar{1}$.

8. (1) $(a,n) = 1$ とすると，$\bar{a} \in U(\mathbb{Z}_n)$ と考えられる．既約剰余類群 $U(\mathbb{Z}_n)$ の位数は $\varphi(n)$ であるから（練習問題 7)，ラグランジュの定理 1.1.16 より $\bar{a}^{\varphi(n)} = \bar{1}$. このとき $\bar{a}^{\varphi(n)} = \bar{1} \iff \overline{a^{\varphi(n)}} = \bar{1} \iff a^{\varphi(n)} \equiv 1 \pmod{n}$.
   (2) (1) を使う．

9. 練習問題 8 より，$10^{\varphi(13)} \equiv 1 \pmod{13}$，ゆえに，$10^{12} \equiv 1 \pmod{13}$ である．$100 = 12 \cdot 8 + 4$ であるから，$10^{100} = (10^{12})^8 \cdot 10^4 \equiv 10^4 \equiv 3^4 \equiv 9^2 \equiv (-4)^2 = 16 \equiv 3 \pmod{13}$.

10. (1) 次数に関する帰納法で示す．$\alpha \in R, f(\alpha) = 0$ とすると，命題 2.2.9 より $f(X) = (X - \alpha)g(X)$ と表される．$\deg g(X) = n - 1$ であるから，帰納法の仮定が使える．
    (2) $h(X) = f(X) - g(X)$ として (1) を使う．

第 3 章の問題

問 3.1 (i),(ii) $\Rightarrow$ (i'),(ii): $a, b \in I$ とする．R は環であるから，$-1 \in R$. ゆえに，(ii) より $-b = (-1) \cdot b \in I$. (i) より，$a - b = a + (-b) \in I$. よって，(i') が示された．
(i'),(ii) $\Rightarrow$ (i),(ii): $a, b \in I$ とする．(ii) より，$-b = (-1) \cdot b \in I$. すると，(i') より $a + b = a - (-b) \in I$ となる．よって，(i) が示された．

問 3.2 イデアル I は定義より $I \neq \emptyset$ である．ゆえに，I にある元 a が存在する．すると，(i') より $0 = a - a \in I$ となる．

問 3.3 イデアルの定義を確かめればよい（埋め込み写像 $\iota: R \longrightarrow R'$ の逆像と考えれば，命題 3.3.2 からも得られる）．

問 3.4 I の任意の元 x は生成系 A の元 x_i によって $x = \sum a_i x_i, a_i \in R$ と表される．仮定より $x_i \in A \subset I$ であるから，$a_i x_i \in I$ となり，ゆえに，$x \in I$ を得る．

問 3.5 $a:$ 単元 $\iff \exists b \in R, ab = 1 \iff 1 \in (a) \iff (a) = (1)$.

問 3.6 イデアルの定義の (i) はイデアル和の定義により $I + I \subset I$ と表される．イデアル定義の条件 (ii) は同様に $RI \subset I$ と表される．$0 \in I$ であるから，$I + I \subset I \iff I + I = I$ であり，$1 \in I$ であるから，$RI \subset I \iff RI = I$ が成り立つ．

問 3.7 (1) 環 R は可換環であるから $IJ = JI$, また加法の演算は可換であるから $I + J = J + I$ が成り立つ．
(2) イデアルは 0 を含んでいるから，$x \in I \Rightarrow x = x + 0 \in I + J$ となる．ゆえに，$I \subset I + J$ である．$J \subset I + J$ も同様である．
(3) $I \subset R \Rightarrow IJ \subset RJ = J$ かつ $J \subset R \Rightarrow IJ \subset IR = I$. ゆえに，$IJ \subset I \cap J$.
(4) 加法の結合律より成り立つことが分かる．
(5) $J + K \supset J, K \Rightarrow I(J + K) \supset IJ, IK$. ゆえに，$I(J + K) \supset IJ + IK$. 逆に，$I(J + K)$ の元 x は $x = \sum a_i(b_i + c_i), a_i \in I, b_i \in J, c_i \in K$ と表される．すると，$x = \sum a_i b_i + \sum a_i c_i \in IJ + IK$ となる．

問 3.8 問 3.7 の (2) より, $J \subset I+J$ である. 逆に, $I+J$ の任意の元は $x+y\,(x\in I, y\in J)$ と表される. ところが, $x\in I \Rightarrow x\in J$ であるから, $x+y\in J$ となる. ゆえに, $I+J\subset J$ が成り立つ.

問 3.9 (1) $2\mathbb{Z}$ と $3\mathbb{Z}$ は $\mathbb{Z}$ のイデアルであるが, $2\mathbb{Z}\cup 3\mathbb{Z}$ はイデアルではない. なぜなら, $5\notin 2\mathbb{Z}\cup 3\mathbb{Z}$ であるから.
(2) $I\cup J$ がイデアルならば, $I\subset J$ または $I\supset J$ であることを示す. 逆は明らかである. $I\not\subset J, I\not\supset J$ と仮定する. すると, $a\in I, a\notin J$ と $b\in J, b\notin I$ が存在する. このとき, $a+b\notin I\cup J$ となる.

問 3.10 $R/I=0 \iff [x\in R \Rightarrow \bar{x}=\bar{0}] \iff [x\in R \Rightarrow x\in I] \iff R=I$.

問 3.11 (i) $f(0_R)=f(0_R)+f(0_R)$ より $f(0_R)=0_{R'}$ となる.
(ii) $f(a)+f(-a)=f(0_R)=0_{R'}$ より $-f(a)=f(-a)$ を得る.
(iii) $f(a)f(a^{-1})=f(1_R)=1_{R'}$ を示せばよい.

問 3.12 $a,b\in R$ とする. $(gf)(a+b)=g(f(a+b))=g(f(a)+f(b))=g(f(a))+g(f(b))=(gf)(a)+(gf)(b)$. また, $(gf)(ab)=(gf)(a)\cdot(gf)(b)$ と $(gf)(1_R)=1_{R''}$ も同様である.

問 3.13 $f(6)=18$ である. 一方, $f(2)f(3)=6\cdot 9=54$ であるから, $f(6)\neq f(2)f(3)$ となり, f は環準同型写像ではない.

問 3.14 $z=a+bi$ の共役複素数を $\bar{z}=a-bi$ と表せば, $f(z_1+z_2)=\overline{z_1+z_2}=\bar{z}_1+\bar{z}_2=f(z_1)+f(z_2), f(z_1 z_2)=\overline{z_1 z_2}=\bar{z}_1\bar{z}_2=f(z_1)f(z_2), f(1)=1$ となる. また, $f\circ f=1$ が成り立つので, f の逆写像は自分自身である. よって, f は全単射であるから, f は複素数体 $\mathbb{C}$ の自己同型写像である.

問 3.15 $m,n\in\mathbb{Z}$ に対して, $f(m+n)=(m+n)e=me+ne$ と $f(mn)=(mn)e=(me)(ne)=f(m)f(n)$ が成り立つ. 定理 1.2.2,(5) と問 1.2 を使う.

問 3.16 (1) ($\supset$) を示す. $x\in f^{-1}(I')+f^{-1}(J')$ ならば $x=a+b, a\in f^{-1}(I'), b\in f^{-1}(J')$ と表される. すると, $f(x)=f(a+b)=f(a)+f(b)\in I'+J'$ より $x\in f^{-1}(I'+J')$ が成り立つ. f が全射のとき, ($\subset$) が成り立つことを示す. $x\in f^{-1}(I'+J')$ とすると $f(x)=a'+b'(\exists a'\in I', \exists b'\in J')$ と表される. f が全射であるから, $a'=f(a), b'=f(b), a\in f^{-1}(I'), b\in f^{-1}(J')$ をみたす a,b が存在する. すると, $f(x)=a'+b'=f(a)+f(b)=f(a+b)$. これより, $x-a-b\in \mathrm{Ker}\,f$ が得られ, $x\in f^{-1}(I')+f^{-1}(J')$ を得る.
(2) $f^{-1}(I')f^{-1}(J')$ の生成系 ab について, $ab\in f^{-1}(I'J')$ を示せばよい.

問 3.17 f は全射であるから, $f(I)$ と $f(J)$ は R のイデアルである (命題 3.3.3).
(1) $x\in f(I+J) \Leftrightarrow x=f(a+b), \exists a\in I, \exists b\in J \Leftrightarrow x=f(a)+f(b), \exists a\in I, \exists b\in J \Leftrightarrow x\in f(I)+f(J)$.
(2) $x\in f(IJ) \Leftrightarrow x=f(\sum a_i b_i), a_i\in I, b_i\in J \Leftrightarrow x=\sum f(a_i)f(b_i), a_i\in I, b_i\in J \Leftrightarrow x\in f(I)f(J)$.

問 3.18 $a\in \mathrm{Ker}\,\pi \Leftrightarrow \pi(a)=0 \Leftrightarrow a+I=I \Leftrightarrow a\in I$.

問 3.19 対応定理の系 3.3.11 より，剰余環 R/I のイデアルは J/I という形をしている．

問 3.20 対応定理の系 3.3.11 より分かる．

問 3.21 $R \xrightarrow{f} R' \xrightarrow{\pi} R'/I'$ を考える．定理 3.3.7 を用いると，仮定 $\mathrm{Ker}\, f \subset I$ より $\mathrm{Ker}\,(\pi \circ f) = I$ を得る．そこで，第 1 同型定理 3.3.14 を使う．

問 3.22 (1) 命題 1.2.9 により，条件「$\alpha, \beta \in S+I \Rightarrow \alpha - \beta, \alpha\beta \in S+I$」を示せばよい．$1 \in S+I$ は明らか．
(2) I は R のイデアルであるから，$\alpha \in S+I, a \in I \Rightarrow \alpha c \in I$ を示せば，$S+I$ のイデアルになる．
(3) 命題 3.3.2 より埋め込み写像 $\iota : S \hookrightarrow R$ の逆像 $\iota^{-1}(I) = S \cap I$ は S のイデアルである．
(4) 埋め込み $\iota : S \hookrightarrow R$ と標準全射 $\pi : R \to R/I$ の合成写像 $\pi \circ \iota$ を考え，第 1 同型定理 3.3.14 を使う．

問 3.23 $(x_1, \ldots, x_n) \in \mathrm{Ker}\, \phi \Leftrightarrow \phi(x_1, \ldots, x_n) = (\bar{0}, \ldots, \bar{0}) \Leftrightarrow \bar{x}_i = \bar{0}(1 \leq i \leq n) \Leftrightarrow x_i + I_i = I_i(1 \leq i \leq n) \Leftrightarrow x_i \in I_i(1 \leq i \leq n)$．

問 3.24 $x \equiv 1 \pmod 3, x \equiv 2 \pmod 5, x \equiv 3 \pmod 7$ の解を求めればよい．初めに，$x \equiv 1 \pmod 3, x \equiv 2 \pmod 5$ を解くと，$x \equiv 7 \pmod{15}$ となり，次に $x \equiv 7 \pmod{15}, x \equiv 3 \pmod 7$ を解くと，$x \equiv 52 \pmod{105}$ を得る．

問 3.25 IJ の生成元は $\{a_i b_j\}$ であるから，問 3.4 より $IJ \subset K$ となる．

問 3.26 $\mathrm{Ann}(\bar{3}) = \{\bar{0}, \bar{4}, \bar{8}\}$, $\mathrm{Ann}(\bar{4}) = \{\bar{0}, \bar{3}, \bar{6}, \bar{9}\}$, $\mathrm{Ann}(\bar{5}) = \{\bar{0}\}$.

問 3.27 $(I : J) = (1) \Leftrightarrow 1 \in (I : J) \Leftrightarrow 1J \subset I \Leftrightarrow J \subset I$.

問 3.28 a : 非零因子 $\Leftrightarrow [ab = 0 \Rightarrow b = 0] \Leftrightarrow [b \in (0 : a) \Rightarrow b = 0] \Leftrightarrow \mathrm{Ann}(a) = 0$.

問 3.29 (1) $1 \in (I : I)$ より分かる．(2) $IJ \subset I$ より $I \subset (I : J)$ となる．(3) $(I : 1) \subset I$ のみ示せばよい．$a \in (I : 1) \Leftrightarrow a = a1 \in I$.

問 3.30 (i) (a) (2), (b) (1), (c) (2), (d) (4).
(ii) (a) (X), (b) (X), (c) (1), (d) (X(X+2)).

問 3.31 (2) $I \cap J \subset I$ ならば $f(I \cap J)R' \subset f(I)R'$. 同様にして，$f(I \cap J)R' \subset f(J)R'$. ゆえに，$f(I \cap J)R' \subset f(I)R' \cap f(J)R'$, すなわち，$(I \cap J)^e \subset I^e \cap J^e$.
(3) $I^e J^e = (f(I)R')(f(J)R') = f(IJ)R'$.
(2') $(I' \cap J')^c = f^{-1}(I' \cap J') = f^{-1}(I') \cap f^{-1}(J') = (I')^c \cap (J')^c$.
(3') $f^{-1}(I'J') \supset f^{-1}(I')f^{-1}(J')$ を示せばよい．$f^{-1}(I')f^{-1}(J')$ の生成系の元 xy ($x \in f^{-1}(I'), y \in f^{-1}(J')$) について $xy \in f^{-1}(I'J')$ を示せばよい．

問 3.32 (2) $f(X) \in \mathrm{Ker}\, \sigma^* \Rightarrow \sum \sigma(a_i)X^i = 0 \Rightarrow \forall i, \sigma(a_i) = 0 \Rightarrow \forall i, a_i = 0 \Rightarrow f(X) = 0$. ゆえに，$\mathrm{Ker}\, \sigma^* = 0$. したがって，$\sigma^*$ は単射である．
(3) $g_1(X) = \sum b'_i X^i \in R'[X]$ とする．σ が全射ならば，各 i に対して $b_i \in R$ が存在して，$\sigma(b_i) = b'_i$ である．$g(X) = \sum b_i X^i \in R[X]$ とすれば，$\sigma^*(g(X)) = g_1(X)$ と

なる．

第 3 章練習問題

1. (1) $x \in (K : I) \Rightarrow xI \subset K \Rightarrow xJ \subset xI \subset K \Rightarrow x \in (K : J)$.
   (2) $x \in (0 : (0 : I)) \Longleftrightarrow [yI = 0 \Rightarrow xy = 0]$ に注意する．$x \in I$ とする．このとき，$yI = 0$ ならば $yx \in yI = 0$ である．ゆえに上の注意より，$x \in (0 : (0 : I))$ である．したがって，$I \subset (0 : (0 : I))$ が成り立つ．
   (3) (2) で I を $(0 : I)$ と考えれば $(0 : I) \subset \bigl(0 : (0 : (0 : I))\bigr)$. よって，$(\supset)$ を示せばよい．ところが (1) を (2) の $I \subset (0 : (0 : I))$ に適用すると，$(0 : I) \supset \bigl(0 : (0 : (0 : I))\bigr)$ が得られる．

2. (1) $\mathbb{Z}_n = \mathbb{Z}/n\mathbb{Z}$ のイデアル I は $I = (c)/(n), c|n$ と表される．$n = cd, d \in \mathbb{Z}$ とおく．
   (2) 練習問題 1 の (2) で $I \subset (0 : (0 : I))$ が示されているので，$I \supset (0 : (0 : I))$ を示せばよい．I は単項イデアルであるから，$I = (\bar{c}) = (c)/(n)$ と表される．ただし，$c \mid n$ であるから，$n = cd, d \in \mathbb{Z}$ と表される．このとき，$\bar{a} \in (0 : (0 : I)) \Longleftrightarrow [\forall b \in \mathbb{Z}, n \mid bc \Rightarrow n \mid ab]$ である．ここで，$b = d$ とすることにより，$c \mid a$ が得られ，$\bar{a} \in (\bar{c}) = I$ を得る．

3. (1) x がベキ零元ならば $\exists n \in \mathbb{N}, x^n = 0$ である．このとき，$(1+x)\bigl(1+(-x)+\cdots+(-x)^{n-1}\bigr) = 1 + x^n = 1$.
   (2) ベキ零元 x と単元 u を $x+u$ とする．このとき，$u+x = u(1+u^{-1}x)$ と表され，$u^{-1}x$ はベキ零元であり，ゆえに，$1 + u^{-1}x$ は (1) より単元である．したがって，$x+u$ は単元である．

4. $((a^{n+1}) : (a)) \subset (a^n)$ を示せばよい．a が非零因子であることに注意すれば，$x \in ((a^{n+1}) : (a)) \Rightarrow xa \in (a^{n+1}) \Rightarrow xa = a^{n+1}b, \exists b \in R \Rightarrow a(x - a^n b) = 0 \Rightarrow x - a^n b = 0 \Rightarrow x = a^n b \in (a^n)$.

5. (1) $I \cap (a) \subset a(I \cap (a))$ のみ示せばよい．逆は明らかである．$x \in I \cap (a)$ とすると，$x \in I$ かつ $x \in (a)$. ゆえに，$x = ab, b \in R$ と表される．ここで，$ab = x \in I$ より $b \in (I : (a))$ である．したがって，$x = ab \in a(I : (a))$.
   (2) 前半は，$(a) \longrightarrow ((a)+I)/I$ なる標準的な加群の準同型写像を考えると，その核は $(a) \cap I$ であるから第 1 同型定理 (群の) より得られる．後半の同型は加法群の標準全射 $R \longrightarrow (a)/I \cap (a)$ を考えると，この写像の核は $(I : (a))$ である．

6. (1) は例題 5.2.8 を参照せよ．
   (2) $(X^2, XY) \subset (X) \cap (X^2, Y)$ は明らか．逆の包含関係を示す．$f \in (X) \cap (X^2, Y)$ とする．$f = Xf_1, f = X^2g_1 + Yg_2, \exists g_1, g_2 \in A$ と表される．このとき，$Xf_1 = X^2g_1 + Yg_2 \Rightarrow X(f_1 - Xg_1) = Yg_2 \Rightarrow X|g_2 \Rightarrow g_2 = Xg_3, \exists g_3 \in A$. したがって，$f = X^2g_1 + Y(Xg_3) = X^2g_1 + XYg_3 \in (X^2, XY)$.

7. 例題 5.1.8 を参照せよ．

8. (3) $x \in S(I) \cap S(J) \Rightarrow \exists s, t \in S, sx \in I, tx \in J \Rightarrow (st)x \in I \cap J \Rightarrow x \in S(I \cap J)$. 逆は，容易である．
   (4) $S(I) = (1) \Leftrightarrow 1 \in S(I) \Leftrightarrow \exists s \in S, s \cdot 1 \in I \Leftrightarrow s \in S \cap I \Leftrightarrow S \cap I \neq \emptyset$.

9. 一般に，$(I:J_i) \subset (I:(J_1 \cap J_2)) \subset (I:J_1J_2)$ が成り立つ．これを使えば，(3) $\Rightarrow$ (2) $\Rightarrow$ (1) $\Rightarrow$ (3) が示される．

10. (1) は計算すればよい．
    (2) 任意の複素数 $z \in \mathbb{Q}[i]$ に対して，ある元 $\gamma \in \mathbb{Z}[i]$ が存在して $|z-\gamma| \leq \sqrt{2}/2$ が成り立つ．これを $z = \beta/\alpha \in \mathbb{Q}[i]$ に対して適用すると，$\gamma \in \mathbb{Z}[i]$ が存在して $|\alpha/\beta - \gamma| \leq \sqrt{2}/2$ が成り立つ．このとき，$N(\alpha/\beta - \gamma) \leq \sqrt{2}/2$ である．ここで，$\delta = \alpha - \beta\gamma$ とおけばよい．

第 4 章の問題

問 4.1 $P \cap U(R) \neq \emptyset \Rightarrow \exists u \in P \cap U(R)$．$P$ は単元 u を含む．すると，命題 3.1.7 より $P = (1)$ となる．これは矛盾である．

問 4.2 ($\Rightarrow$)：P を極大イデアルとする．$\bar{a} \in R/P$ とする．$\bar{a} \neq \bar{0}$ ならば，$a \notin P$ である．このとき，$(a) + P = (1)$ となる．これより，$\bar{a}$ は R/P で単元であることが分かる．ゆえに，R/P は体である．
($\Leftarrow$)：R/P を体とする．I をイデアルとして，$P \subset I$ と仮定する．剰余環 R/P では $(\bar{0}) \subset I/P \subset R/P$ となる．ところが，R/P は体であるから，そのイデアルは $(\bar{0})$ と R/P だけしかない．よって，$I/P = P/P$ であるか，または $I/P = R/P$ である．これより，$I = P$ であるかまたは $I = R$ を得る．したがって，P は R の極大イデアルである．

問 4.3 第 1 同型定理 3.3.14 より $R/f^{-1}(P')$ から R'/P' への単射準同型写像があり，R'/P' は整域である．

問 4.4 命題 4.1.15 と同様にすればよい．

問 4.5 定理 4.2.1 を使う．$IJ \subset P$ ならば $I \subset P$ または $J \subset P$ である．いずれにしても $I \cap J \subset P$ となる．逆は，$IJ \subset I \cap J$ より明らか．

問 4.6 定理 4.2.2 を使う．$P_1 \cap P_2$ が素イデアルと仮定すると，$P_1 \cap P_2 \subset P_1 \cap P_2$ より $P_1 \subset P_1 \cap P_2$ または $P_2 \subset P_1 \cap P_2$ となる．すなわち，$P_1 = P_1 \cap P_2$ または $P_2 = P_1 \cap P_2$ である．ゆえに，$P_1 \subset P_2$ または $P_2 \subset P_1$ となり，仮定に矛盾する．

問 4.7 $I \not\subset P_1$ かつ $I \not\subset P_2$ ならば，$I \not\subset P_1 \cup P_2$ であることを示せばよい．仮定より，$\exists a_1 \in I, a_1 \notin P_1, \exists a_2 \in I, a_2 \notin P_2$．ここで，$a_1 \notin P_2$ または $a_2 \notin P_1$ ならば，証明は終了する．そこで，$a_1 \in P_2$ かつ $a_2 \in P_1$ と仮定して，$P_1 \cup P_2$ に属さない I の元が存在することを示せばよい．このとき，$b := a_1 + a_2 \in I$ を考えると，$b \notin P_1$ かつ $b \notin P_2$ が成り立つ．よって，$I \not\subset P_1 \cup P_2$ が示された．

問 4.8 $f(X)$ がモニックでなければ，その最高次係数 a で割ればよい．k は体であるから，$(f(X)) = (\frac{1}{a}f(X))$ となる．

問 4.9 $d(X)$ を (i) $d|f, d|g$, (ii) $h|f, h|g \Rightarrow h|d$ をみたす多項式とし，$d'(X)$ を (i') $d'|f, d'|g$, (ii') $h|f, h|g \Rightarrow h|d'$ をみたす多項式とする．すると，(i') が成り立つから (ii) を適用すると，$d'|f, d'|g \Rightarrow d'|d$ である．同様にして，(i) が成り立つから (ii') を適用すると，$d|f, d|g \Rightarrow d|d'$ を得る．d と d' はモニックであるから，$d(X) = d'(X)$ を得る．

問 4.10 $f(X), g(X)$ はモニックであることに注意する。$g|f$ ならばある $h(x)$ により $f(X) = g(X)h(X)$ と表される。$f(X)$ は既約であるから，$g(X) \in k^\times$ または $h(X) \in k^\times$ である。$g(X) \in k^\times$ ならば $g(X) = 1$ である。$h(X) \in k^\times$ とすると，$f(X) = ag(X), a \in k^\times$ と表される。ゆえに，$f(X) = g(X)$ である。

問 4.11 $(f(X), g(X)) = d(X)$ とおく。すると，$f(X)$ は既約であるから，問 4.10 を用いて，$d|f$ より $d(X) = 1$ または $d(X) = af(X), a \in k^\times$ である。$d(X) = af(X)$ とすると，$f(X)|g(X)$ となり，矛盾する。ゆえに，$d(X) = 1$ である。

問 4.12 (i) $\sigma : R[X,Y] \to R[X], \sigma(f(X,Y)) = f(X,0)$ なる代入写像を考えると，σ は全射準同型写像である。このとき，$\operatorname{Ker} \sigma = (Y)$ となる。よって，第 1 同型定理 3.3.14 より，$R[X,Y]/(Y) \cong R[X]$ が成り立つ。$R[X,Y]/(Y)$ は整域となり，ゆえに (Y) は素イデアルになる。

(ii) $\sigma : R[X,Y] \to R, \sigma(f(X,Y)) = f(0,0)$ を考えると，同様にして $\operatorname{Ker} \sigma = (X,Y)$ となる。$R[X,Y]/(X,Y) \cong R$ が成り立つ。あとは同様である。

(iii) $\sigma : R[X,Y,Z] \to R[Z], \sigma(f(X,Y,Z)) = f(0,0,Z)$ を考えると，同様にして $\operatorname{Ker} \sigma = (X,Y)$ となる。よって，$R[X,Y,Z]/(X,Y) \cong R[Z]$ が成り立つ。あとは同様である。

問 4.13 $\sigma : k[X_1,\ldots,X_n] \to k[X_i,\ldots,X_n], \sigma(f(X_1,\ldots,X_n)) = f(0,\ldots,0,X_{i+1},\ldots,X_n)$ なる代入写像を考えると，σ は環準同型写像である。このとき，$\operatorname{Ker} \sigma = (X_1,\ldots,X_i)$ となる。よって，第 1 同型定理 3.3.14 より，$k[X_1,\ldots,X_n]/(X_1,\ldots,X_i) \cong k[X_{i+1},\ldots,X_n]$ が成り立つ。$k[X_1,\ldots,X_n]/(X_1,\ldots,X_i)$ は整域となり，ゆえに $(X_1,\ldots,X_i)$ は素イデアルになる。最後に，$k[X_1,\ldots,X_n]/(X_1,\ldots,X_n) \cong k$ となるので $(X_1,\ldots,X_n)$ は極大イデアルである。

問 4.14 各モノミアル（単項式）$\xi(X,Y,Z) = X^{e_1}Y^{e_2}Z^{e_3}$ の次数 $n = e_1 + e_2 + e_3$ に関する帰納法で示す。$n = 2$ のとき，$X^2 \in k[X], Y^2 \equiv XZ \in k[X]Y, Z^2 \equiv X^2Y \in k[X]Y, XY \in k[X]Y, YZ \equiv X^3 \in k[X], ZX \in k[X]Z$ で成り立つ。そこで n のとき成り立つと仮定して，$n+1$ のとき成り立つことを示せばよい。

問 4.15 (1) (a) $2\mathbb{Z}$, (b) $5\mathbb{Z}$, (c) $p\mathbb{Z}$, (d) $6\mathbb{Z}$, (e) $6\mathbb{Z}$.
(2) (a) $Xk[X]$, (b) $Xk[X]$, (c) $(X^2-1)k[X]$, (d) $(X-1)(X+3)k[X]$.

問 4.16 $\operatorname{nil}(\mathbb{Z}_{18}) = \{\bar{0}, \bar{6}, \overline{12}\}$.

問 4.17 ($\Rightarrow$) のみ示せば十分である。また，このとき，$R \setminus P \supset U(R)$ のみ示せば十分である。$x \in U(R)$ とする。x は R の単元である。すると，素イデアル P は単元 x を含まない。すなわち，$x \notin P$ である。

問 4.18 命題 4.6.2 を使う。$\bar{x} \notin P/I \Rightarrow x \notin P \Rightarrow x \in U(R) \Rightarrow \bar{x} \in U(R/I)$.

問 4.19 $f(X) : k[X]$ の既約多項式 $\Leftrightarrow f(X)$ は可約でない $\Leftrightarrow f(X)$ は次数が 1 以上の二つの多項式の積に分解されない $\Leftrightarrow [f(X) = g(X)h(X) \Rightarrow g(X) \in k^\times$ または $h(X) \in k^\times]$。ここで，$U(k[X]) = k^\times$ であるから，このことは言い換えると，「$f(X) = g(X)h(X)$ ならば $g(X)$ または $h(X)$ は $k[X]$ の単元である」。すなわち，$f(X)$ は $k[X]$ の既約元である。多

項式の既約の定義（定義 4.4.8）と，一般の環の既約元の定義（定義 4.7.2）を確認せよ．

問 4.20 p : 素元 $\Leftrightarrow [p|ab \Rightarrow p|a$ または $p|b] \Leftrightarrow [ab \in (p) \Rightarrow a \in (p)$ または $b \in (p)] \Leftrightarrow (p)$ は素イデアル．

問 4.21 $\mathbb{Z}$ の素元は素数のことである．$\mathbb{Q}$ の素元はない．

問 4.22 問 4.20 と定理 4.4.11 より，$k[X]$ の素元は既約多項式のことである．

第 4 章練習問題

1. (1) $(f(X)) \subset \operatorname{Ker}\sigma \subsetneq \mathbb{Q}[X]$ である．$f(X)$ は既約多項式であるから，定理 4.4.11 より $(f(X))$ は極大イデアルである．ゆえに，$(f(X)) = \operatorname{Ker}\sigma$ となる．すると第 1 同型定理 3.3.14 により，$\mathbb{Q}[X]/((f(X)) \cong \operatorname{Im}\sigma$ を得る．
   (2) $(f(x))$ は極大イデアルであるから，定理 4.4.11 より $\mathbb{Q}[x]/(f(x))$ は体である．

2. (1) どちらの問題も定義どおりに「$fg \in P \Rightarrow f \in P$ または $g \in P$」を示すこともできるが，$\mathbb{Z}[X]/(X+1) \cong \mathbb{Z}$，$\mathbb{Z}[X]/(X^2+1) \cong \mathbb{Z}[i]$ を示してもよい．
   (2) $(X-1)(X+1) = X^2 - 1 = -2 + (X^2+1) \in (2, X^2+1)$ であるが，$X-1, X+1 \notin (2, X^2+1)$ である．
   (3) $(2, X+1) \subsetneq I$ と仮定して，$I = \mathbb{Z}[X]$ を示せばよい．

3. 第 3 同型定理 3.3.15 を用いて，$\mathbb{Z}[X]/(3, X) \cong \mathbb{Z}_3$ が成り立つ．$\mathbb{Z}_3$ は体である．ゆえに，$(3, X)$ は極大イデアルである．単項でないことは，$(3, X) = (f)$ として矛盾を導く．

4. ($\Leftarrow$) $I \subsetneq J \subset R$ とすると，$\exists x \in J, x \notin I$．このとき，$x \notin I$ に対して仮定より，$\exists y \in R, \exists z \in I, xy + z = 1$．これより，$1 \in J$ を得る．($\Rightarrow$) は明らか．

5. R は単項イデアルであるから，$a_1, \ldots, a_n$ によって生成されたイデアル $(a_1, \ldots, a_n)$ は R のある一つの元 d によって生成される．d が $a_1, \ldots, a_n$ の最大公約元であることを示せばよい．

6. I を $\mathbb{Z}[i]$ のイデアルとして，0 と異なる I の元の中で絶対値が最小のものの一つを α とする．このとき，I の任意の元は α によって生成される．証明は $\mathbb{Z}[i]$ における除法の定理（第 3 章，練習問題 10）を用いて定理 4.4.1 と同様にすればよい．

7. (1) a, b, c, d を整数として，$1 + \sqrt{-5} = (a + b\sqrt{-5})(c + d\sqrt{-5})$ と仮定する．両辺の絶対値の 2 乗をとると（ノルムをとると），$6 = (a^2 + 5b^2)(c^2 + 5d^2)$．ゆえに，$(a^2 + 5b^2) \mid 6$ より，$a^2 + 5b^2 = 1, 2, 3, 6$ である．このとき，$b = 0$ であるか，または $b = \pm 1$ である．いずれの場合にも $a + b\sqrt{-5} = \pm 1$ となるので，$1 + \sqrt{-5}$ は既約元である．
   (2) $(1 + \sqrt{-5})(1 - \sqrt{-5}) = 6 = 2 \cdot 3$．ゆえに，$(1 + \sqrt{-5}) \mid 2 \cdot 3$．このとき，$(1 + \sqrt{-5}) \nmid 2$ かつ $(1 + \sqrt{-5}) \nmid 3$ であることが分かる．ゆえに，$1 + \sqrt{-5}$ は素元ではない．

8. $I = \bigcup_{i=1}^{\infty} (a_i)$ とおけば I は R のイデアルである（系 3.1.14）．R は単項イデアル環であるから，ある R の元 a が存在して $I = (a)$．このとき，ある番号 n があって $a \in (a_n)$ となる．ゆえに，$I = (a_n)$ を得る．

9. (1) $\Rightarrow$ (2) は命題 4.7.3 である．
   (3) $\Rightarrow$ (1)．(p) を極大イデアルとする．定理 4.1.7 より，(p) は素イデアルである．ゆえに，p

は素元である（問 4.20）．

R が PID のとき，(2) ⇒ (3) を示す．
p を既約元と仮定し，(p) を含む任意のイデアルを I とする．仮定より，$I = (a), \exists a \in R$ と表され，$(p) \subset (a)$ より，$p = ab, \exists b \in R$ と表される．p は既約であるから，a または b は単元である．これより，$I = (1)$ であるかまたは $I = (p)$ が得られる．

10. 定義 4.7.4 の (i), (ii) を示せばよい．
    (i) 0 でも可逆元でもない元はすべて素元の積として表されることを示す．0 でなく可逆元でもない元 a_1 で，素元の積として表されないものが存在したと仮定する．a_1 は素元ではないから，練習問題 9 より既約元ではない．ゆえに可逆元ではない元 b, c により $a_1 = bc$ と表される．b が素元の積ではないとしてよい．$a_2 = b$ とする．このとき，$(a_1) \subsetneq (a_2)$ となっている．これを繰り返せば，$(a_1) \subsetneq (a_2) \subsetneq \cdots$ なる無限の昇鎖ができる．ところが，練習問題 8 より，この昇鎖は停留するので矛盾である．
    (ii) 一意性については，$a \in R$ に対して，p_i, q_i を素元として，$a = p_1 p_2 \cdots p_r = q_1 q_2 \cdots q_s$ と表されたと仮定して，番号を付け替えると $r = s$ であり，$p_i = u_i q_i$ (u_i は単元) となることが示される．

第 5 章の問題

問 5.1 (1) $(X, Y^2) \subset (X, Y) \Rightarrow \sqrt{(X, Y^2)} \subset \sqrt{(X, Y)} = (X, Y)$ (命題 4.5.5)．逆に，$X \in \sqrt{(X, Y^2)}$ であり，$Y^2 \in (X, Y^2)$ より $Y \in \sqrt{(X, Y^2)}$ である．ゆえに，$(X, Y) \subset \sqrt{X, Y^2}$ である．
(2) $R = k[Y]/(Y^2) = k[y], y = \overline{Y}$ と表され，R は k 上の 2 次元のベクトル空間と考えられる．$\bar{f}$ が R の零因子ならば，ある元 $\bar{g} \neq \bar{0}$ が存在して，$\bar{f}\bar{g} = \bar{0}$ である．$\bar{f} = a_0 + a_1 y, \bar{g} = b_0 + b_1 y, a_i \in k, b_i \in k$ と表す．すると，$\bar{g} \neq \bar{0}, \bar{f}\bar{g} = 0$ より，$(b_0, b_1) \neq (0, 0), a_0 b_0 = 0, a_0 b_1 + a_1 b_0 = 0$ が得られる．このとき，$a_0 = 0$ となる．したがって，$\bar{f} = a_1 y$ を得る．

問 5.2 標準全射を $\pi : R \longrightarrow R/I$ とする．$\pi(Q) = Q/I, \pi(P) = P/I$ であるから，(1) と (2) が同値であることは命題 5.1.16 より得られる．

第 5 章練習問題

1. (1) $k[X, Y, Z]/(X, Y, Z) \cong k$ より P は極大イデアルである．
   (2) $P^2 \subset I_i \subset P$ より，$\sqrt{I_i} = P$．P は極大イデアルであるから，命題 5.1.18 より，P_i は P 準素イデアルである．
   (3) $I = P^2 \subset I_i$ より，$P^2 \subset I_1 \cap I_2$．$f \in I_1 \cap I_2$ とする．$f \in I_1$ より $f = Xg_1 + Y^2 g_2 + YZ g_3 + Z^2 g_4 = Yh_1 + X^2 h_2 + XZh_3 + Z^2 h_4, g_i, h_i \in R$ と表される．$f \notin P^2$ とすると，一方の表現より $g_1 \neq 0$ で，かつ g_1 には 0 でない定数項がある．しかし，もう一方の表現より，これはあり得ない．したがって，$I = I_1 \cap I_2$ が示された．他も同様である．

2. 命題 5.1.12 を使う．
   (i) $Q \subset P$ は明らかである．
   (ii) $\xi(X) \in P$ とすると，$\xi(X) = 2n + Xf$ と表される．すると，$\xi^2 = 4m + Xg \in (4, X) = Q$

となる．ゆえに，$P \subset \sqrt{Q}$ が成り立つ．
  (iii) 次に，$\xi(X)\eta(X) \in Q$ かつ $\xi(X) \notin Q$ ならば，$\eta(X) \in P$ であることを示せばよい．$\xi(X) = a + Xf, \eta(X) = b + Xg$ と表せば，$\xi\eta \in Q$ より，$ab \equiv 0 \pmod{4}$ となり，一方 $\xi(X) \notin Q$ より $a \not\equiv 0 \pmod{4}$ であり，ゆえに $b \equiv 0 \pmod{2}$．したがって，$\eta(X) \in P$ を得る．

3. 命題 5.1.12 を使う．$(9, 3X) = (9, X) \cap (3)$ であることを示し，練習問題 2 と同様にして $(9, X)$ が $(3, X)$ 準素イデアルであることを示せばよい．

4. $k[X, Y]/(X) \cong k[Y]$ は整域，$k[X, Y]/(X, Y) \cong k$ は体であることより $P_1 = (X)$ は素イデアルであり，$P_2 = (X, Y)$ は極大イデアルである（定理 4.1.5 と定理 4.1.6）．
  (1) $XY = X(Y + aX) - aX^2 \in (Y + aX, X^2)$ より，$(X^2, XY) \subset (Y + aX, X^2)$．$f \in (X) \cap (Y + aX, X^2)$ とする．$f \in (X)$ より $f = Xg = X(b + g_1), g_1 \in (X, Y)$ と表し，$f \in (Y + aX, X^2)$ より，$b = 0$ を導く．
  (2) P_2 は極大イデアルであるから，$P_2^2 \subset (Y + aX, X^2) \subset P_2$ より $(Y + aX, X^2)$ は P_2 準素イデアルとなる．
  (1),(2) より (3),(4) は分かる．

5. (1) 命題 5.1.14 より分かる．
  (2) $P_1 \neq P_2$ より，$\exists x \in \sqrt{Q_1}, x \notin \sqrt{Q_2}$．このとき，$\forall n \in \mathbb{N}, x^n \notin Q_1 \cap Q_2$．また，$\exists m \in \mathbb{N}, x^m \in Q_1$．一方，仮定より $Q_2 \not\subset Q_1$ であるから，$\exists y \in Q_2, y \notin Q_1$．すると，$x^m y \in Q_1 \cap Q_2, y \notin Q_1 \cap Q_2$ であるが，$\forall n \in \mathbb{N}, (x^m)^n \notin Q_1 \cap Q_2$ である．ゆえに，$Q_1 \cap Q_2$ は準素イデアルではない．

6. $P = (a)$ とする．Q は P 準素イデアルであるから，$P = \sqrt{Q}$ となる．このとき，ある $s \in \mathbb{N}$ が存在して $P^s \subset Q, P^{s-1} \not\subset Q$ となる．$s > 1$ としてよい．$P^s \neq Q$ と仮定する．このとき，$\exists b \in Q, b \notin P^s = (a^s)$．ゆえに，$b = ab_1, b_1 \in R$ と表される．$b_1 \in (a)$ ならば，$b_1 = ab_2, b_2 \in R$ と表される．これを可能な限り続ける．このとき，$\exists t \in \mathbb{N}(t < s), b = b_t a^t, b_t \notin (a)$．すると，$b_t a^t = b \in Q, b_t \notin (a) = P$ より，$a^t \in Q$．これは s の定義に矛盾する．

7. (1) 命題 1.2.9 の条件を確かめればよい．$f_1/g_1, f_2/g_2 \in k[X]_P$ とすると，$g_i \notin P \Rightarrow g_1 g_2 \notin P$ であるから，$f_1/g_1 - f_2/g_2 = (f_1 g_2 - f_2 g_1)/g_1 g_2 \in k[X]_P$，$(f_1/g_1)(f_2/g_2) = (f_1 f_2)/(g_1 g_2) \in k[X]_P$ となる．他の条件も同様に確かめられる．
  (2) $f/g \notin Pk[X]_P \Longleftrightarrow f \notin P = (p(X))$ である．ゆえに，$g/f \in k[X]_P$．したがって，f/g は $k[X]_P$ の単元である．すると，命題 4.6.2 より，$k[X]_P$ は $Pk[X]_P$ を極大イデアルとする局所環となる．

8. (1) $x \in S(\sqrt{I}) \Leftrightarrow \exists s \in S, sx \in \sqrt{I} \Leftrightarrow \exists s \in S, \exists n \in \mathbb{N}, (sx)^n \in I \Leftrightarrow \exists n \in \mathbb{N}, x^n \in S(I) \Leftrightarrow x \in \sqrt{S(I)}$．
  (2) (i) $P \cap S \neq \emptyset \Rightarrow \exists x \in P \cap S \Rightarrow x \in P, x \in S \Rightarrow \exists n, x^n \in Q, x^n \in S \Rightarrow x^n \in Q \cap S \Rightarrow Q \cap S \neq \emptyset$．逆は明らか．
  (ii) 第 3 章の練習問題 8 の (1) より，$S(Q) \supset Q$．逆に，$x \in S(Q) \Rightarrow \exists s \in S, sx \in Q \Rightarrow \exists s \notin P, sx \in Q \Rightarrow x \in Q$．
  (iii) 第 3 章練習問題 8 の (4) より分かる．

(3) (2) を使えば，$i \leq r$ に対して $S(Q_i) = Q_i$，$r < i$ に対して $S(Q_i) = (1)$ であるから，第 3 章練習問題 8 の (3) より，$S(I) = S(Q_1) \cap \cdots \cap S(I_r) = Q_1 \cap \cdots \cap Q_r$ を得る．

9. $(f(X)) = (f_1^{s_1}) \cap \cdots \cap (f_n^{s_n})$. $(f_i^{S_i})$ は (f_i) 準素イデアル．

10. P^2 が準素イデアルであると仮定すると，P^2 は P 準素イデアルである．このとき，$f_3^2 - f_1 f_2 = X(X^5 - 3X^2YZ + XY^3 + Z^3) \in P^2$ である．ここで，$X \notin P$ で P^2 は P 準素イデアルであるから，$X^5 - 3X^2YZ + XY^3 + Z^3 \in P^2$ でなければならない．しかし，P^2 は 4 次以上の項からなるので，これは矛盾である．

第 6 章の問題

問 6.1　$I^* = J \Rightarrow I^* = I^* + (b) \Rightarrow b \in I^*$ となり，矛盾．

問 6.2　$\mathscr{A}$ を R のイデアルの族とし，極小元をもたないとすると，無限降鎖が存在する．

問 6.3　対応定理 3.3.11 を使うか，後の命題 6.1.10 を参照せよ．

問 6.4　問 6.3 と同様に系 3.3.12 を用いる．

問 6.5　$a \in \operatorname{Ann}(x^i) \Rightarrow ax^i = 0 \Rightarrow ax^{i+1} \Rightarrow a \in \operatorname{Ann}(x^{i+1})$.

問 6.6　$J/I \cap K/I \subset (J \cap K)/I$ を示す．逆は明らか．$x \in J/I \cap K/I$ とする．$x = \bar{a}, a \in J$ かつ $x = \bar{b}, b \in K$ と表される．すると，$\bar{a} = \bar{b} \Rightarrow a - b = c \in I \Rightarrow a = b + c \in K \Rightarrow a \in K$.

問 6.7　$P \subset PR[X_1]$ より $PR[X_1, X_2] \subset (PR[X_1])R[X_1, X_2]$ となる．ゆえに，逆の包含関係を示せばよい．
　　逆の包含関係を示す．$(PR[X_1])R[X_1, X_2]$ の生成系は $PR[X_1]$ である．$f \in PR[X_1]$ は $f = \sum a_i X_1^i (a_i \in P)$ と表される (命題 3.6.5)．明らかに，$f \in PR[X_1, X_2]$ であるから，$PR[X_1]$ により生成されたイデアル $(PR[X_1])R[X_1, X_2]$ は $PR[X_1, X_2]$ に含まれる．

第 6 章練習問題

1. I の素因子は P だけであるから，命題 5.2.7 より得られる．

2. $J = (b_1, \ldots, b_n)$ と表せば，$J \subset IJ$ より $b_i = \sum_{j=1}^n a_{ij} b_j, a_{ij} \in I$ が成り立つ．すなわち，$\sum_{j=1}^n (\delta_{ij} - a_{ij}) b_j = 0$. $\Delta = |\delta_{ij} - a_{ij}|$ とおけば，クラーメルの公式より $\Delta b_j = 0$ を得る．ゆえに，$\Delta J = 0$. ここで，行列式 Δ を展開すると，$\Delta = 1 - a, a \in I$ と表される．

3. 練習問題 2 を使う．

4. (1) 命題 5.1.13 を使う．$P = \sqrt{S(P^n)}$ を確かめ，「$xy \in S(P^n), y \notin P \Rightarrow x \in S(P^n)$」を示せばよい．
   (2) P は P^n の極小素イデアルであるから，命題 5.2.9 より P^n の素因子である．$P^n = Q_1 \cap \cdots \cap Q_r$ を正規分解として，各 Q_i は P_i 準素イデアルとする．このとき，ある t に対して $P = P_t$ である．$i \neq t$ のとき $S \cap P_i \neq \emptyset$ であるから，第 5 章練習問題 8 の (2)(iii) より $S(Q_i) = (1)$ となる．また $i = t$ のとき $S \cap P_t = S \cap P = \emptyset$ であるから，再び同第 5 章練習問題 8 の (2)(ii) より $S(Q_t) = Q_t$ が成り立つ．ゆえに，第 3 章練習問題 8

の (3) を使うと $S(P^n) = S(Q_1) \cap \cdots \cap S(Q_t) \cap \cdots \cap S(Q_r) = Q_t$ を得る．したがって，$S(P^n)$ は P^n の P 準素成分である．
(3) (1) と (2) より分かる．

5. (1) P を R の素イデアルとして，剰余環 $R' = R/P$ が体になることを示す．命題 6.1.10 より，R' もアルティン環である．$x \neq 0, x \in R'$ として，x が単元になることを示せばよい．イデアルの降鎖 $(x) \supset (x^2) \supset \cdots$ を考えよ．
(2) (1) より分かる．

6. R の任意のイデアル J が有限生成であることを示せばよい．$J \subset I$ ならば，仮定より明らかである．また仮定より特に I は有限生成である．$J \not\subset I$ とする．今，$\pi : R \longrightarrow R/I$ を標準全射とする．すると，$\pi(J)$ は R/I のイデアルであるから（命題 3.3.3），仮定より有限生成である．ゆえに，$a_i \in J$ として，$\pi(J) = (\pi(a_1), \ldots, \pi(a_r))$ と表される．このとき，$x \in J \Rightarrow x \in (a_1, \ldots, a_r) + I$ であることが計算される．これより，J が有限生成であることが分かる．

7. $n = 2$ の場合に示せば十分である．$R_1 \times R_2$ のイデアルは $I_1 \times I_2$ と表される（命題 3.4.2）．ただし，I_i は R_i のイデアルである．仮定より，各 I_i は有限生成である．それらの生成系を $\{a_i\}, \{b_j\}$ とすると，$\{(a_i, 0), (0, b_j)\}$ が $I_1 \times I_2$ の生成系である．

8. $\mathscr{A} := \{\mathrm{Ann}(a) \mid 0 \neq a \in R\}$ を考えると，R はネーター環であるから，$\mathscr{A}$ には極大元 P が存在する．P は $P = \mathrm{Ann}(a), a \in R, a \neq 0$ と表される．このとき，P は素イデアルとなることを示す．$P \neq R$ である．$xy \in P, x \notin P$ と仮定すると，$ax \neq 0, axy = 0$ である．$P = \mathrm{Ann}(a) \subset \mathrm{Ann}(ax)$ より，$\mathrm{Ann}(a) = \mathrm{Ann}(ax)$ となる．ゆえに，$y \in \mathrm{Ann}(ax) = P$．

9. 練習問題 5 より，アルティン環においては，すべての素イデアルは極大イデアルである．また定理 4.5.12 と定義 4.5.13 より，$\mathrm{nil}(R) = \bigcap_{P \in \mathrm{Spec}(R)} P = \bigcap_{P \in \mathrm{Max}(R)} P = \mathrm{rad}(R)$．

10. 簡単のため，$I := \mathrm{rad}(R)$ とおく．イデアルの降鎖 $I \supset I^2 \supset I^3 \supset \cdots$ を考える．R はアルティン環であるから，ある番号 n が存在して $I^n = I^{n+1} = \cdots$ となる．このとき，$I^n \neq 0$ として矛盾を導く．イデアルの集合 $\mathscr{A} = \{J \mid I^n J \neq 0\}$ を考える．$I \in \mathscr{A}$ であるから，$\mathscr{A} \neq \emptyset$ である．R はアルティン環であるから，$\mathscr{A}$ は極小元 K を含む．$I^n K \neq 0$ である．ゆえに，$\exists x \in K, I^n x \neq 0$．$I^n x$ は R のイデアルであり，$I^n(I^n x) = I^n x \neq 0$．よって，$I^n x \in \mathscr{A}$．一方，$I^n x \subset K$ であるから，K の極小性により，$I^n x = K$ が成り立つ．すると，$x \in K = I^n x \Rightarrow x = ax, \exists a \in I^n, \Rightarrow x = ax = a^2 x = a^3 x = \cdots$ ところが，$a \in I^n$ で a はベキ零であるから，$x = 0$ を得る．すると，$I^n x = 0$ となり，矛盾である．

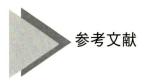

参考文献

1. ファン・デル・ヴェルデン, B.L.:『現代代数学 (1, 3)』, 銀林 浩 訳, 東京図書 (1966).
2. 松村英之:『代数学』, 朝倉書店 (1990).
3. 彌永昌吉, 有馬 哲, 浅枝 陽:『代数入門』, 東京図書 (1991).
4. 倉田吉喜:『代数学』, 近代科学社 (1992).
5. 永田雅宜, 吉田健一:『代数学入門』, 培風館 (1996).
6. 新妻 弘, 木村哲三:『群・環・体入門』, 共立出版 (2002).
7. 山崎圭次郎:『環と加群』, 岩波書店 (2002).
8. 渡辺敬一:『環と体』, 朝倉書店 (2002).
9. アティヤー, M.F., マクドナルド, I.G.:『可換代数入門』, 新妻 弘 訳, 共立出版 (2006).
10. 堀田良之:『可換環と体』, 岩波書店 (2006).
11. ノースコット, D.G.:『イデアル論入門』, 新妻 弘 訳, 共立出版 (2007).
12. 成田正雄:『イデアル論入門』, 共立出版 (2009).
13. 雪江明彦:『代数学 2 環と体とガロア理論』, 日本評論社 (2010).
14. 柴田敏男:『数学序論 (復刊)』, 共立出版 (2011).
15. 渡辺敬一, 草場公邦:『代数の世界』, 朝倉書店 (2012).

数学史関連

1. ファン・デル・ヴェルデン, B.L.:『代数学の歴史』, 加藤明文 訳, 現代数学社 (1994).
2. ガウス, C.F.:『ガウス整数論』, 高瀬正仁 訳, 朝倉書店 (1995).
3. 永田雅宜, 吉田憲一:『代数学入門』, 培風館 (1996).
4. カジョリ, F.:『カジョリ初等数学史』, 小倉金之助 訳, 共立出版 (1997).
5. ベル, E.T.:『数学をつくった人々 (上・下)』, 田中勇, 銀林浩 訳, 東京書籍 (1997).
6. ジェイムズ, I.:『数学者列伝』, 蟹江幸博 訳, シュプリンガー・フェアラーク東京 (2005).
7. スティルウェル, J.:『数学の歩み (上)』, 上野健爾, 浪川幸彦 監訳, 田中紀子 訳, 朝倉書店 (2005).

8. スティルウェル,J.:『数学の歩み(下)』,上野健爾,浪川幸彦 監訳,林 芳樹 訳,朝倉書店(2008).
9. 秋月康夫:『輓近代数学の展望』,ダイヤモンド社(1970);ちくま学芸文庫(2009).
10. 佐々木 力:『数学史』,岩波書店(2010).
11. ユークリッド:『原論』,中村幸四郎,寺坂英孝,伊藤俊太郎,池田美枝 訳・解説,共立出版(2011).
12. オーシュコルヌ,B.,シュラットー,D.:『世界数学者事典』,熊原啓作 訳,日本評論社(2015).

辞典

1. 『数学入門辞典』,イデアル項目,岩波書店(2005).
2. 『数学辞典 第4版』,岩波書店(2007).
3. 『数学小事典 第2版』,共立出版(2010).
4. 大矢雅則,戸川美郎:『高校–大学 数学公式集:第II部 大学の数学』,近代科学社(2015).

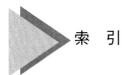

索引

ア
アーベル群, 3
I の随伴素イデアル, 165
アルティン環, 174

位数, 7
一意性定理, 163
1 意分解整域, UFD, 121
1 意分解整域，UFD, 24, 144
1 変数の多項式環, 18, 33
1 変数有理関数体, 18
イデアル, 42
　　　準素—, 150
イデアル商, 84
イデアルの積, 46, 82
イデアルの和, 46
因子, 116
因子群, 9
因数, 23
因数定理, 37

well defined, 29

S 成分, 96

オイラーの定理, 38
オイラーの φ 関数, 38

カ
ガウスの整数環, 19
可換, 3
可換環, 10
可換群, 3
可換体, 14
可逆元, 14
核, 62
拡大イデアル, 86
加群, 3
加法, 3

可約, 120, 178
環, 9
環準同型写像, 60
完全代表系, 27
環の直積, 72
簡約律, 4

記号的 n 乗, 192
帰納的, 101
既約, 120, 178
既約元, 143
逆元, 2, 3, 14
既約剰余類群, 38
既約多項式, 120
Q に付随した素イデアル, 151
共通因子, 116
共役写像, 61
極小元, 101, 174
極小素イデアル, 164
極小素因子, 165
局所化, 141
局所環, 139
極大イデアル, 98
極大元, 101
極大条件, 172

群, 2

結合律, 2

降鎖律, 173
合成数, 23
合同, 24, 52
合同式, 24
公倍数, 22
公約数, 22
孤立素因子, 165
根, 35
根基, 128

サ
最高次係数, 32
最小公倍数, 22
最小公倍多項式, 118
最大公約元, 145
最大公約数, 22
最大公約多項式, 116
最大公約因子, 116

指数, 8
次数, 32, 34
自然な全準同型写像, 66
ジャコブソン根基, 137
斜体, 14
主イデアル, 44
縮約イデアル, 87
主係数, 32
主多項式, 32
巡回群, 7
巡回部分群, 7
順序集合, 101
準素イデアル, 150
準素分解, 161
準素分解可能, 162
準同型写像, 60
準同型定理, 68
上界, 101
消去律, 4
昇鎖条件, 172
昇鎖律, 172
剰余環, 57
剰余群, 9
剰余体, 57
剰余類, 9, 25, 50
剰余類の性質, 26
除法の定理, 22, 35
真のイデアル, 42
真部分群, 4

スペクトル, 98

整域, 14
正規部分群, 9
正規分解, 162
生成系, 44
生成元, 7
生成されたイデアル, 44
積閉集合, 95

ゼロイデアル, 42
ゼロ元, 3, 10
全行列環, 17
線形順序集合, 101
全射準同型写像, 60
全順序集合, 101

素イデアル, 98
素因子, 165
素因数, 23
素元, 143
素数, 23

タ
体, 14
第 1 同型定理, 70
対応定理, 64
第 3 同型定理, 71
代数的, 43
第 2 同型定理, 71
代入, 35
代入の原理, 124
代表元, 25, 50
互いに素, 22, 116
単位イデアル, 42
単位元, 2, 3, 10
単元, 14
単項イデアル, 44
単項イデアル整域 (PID), 44
単射準同型写像, 60

中国式剰余の定理, 78, 79
直積環, 72

ツォルン, 101

停留, 172, 174

同型写像, 60
閉じている, 5

ナ
2 項演算, 2
2 変数多項式環, 34

ネーター環, 173

ハ
倍元, 143
倍数, 22
半順序集合, 101

P 準素イデアル, 151
P に属する準素イデアル, 151
非孤立素因子, 165
左剰余類, 8
左零因子, 13
標準全射, 66
ヒルベルトの基底定理, 176

フェルマーの定理, 38
部分環, 15
部分群, 4
部分群の判定定理, 4
部分体, 15

ベキ等元, 19
ベキ零元, 134
ベキ零根基, 134

マ
埋没素因子, 165

右剰余類, 8
右零因子, 13

無限群, 7
無駄のない準素分解, 162

モニック多項式, 32

ヤ
約元, 143
約数, 22

UFD, 24
有界, 101
ユークリッド整域, 145
ユークリッドの補題, 23, 120
有限群, 7
有限生成, 44, 172

ラ
類別, 27

零イデアル, 42
零因子, 13
零化イデアル, 84
零元, 3, 10
零多項式, 33

ワ
和, 3
割り切れる, 22, 116, 143

著者紹介

新妻　弘（にいつま　ひろし）

東京理科大学名誉教授，理学博士
1970 年　東京理科大学大学院理学研究科数学専攻 修了
1991 年　日本工業大学教養科 教授
1994 年　東京理科大学理学部数学科 教授

大学数学スポットライト・シリーズ⑤
イデアル論入門
ⓒ 2016 Hiroshi Niitsuma
Printed in Japan

2016 年 9 月 30 日　　　初版第 1 刷発行

著　者	新　妻　　弘
発行者	小　山　　透
発行所	株式会社 近代科学社

〒 162-0843　東京都新宿区市谷田町 2-7-15
電　話　03-3260-6161　振　替　00160-5-7625
http://www.kindaikagaku.co.jp

藤原印刷　　ISBN978-4-7649-0517-7
定価はカバーに表示してあります．

【本書の POD 化にあたって】

近代科学社がこれまでに刊行した書籍の中には、すでに入手が難しくなっているものがあります。それらを、お客様が読みたいときにご要望に即してご提供するサービス／手法が、プリント・オンデマンド（POD）です。本書は奥付記載の発行日に刊行した書籍を底本として POD で印刷・製本したものです。本書の制作にあたっては、底本が作られるに至った経緯を尊重し、内容の改修や編集をせず刊行当時の情報のままとしました（ただし、弊社サポートページ https://www.kindaikagaku.co.jp/support.htm にて正誤表を公開／更新している書籍もございますのでご確認ください）。本書を通じてお気づきの点がございましたら、以下のお問合せ先までご一報くださいますようお願い申し上げます。

お問合せ先：reader@kindaikagaku.co.jp

Printed in Japan

POD 開始日　2021 年 6 月 30 日

発　　　行　株式会社近代科学社
　　　　　　〒162-0834 東京都新宿区市ヶ谷田町 2-7-15
　　　　　　https://www.kindaikagaku.co.jp

印刷・製本　京葉流通倉庫株式会社

・本書の複製権・翻訳権・譲渡権は株式会社近代科学社が保有します。
・JCOPY ＜(社)出版者著作権管理機構 委託出版物＞
本書の無断複写は著作権法上での例外を除き禁じられています。
複写される場合は，そのつど事前に (社) 出版者著作権管理機構
(https://www.jcopy.or.jp, e-mail: info@jcopy.or.jp) の許諾を得てください。